ESG 投资的逻辑

袁吉伟 著

中国金融出版社

责任编辑：马海敏
责任校对：刘　明
责任印制：陈晓川

图书在版编目（CIP）数据

ESG 投资的逻辑/袁吉伟著 . —北京：中国金融出版社，2023.9
ISBN 978 – 7 – 5220 – 2044 – 0

Ⅰ. ①E…　　Ⅱ. ①袁…　　Ⅲ. ①环保投资　　Ⅳ. ①X196

中国国家版本馆 CIP 数据核字（2023）第 103364 号

ESG 投资的逻辑
ESG TOUZI DE LUOJI

出版
发行　**中国金融出版社**

社址　北京市丰台区益泽路 2 号
市场开发部　（010）66024766，63805472，63439533（传真）
网 上 书 店　www.cfph.cn
　　　　　　（010）66024766，63372837（传真）
读者服务部　（010）66070833，62568380
邮编　100071
经销　新华书店
印刷　保利达印务有限公司
尺寸　169 毫米 ×239 毫米
印张　19.25
字数　264 千
版次　2023 年 9 月第 1 版
印次　2023 年 9 月第 1 次印刷
定价　58.00 元
ISBN 978 – 7 – 5220 – 2044 – 0
如出现印装错误本社负责调换　联系电话（010）63263947

序　言

2019 年，澳大利亚发生了持续四个多月的大火；2021 年，我国郑州遇特大暴雨；2022 年，全球多个国家经历了历史少有的持续高温天气。我们不禁要问：地球怎么了？地球生态系统承受能力有限，而人类推动经济发展过程中的破坏性行为，正超出其承受能力，可能形成不可逆转的伤害，各种极端气象灾害正是地球发出的预警。此外，我们还需要关注身边的社会问题，全球很多人仍苦苦挣扎在贫困线之下，无法接受良好的教育，缺乏干净的饮用水，也不被公平对待。这些环境和社会问题交织在一起，使我们面临着前所未有的复杂局面。

我们只有一个地球，没有一个国家或者个人能够侥幸逃脱现实困境。解开这个复杂局面的关键，在于所有人都要团结起来，为共同的美好明天携手努力。要做出行动改变，实现人与自然和谐共生，建立更可持续的生态体系；要建立人人平等的社会关系，消灭贫穷和饥饿，增进所有人的福祉，努力实现联合国 2030 年可持续发展目标，让子孙后代不再有同样的困扰。

这是一场输不起的斗争，政府有政府的职责，企业有企业的职责，个人有个人的职责。我们要准备好技术、资金等资源投入，联合国加力推进实现可持续发展目标，全球每年需要投入 5 万亿~7 万亿美元，除了政府、政策银行及慈善捐赠等资金来源外，还需要引导社会资金参与其中。金融行业作为参与社会资源配置的重要主体，有必要围绕可持续发展目标，采取切实行动，发挥金融改变世界的作用。可以看到，传统

1

金融已经无法担当此大任，可持续金融和 ESG（Environment，Social，Governance）投资被寄予厚望。

ESG 投资逐步从金融体系的边缘走向舞台中央，越来越多的人了解和熟悉它。各类金融机构积极响应号召，参与 ESG 可持续投资，推动产品服务创新，加强信息披露。从我国看，ESG 投资在建设社会主义现代化过程中将扮演重要的角色，ESG 金融产品服务日渐丰富，ESG 投资逐步成为部分金融机构转型和特色化的发展方向。ESG 投资不是金融机构业务发展的点缀，而是未来的主流业务模式。可以欣喜地看到，资产所有者正在积极推动 ESG 投资的大步发展，个人投资者也在自身组合中增加 ESG 产品配置比例。在多重力量推动下，ESG 投资获得了持续增长的强大动力，彭博社预计到 2025 年，全球 ESG 投资规模将达到 50 万亿美元，占资产管理总规模的 1/3。

我们不能在取得的成绩面前骄傲自满，事实上，我们远未达到满足可持续发展需要的程度，发展 ESG 投资的道路仍有很多挑战和困难。我们要抛弃对于 ESG 投资的传统偏见，ESG 投资不是产品营销的噱头，也不会让投资者牺牲财务回报来换取社会影响力。我们要重新思考当大家都在谈论 ESG 投资的时候，我们应该谈论什么？我们如何把 ESG 投资推向新高度？

ESG 投资应该成为我们思考问题的一种有益思维。ESG 投资不仅是一种产品服务或者业务模式，更是一种与可持续发展理念相衔接的金融思维。企业用 ESG 理念思考自身经营管理，金融机构用 ESG 理念寻找投资机会和管理风险，每个人都应该具备这种思维方式，发现社会和环境问题，创新地解决这些问题。

ESG 投资应该得到充分信任。现在有很多人只看到 ESG 投资的风险，而没有看到背后的机遇，认为 ESG 投资方法烦琐，交易成本过高，投资者要牺牲一定收益。实际上，可持续发展蕴含了较多的新机遇、新机会。如果用传统投资思维，很难看清或者理解，所以需要借助 ESG 投资把握。越来越多的研究结果和统计数据证明，ESG 投资业绩表现不输于传统投资，能够更好地控制风险，真正提供长期稳健回报。

ESG 投资应该成为资产所有者必不可少的资产配置方式。资产所有者，特别是养老金等中长期资金管理机构，应高度重视 ESG 投资，全面拥抱 ESG 投资，以此推动经济和资本市场的稳健增长，创造长期价值。我国 ESG 投资的发展，特别需要资产所有者全面倡议和参与，带动金融行业推广 ESG 投资的热情和动力；行使积极所有权，影响和改变被投资企业，推动企业将可持续发展理念融入战略和经营管理，提高 ESG 表现。

ESG 投资应该成为应对可持续发展挑战的有效对策。ESG 投资不应仅仅是一种投融资工具，我们还需要用它去改变世界，让世界变得更美好，为所有人创造繁荣的未来。我们不仅要防止洗绿，还要防止洗影响力。要用 ESG 投资真正解决社会发展问题，要进一步关注贫富差距、权利平等等问题。金融机构要将 ESG 投资与可持续发展目标、环境和社会影响紧密结合，确保对社会和环境产生更多积极效应。

ESG 投资虽然已走上金融体系的核心舞台，然而它还年轻、还很不成熟，对我国更是如此。在构建新发展格局中，ESG 投资能够发挥更大作用，我们可以借鉴国内外优秀经验，加快提升中国 ESG 投资水平。

从 ESG 投资逻辑的视角，本书详细梳理了 ESG 内涵、ESG 三大支柱、ESG 评级、ESG 信息披露、ESG 投资具体实践及实际效应等可持续投资核心环节和步骤。综合国内外实践经验，力图展现世界 ESG 投资全貌，并就关键部分、核心问题、最佳实践及发展趋势进行深度分析和解读，帮助致力于参与和推动 ESG 投资的从业者更好、更深入地学习和掌握 ESG 投资，帮助希望了解 ESG 投资的人们提高认知和理解水平，更希望将本书所展现的知识转化为 ESG 投资推动社会进步的动力和正能量。

本书写作过程中参阅了大量文献资料，在此向各位文献作者表示感谢。本书如有不足之处，还请读者朋友批评指正。

最后，特别感恩我的父母，他们曾为家庭辛苦劳作，为儿女们遮风挡雨。在那样艰苦的日子里，一家人紧紧依靠在一起，就什么都不怕。苦尽甘来时，他们都没能享受到好日子的甘甜，就离去了。养育之恩难以报答，我会传承好他们的善良和品德，将对他们的思念化作对生活和工作的勇气、动力，让他们安心。

袁吉伟
2022 年 12 月于北京

目　录

第一章　ESG 投资的机遇和挑战

随着可持续发展理念兴起，ESG 投资市场潜力释放，跻身主流投资管理行列，但是仍然面临监管、数据、人才等方面的挑战。

第一节　ESG 投资的内涵

一、ESG 投资的定义

21 世纪以来，全球高度重视可持续发展，与之相适应的 ESG 投资迅速崛起，逐步成为主流投资方法。

从各类官方组织的定义看，联合国（UN）认为 ESG 投资或可持续投资是将社会（Society）、环境（Environment）及治理（Governance）纳入投资决策的投资方法。全球可持续投资联盟（GSIA）指出，ESG 投资是将 ESG 因素融入投资组合筛选和管理的投资方法。美国可持续和责任投资论坛（USSIF）将可持续投资定义为，考虑 ESG 因素以获取长期有竞争力的财务回报和积极社会影响的投资方法。欧洲可持续投资论坛（Eurosif）视可持续和责任投资（Sustainable and Responsible Investment）为将 ESG 因素融入投资组合研究、分析及投资标的筛选过程的长期投资方法。

从金融机构的定义看，瑞士银行认为 ESG 投资是在获得预期收益的同时，能够遵循个人价值标准的投资方法。摩根大通指出，ESG 可持续投资是在快速变化的世界中获取长期投资回报的前瞻性投资方法。安联全球投资者公司认为，可持续投资是将 ESG 因子融入投资决策的一种投资方法，能够更好地管理风险及增强长期投资回报。

总体来看，相比传统投资，ESG 投资有三个突出特点。一是考虑非财务因素。ESG 投资不仅考量财务要素，还进一步分析环境、社会和治理等非财务信息，投资决策视野更广阔。二是注重长期投资回报。传统投资侧重短期回报，导致金融市场波动性增大，而 ESG 投资从被投资企业可持续发展角度出发，寻求获得稳健且可持续的长期投资收益，有利于提高金融市场的稳健性。三是投资目标双重性。传统投资只关注财务回报，不关心其他利益相关者的诉求；ESG 投资考虑环境和社会因素，在获取投资回报的同时，能够为可持续发展作出贡献。

ESG 投资没有完全脱离投资组合理论、估值理论、风险管理理论等经典投资理论，但是突破了风险性、收益性、流动性的传统投资三维逻辑，进一步扩展到风险性、收益性、流动性和 ESG 的四维逻辑，四个因子相互影响，形成新的投资管理范式（见图 1-1）。

图 1-1　ESG 四维投资范式

（资料来源：作者根据相关资料整理）

二、ESG 投资理论基础

ESG 投资兴起，有其理论基础作支撑，主要包括外部性理论、可持续发展理论及利益相关者理论。

（一）外部性理论

亚当·斯密认为，市场通过"看不见的手"进行调节，达到合意结果。不过，"看不见的手"也不是万能的，市场存在调节失衡的问题，外部性就是其中之一。外部性主要是指某一经济主体的行为对社会其他人的福利造成了影响，但是没有为此承担后果或者获得补偿。当经济主体从经济活动中得到的利益小于该活动所带来的全部利益时，称为正外部性。这时个人为社会其他成员带来好处，但是没有得到相应补偿，导致个人生产不足。当经济主体为其活动所承担的成本小于该活动造成的全部成本时，称为负外部性。负外部性表明社会为个人活动承担了部分成本，个人生产过多，造成资源配置失当。使用公共资源时非常容易出现外部性问题，比如企业生产过程中排放大量二氧化碳和有害气体，造成空气污染和气候变化，但是企业没有为此承担成本。

明确产权权属和外部影响内部化是治理外部性问题的常见手段。ESG 投资考虑企业经营活动对环境和社会的影响，加强外部监督，相当于将外部影响内部化，促使企业按照经营活动真实成本安排最优生产规模，纠正市场失灵问题，促进资源优化配置。

（二）可持续发展理论

可持续发展理念自古就有，诸如天人合一思想。工业革命以来，在经济快速发展的同时，城市过度扩张、资源过度开发利用、人口过快增长、环境持续恶化等一系列社会问题也逐渐显现出来。为了有效解决这些问题，1987 年，《我们共同的未来》首次提出可持续发展内涵，实现既满足当代人的需要，又不损害后代人满足需求的能力的发展。可持续发展的核心是发展，如果不发展就谈不上可持续；可持续发展以合理利用社会资源为基础，同环境承载能力相协调，实现人与自然和谐共生。

1992 年，联合国发布《21 世纪议程》，第一次把可持续发展落实到行动上。2015 年，联合国系统规划了 2030 年世界可持续发展蓝图，设立 17 个大目标，169 个具体目标，涵盖经济、社会、环境等诸多领域（见表 1－1）。2022 年，联合国发布的《2022 年可持续发展目标报告》中指出，由于 COVID－19 大流行、气候危机及俄乌冲突等全球性危机交织叠加，实现 2030 年可持续发展目标出现极大的不确定性。

表 1－1　　　　　　　　　联合国 2030 年可持续发展目标

序号	17 个大目标
1	无贫穷
2	零饥饿
3	良好健康与福祉
4	优质教育
5	性别平等
6	清洁饮水和卫生设施
7	经济适用的清洁能源
8	体面工作和经济增长
9	产业、创新和基础设施
10	减少不平等
11	可持续城市和市区
12	负责任消费和生产
13	气候行动
14	水下生物
15	陆生生物
16	和平、正义与强大机构
17	促进目标实现的伙伴关系

资料来源：联合国网站。

实现可持续发展需要由政府、企业、金融机构共同努力完成，也需要投入大量资金。原有的金融模式很难适应新的发展要求，在此背景下，

ESG 投资应运而生。各国政府希望借助 ESG 投资，引导更多社会资金流向可持续发展领域，助力实现 2030 年可持续发展目标。

（三）利益相关者理论

就企业经营基本法则而言，早期盛行的是股东利益最大化理论，米尔顿·弗里德曼是该理论的主要倡导者。他在《企业的社会责任是提高利润》一文中指出，企业应该按照股东意愿经营发展，在遵循社会基本规则的情况下，尽可能多地赚钱。这一理论引起了很大的社会争议，最大的反对声音来自利益相关者理论支持者。利益相关者理论认为，企业不仅应考虑股东利益，还应考虑客户、员工、供应商等其他利益相关者。弗里曼在《战略管理：利益相关者方法》中明确阐释了利益相关者理论，认为任何一个公司的发展都离不开各利益相关者的投入和参与，企业追求的是利益相关者的整体利益，而不仅仅是某些主体的利益。

利益相关者理论已经成为企业管理的主流理论，推动企业更多关注利益相关者的诉求，加强履行社会责任。基于利益相关者理论，ESG 投资强调企业应注重降低对环境和社会的负面影响，提高内外部利益相关者福祉。

三、与相似金融概念的比较

金融领域涌现了大量与 ESG 投资相近的金融概念，诸如可持续金融、可持续投资、伦理投资、社会责任投资、绿色金融、气候金融、碳金融、转型金融等。有些概念与社会环境目标密切相关，有些概念具有更广泛的内涵和外延。总体来看，与可持续发展相关的金融概念越来越多，所聚焦的社会经济领域越来越细，这其中可持续金融及 ESG 投资仍处于核心地位，统领其他可持续金融概念。也需要看到，很多概念出现时间短，定义不明确，在部分情况下没有严格区分，可以相互通用（见图 1-2）。

（一）与企业社会责任的比较

利益相关者理论得到广泛接受后，各国政府积极推动企业披露社会责

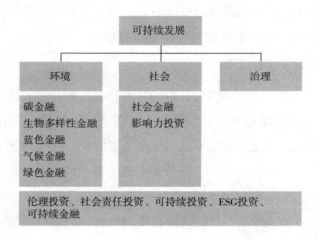

图 1 - 2   与可持续发展相关的金融概念

（资料来源：作者根据相关资料整理）

任信息。ESG 与企业社会责任非常相似，二者均涵盖环境、社会、治理等方面，但是二者不能直接等同。企业社会责任是一个相对宽泛的概念，信息披露缺乏统一标准，主要以定性为主，无法真正促进 ESG 投资。ESG 信息披露要求更加规范，注重分析定量指标，能够有效指导投资管理。基于监管机构和投资者的要求，越来越多的企业开始披露 ESG 报告。

（二）与可持续金融的比较

为了促进可持续发展，全球加快推进可持续金融发展。欧盟认为可持续金融是金融行业在投资决策时充分考虑环境、社会和治理因素的过程，增加对可持续经济活动的长期投资。可持续金融能够有力地推动社会经济朝着可持续发展目标迈进，这得到了社会的高度重视，欧盟、加拿大、澳大利亚、日本等国家或地区纷纷制定未来一定时期的可持续金融发展路线图，短期聚焦气候变化等可持续发展突出问题，从金融角度提出解决方案（见图 1 - 3）。

可持续金融内涵丰富，外延广泛，涵盖投资、信贷、保险及其他中介服务等金融领域，成为可持续发展相关金融概念的统领。因此，ESG 投资

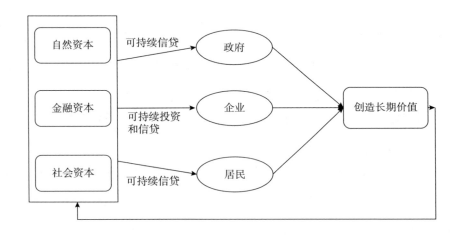

图 1－3　可持续金融体系

（资料来源：作者根据相关资料整理）

是可持续金融的重要组成部分。

自 20 世纪末以来，可持续金融经历了三个阶段的迭代。第一个阶段，可持续金融主要是规避可持续风险，表现为通过筛选等方式，排除或者优选交易对手。第二个阶段，可持续金融主要是管理可持续风险，以 ESG 投资为代表，助力解决气候问题、生物多样性问题。第三个阶段，可持续金融主要聚焦于自然环境和社会产生的正面影响，为实现 2030 年可持续发展目标作出积极贡献。

（三）与伦理投资和社会责任投资的比较

伦理投资、社会责任投资及 ESG 投资相继出现，投资视角不断扩大，投资策略持续多元化。伦理投资出现时间最早，与宗教信仰密切相关，主要是基于宗教教义或者个人道德标准进行的投资，带有鲜明的价值标准色彩。时至今日，欧美等国家仍然销售伦理基金。该类基金主要面向教会或信众，满足其特殊的投资管理需求。基于伦理投资，欧美国家逐步发展了社会责任投资，投资标准扩展到社会、环境等方面，主要采用筛选等方法，投资策略相对简单。ESG 投资充分融合 ESG 因素，投资策略除了筛选法外，还包括 ESG 整合、股东参与、影响力投资等方法。这些方法不是简单地排除或者规避投资标的，而是更积极地影响被投资企业，能够产生显著的正向社会效应。可持续投资主要围绕可持续发展展开，与 ESG 投资相近，差别不大。

虽然伦理投资、社会责任投资、可持续投资及 ESG 投资有所差别，但是很多情况下都可以通用。受使用习惯影响，英国、澳大利亚主要使用伦理投资和社会责任投资，欧盟、美国等国家主要使用可持续投资或者 ESG 投资。遵循已有惯例，本书中社会责任投资、可持续投资及 ESG 投资等概念混合使用。

（四）与绿色金融、气候金融和碳金融的比较

绿色金融、气候金融及碳金融是可持续金融的重要组成部分，均聚焦环境因素。三者之中，绿色金融内涵最广，是指为支持环境改善、应对气候变化和资源节约高效利用等经济活动，对环保、节能、清洁能源、绿色交通、绿色建筑等领域的项目投融资、项目运营、风险管理等方面提供的金融服务。气候金融是应对气候变化而进行的投融资活动，包括适应气候变化投融资和减缓气候变化投融资。碳金融主要是指与碳排放权交易相关的投融资活动，是气候金融的重要组成部分。通常认为，ESG 投资包含绿色金融、气候金融和碳金融。

第二节 ESG 投资的演进

一、ESG 投资发展脉络

ESG 投资最早可追溯至伦理投资，人们在进行投资决策时要与宗教信仰保持一致，一般会排除武器、烟草、奴隶贸易等行业领域。1758 年，贵格会禁止成员参与奴隶贸易；卫理公会创始人之一约翰·卫斯理倡导负责

任的商业行为，规避某些可能危害工人健康和安全的行业。1759 年，亚当·斯密出版《道德情操论》一书，特别写道，如果政府忽视对我们生计和地球的保护，达到犯罪的程度，那么整个人类都会受到影响。

伦理投资发展百余年后，受到公民意识和社会运动的影响，投资领域掀起新的风潮。1965 年，受禁酒运动影响，瑞典成立世界第一只社会责任投资基金——Akite Ansvar Aktiefond，该基金不能投资酒精和烟草类企业。20 世纪 60 年代，美国国内反对越南战争活动兴起，抗议者要求大学捐赠基金从投资组合中剔除在越南战争中提供攻击性武器的企业。1971 年成立的美国帕斯全球基金拒绝投资通过越南战争获利的企业。与此同时，由于实施种族隔离制度，联合国呼吁对南非实施经济等方面的制裁，通用汽车董事会董事利昂·沙利文制定了旨在公平对待员工的商业行为原则，也就是"沙利文原则"。很多企业遵守这一原则，纷纷从南非撤资，最终推动南非撤销种族隔离制度。1988 年，英国成立的梅林生态基金，该基金仅投资注重环境保护的公司。1990 年，摩根士丹利成立世界上第一只责任投资指数——多米尼 400 社会指数。

1992 年，联合国在巴西里约热内卢召开"地球峰会"，倡导变革现有的生活和消费方式，与自然重修旧好，建立新的"全球伙伴关系"，即人与自然和谐统一，人类之间和平共处。该次会议还签署了《联合国气候变化框架公约》和《生物多样性公约》。1997 年，联合国环境规划署（UN-EP）发布《关于可持续发展的承诺声明》，建议企业将环境和社会因素纳入运营和战略管理。2004 年，联合国在 Who Cares Wins 报告中首次提出 ESG 概念。2006 年，联合国发起设立责任投资原则组织（UN PRI），加入该组织的机构要将环境、社会和治理因素融入投资决策流程，披露 ESG 政策和信息。2007 年，洛克菲勒基金会提出影响力投资概念，在全球影响力投资网络（GIIN）等组织的推动下，影响力投资不断壮大。2015 年，第 21 届联合国气候变化大会通过《巴黎协定》，要努力在 21 世纪末将全球平均气温较前工业化时期上升幅度控制在 2 摄氏度以内。2017 年，气候相关财务信息披露准则（TCFD）发布，实体企业和金融机构开始按照此准则披露应对气候变化挑战的相关信息。2020 年，全球暴发新冠疫情，叠加多种极端气象灾害，投资者参与可持续发展的热情进一步升高，带动 ESG 投资快速扩张。

二、ESG 投资发展阶段

结合 ESG 投资搜索指数、ESG 投资规模等因素，可以将 ESG 投资发展历程划分为四个阶段，分别为酝酿阶段、萌芽阶段、初步发展阶段、加快发展阶段。

酝酿阶段（1900 年以前），这一时期全球投资管理行业处于初步发展阶段，英国和美国资产管理行业开始起步。全球 ESG 投资仍处于酝酿状态，相关理论研究较少，主要由伦理投资主导，宗教信仰和个人价值观塑造了 ESG 投资风格和标准。英美两国伦理投资相对发达，并逐步传播到其他国家。

萌芽阶段（1900 年至 1990 年），这一时期 ESG 投资理论研究进展加快，关注点逐渐扩大到企业治理和社会层面。20 世纪 30 年代，大危机唤醒了人们对公司治理的关注，格雷厄姆和多德出版《证券分析》一书，帮助建立证券投资分析架构，价值投资理论进入大众视野。20 世纪 60 年代到 80 年代，战争、种族歧视等社会问题成为全球关注的焦点，深深影响了此时的 ESG 投资。与此同时，利益相关者理论出现，并在全球传播。利益相关者理论为 ESG 投资奠定了更深厚的理论基础。总体来看，这一时期 ESG 投资还不是主流投资方法，投资策略相对简单，社会参与度不高。

初步发展阶段（1991 年至 2014 年），与之前阶段主要由民间力量主导 ESG 投资不同，这一时期政府开始介入 ESG 投资，更加关注气候变化、生物多样性等环境问题。联合国正式提出 ESG 理念，涌现了绿色金融、碳金融、气候金融等概念，ESG 投资内涵更加丰富。这一时期社会大众比较关心 ESG 投资，搜索热度上升。

加快发展阶段（2015 年以来），面对实现可持续发展目标和应对气候变化挑战的重任，各国政府不遗余力推动可持续发展和 ESG 投资。环境、社会和治理等领域的法律法规和监管政策日臻完善，特别是新冠疫情之后，居民参与可持续投资的热情更加高涨。与此同时，影响力投资、转型金融等概念蓬勃发展，进一步丰富了 ESG 投资内涵和投资策略。从搜索指数趋势看，ESG 投资逐步进入主流投资行列，搜索热度达到前所未有的高度（见图 1-4）。

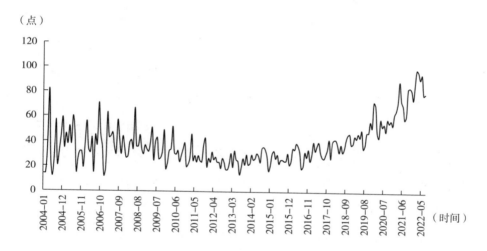

图 1-4　ESG 投资搜索指数趋势

（资料来源：作者根据相关资料整理）

总体来看，ESG 投资已经被政府、企业、金融机构及居民广泛接受，实现了跨越式发展。

第三节　ESG 投资发展的驱动力

ESG 投资快速成长和扩张是由多种因素共同推动，概括起来主要有以下五个方面的因素。

一、ESG 投资需求逐步释放

2020 年至 2030 年是实现可持续发展目标的关键十年，也是 2019 年联合国可持续发展目标峰会确立的"行动十年"。尽管近年来可持续发展投融资迅速增长，但仍无法满足全球可持续发展的资金需求。联合国贸发组织预测，全球每年可持续发展投资需求高达 5 万亿~7 万亿美元，其中，发展中国家每年的投资需求为 3.3 万亿~4.5 万亿美元，每年有约 2.5 万亿美元的投资缺口。

全球面临气候变化挑战。1992 年，《联合国气候变化框架公约》的签署标志着各国共同努力控制温室气体排放的开始，后续又达成《京都议定书》《巴黎协定》，形成控制全球气温上升的共同目标。全球气候投融资需求庞大，气候政策倡议组织（CPI）预测，实现 2030 年减碳目标，保守估计全球每年气候投融资规模将达到 4.5 万亿~5 万亿美元。根据国家应对气候变化战略研究和国际合作中心测算，我国实现碳中和需要新增投资 139 万亿元人民币，年均投资规模达到 3.5 万亿元人民币。非洲国家自主贡献中心测算，2022 年至 2050 年非洲气候投融资总额为 4.76 万亿~4.84 万亿美元。

一方面，各国政府将 ESG 投资作为有效的政策工具，把可持续发展目标与企业经营活动连接起来，促进企业经营发展更加符合可持续发展的要求。另一方面，政府利用 ESG 投资引导更多社会资金流向可持续发展领域，解决资金缺口问题。因此，ESG 投资市场潜力巨大，在政策推动下，市场需求逐步释放。

二、投资者参与热情显著上升

投资者越来越关注可持续发展，愿意投资 ESG 金融产品，这种趋势对社会和环境产生积极影响。

（一）机构投资者是 ESG 投资的引领者

机构投资者或资产所有者是资产管理行业的核心参与者，资金供给占比约为 75%，特别是养老金、保险等资产所有者的影响力不可忽视。养老金、保险等机构资金均为中长期资金，受可持续性风险影响更大，参与 ESG 投资的需求更迫切。此外，监管部门推动养老金、保险等资产所有者将 ESG 因素纳入投资决策（见表 1－2）。2016 年，欧盟要求养老金投资要贯彻 ESG 理念，美国也有类似监管要求。

表 1－2　　　　　　　　部分国家政府养老金投资要求

国家地区	机构	政策要求
欧洲	欧洲保险和职业养老金管理局	2016 年，发布指令，从简要概括对 ESG 理念在养老金投资中的应用提出具体要求
英国	英国养老金管理委员会	2016 年和 2017 年分别发布针对养老金有关计划的投资指引，规定受托人在投资决策中需要融合 ESG 因素
美国	美国劳工部	2016 年，发布《解释公告 TB 2016—01》强调了受托人投资决策考量 ESG 的责任
加拿大	加拿大金融服务监管局	2015 年，发布《养老金福利法案》，规定在安大略省注册的养老金基金需要践行 ESG 理念，披露 ESG 投资计划及决策流程

资料来源：根据互联网信息综合整理。

2020 年，英美日的三家大型养老金机构联合发布《携手共建可持续的资本市场》的公开声明，倡导资产所有者、资产管理者和被投资企业关注长期价值，重视环境、社会和治理因素，齐心协力遏制资本市场的短期主义，为客户、受益人和社会创造可持续的经济增长。诸多迹象表明，全球养老金管理机构正在加强投资组合气候相关风险管理，开展战略性参与活动，对被投资企业和社会产生更多积极影响。

（二）个人投资者需求明显升高

个人投资者进行投资决策时，不仅关注风险和收益，也会考虑自身价值观、信仰、社会影响等方面的非财务因素。因此，即使 ESG 投资收益不高，个人投资者也愿意参与其中，以实现个人价值，收获成就感。

个人投资者对可持续发展理念更加认同和理解。根据欧洲投资银行的调研数据，受访者中59%的美国人、81%的欧洲人及93%的中国人认为气候变化和其影响是21世纪最大的挑战；68%的美国人、75%的欧洲人及90%的中国人认为改善自身行为有利于解决气候变化问题。

ESG 投资产品服务供给增多，更多个人投资者愿意采取行动支持可持续发展，个人资产组合中 ESG 投资产品占比明显上升。根据英国政府国际开发部的调研数据，64%的英国个人投资者希望投资能够回馈社会的企业，30%的受访者将影响力作为选择金融产品的首要考虑因素。富达国际对粤港澳大湾区投资者的调研结果显示，71%的受访者认识到可持续投资的重要性，66%的受访者希望通过投资推动世界发生积极改变。个人投资者对 ESG 投资需求持续释放，已开始产生连锁反应，金融机构纷纷表示客户需求成为大力发展 ESG 投资的重要因素。

三、金融机构需要塑造可持续发展的品牌和声誉

金融机构是推动 ESG 投资的中坚力量，能够实现社会资金供给与需求的有效衔接。根据法国巴黎银行 *The ESG Global Survey* 2021 调研数据，金融机构参与可持续投资包括以下主要动因，59%的受访机构认为可维护品牌和声誉，46%的机构认为是外部利益相关者的要求，45%的机构认为可以提升长期投资收益，39%的机构认为可以降低投资风险。

从品牌和声誉看，ESG 投资已成为主流投资方法，对社会发展具有积极意义。金融机构提供可持续投资产品服务，不仅能满足客户需求，而且可以体现社会责任和价值。部分金融机构着力依托 ESG 投资增强品牌美誉度，吸引更多客户资金。

从受托责任看，金融机构接受客户委托，要为客户利益作出最优的投资管理行为。在可持续性风险日渐升高的环境中，将 ESG 因素纳入投资决

策已经成为重要的受托责任，以便为客户创造长期而稳健的投资收益。2005年，UNEP FI 资产管理工作组发布具有里程碑意义的《2005 年富而德报告》。该报告第一次明确指出：未能考虑包括 ESG 问题在内的所有长期投资价值驱动因素，都是未履行受托人责任的体现。UN PRI 和 UNEP FI 联合撰写的《21 世纪受托人责任》在 2015 年和 2019 年分别重申了该结论。

从风险管理看，ESG 成为重要的风险因子，德国等各国政府已要求金融机构加强可持续性风险管理，不断完善内部治理、政策制度及管理流程，增强经营发展稳健性。

四、监管政策持续完善

监管政策是推动 ESG 投资发展的关键因素，2015 年之后，全球 ESG 投资法律法规和监管政策陆续出台。目前，全球已有 1000 多个相关法律法规、监管政策和行业自律规范，其中欧洲、北美地区 ESG 投资政策数量位居全球前列（见图 1－5）。

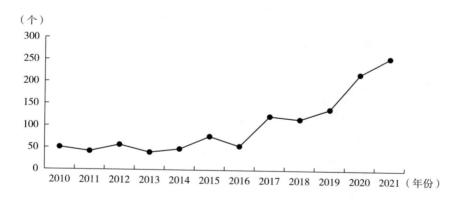

图 1－5 2010 年至 2021 年全球 ESG 投资法律法规和监管政策

（资料来源：作者根据相关资料整理）

现有监管政策主要包括三个方面，一是国家或者地区 ESG 投资发展规划和路线图，二是企业或金融产品 ESG 信息披露要求，三是金融机构可持续投资行为规范。监管部门逐步实施一系列强制性监管政策，倒逼金融机构和企业加快落实 ESG 理念。

除了单一国家或地区的努力，各个国家或地区也在开展深度国际合作，成立世界性研究和交流平台，集中研究解决 ESG 投资关键问题，统一全球标准，建立 ESG 投资的全球监管体系。

五、ESG 投资优势显现

发展初期，ESG 投资受到广泛质疑，重点在于投资成本过高，能够实现的收益低于传统投资，降低了投资者信心。随着 ESG 投资实践的深入和投资策略的丰富，大量实证研究表明 ESG 投资收益并不低于传统投资。从长期看，当市场对 ESG 因子充分定价后，投资收益水平会更高。

经济学人智库对 450 个机构投资者的调研数据显示，74% 的受访机构认为 ESG 投资收益表现好于传统投资。根据德意志银行调研数据，全球 39% 的受访机构认为 ESG 投资表现优于传统投资，54% 的受访机构认为 ESG 投资表现与传统投资没有差别，只有 7% 的受访机构认为 ESG 投资表现逊于传统投资，欧洲金融机构更看好 ESG 投资的表现。总体来看，ESG 投资表现至少不差于传统投资，能够为世界带来更多正能量和积极改变（见图 1-6）。

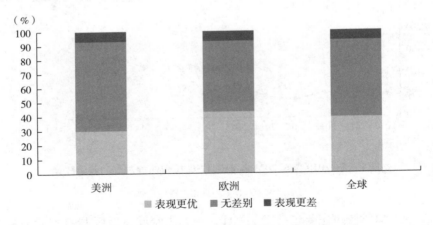

图 1-6　ESG 投资与传统投资表现比较

（资料来源：作者根据相关资料整理）

第四节 ESG 投资面临的挑战

ESG 投资发展时间不长，所处的内外部环境还不成熟，面临的发展挑战仍不少，诸如数据不足、洗绿担忧、监管体系不完善等方面（见图 1−7）。

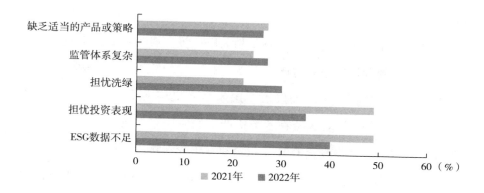

图 1−7 ESG 投资面临的困难和挑战

（资料来源：作者根据相关资料整理）

一、监管政策不完善

很多国家着手建立监管政策体系，推动企业和金融机构参与可持续发展，自觉践行 ESG 理念。不过，现有监管政策体系既有不健全的问题，也存在部分领域监管缺失的问题，而且全球监管政策差异较大，不利于进行国家间的比较和融合。

首先，部分领域监管政策不完善。各国政府不断加强企业 ESG 信息披露、ESG 投资产品分类等方面的监管政策建设。然而，很多监管政策仍在不断探索和尝试。在实际执行过程中，部分监管要求仍存在界定模糊或者执行难度较大的问题，未来有必要进一步完善。

其次，部分领域监管政策缺失。全球还没有 ESG 评级等方面的监管举

17

措，不利于 ESG 投资规范发展。

最后，国家间监管政策差异较大。各国部分监管标准差距较大，难以有效比较和统一，这将加大跨国企业合规成本，也会形成监管套利。

二、ESG 投资实践仍需深化

金融机构需要进一步完善 ESG 整合等投资方法和技术，加快创新和理论研究。

一是 ESG 投资存在较高的不均衡性。ESG 投资成为主流投资模式，但是在全球资产管理规模中的占比仍不高。对比看，发达国家金融机构行动更积极，业务经验更丰富，而发展中国家金融机构 ESG 投资实践相对滞后，相关经验欠缺。ESG 投资在各类资产中的应用存在较大差异，股票领域领先，而债券、另类投资的 ESG 投资实践仍较滞缓。

二是 ESG 投资技术不完善。ESG 投资方法和技术应用初见成效，筛选、主题投资等投资方法相对成熟，ESG 整合、参与等策略不成熟，还需要深入研究 ESG 评级指标体系，气候相关风险和可持续风险认知相对粗浅。未来需要结合各国实际情况，深化实践和研究，加强最佳实践共享，不断提升 ESG 投资技术方法水平。

三是 ESG 投资影响力还需提升。ESG 投资已开始对经济社会产生一定正向影响，不过在推动碳中和和全球可持续发展目标实现方面的作用还不足。根据 *ESG Asset Owner Survey* 数据，仅有 28% 的受访者将投资组合影响与可持续发展目标挂钩；衡量 ESG 投资社会影响力的方法不成熟，在注重财务收益的同时，还需要进一步强化 ESG 投资的社会影响力（见图 1-8）。

三、ESG 投资洗绿问题突出

全球重视环境保护，绿色发展呼声逐起，但是部分企业浑水摸鱼，空

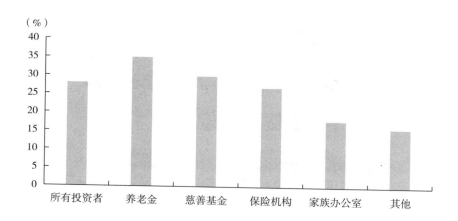

图 1-8 资产所有者将资产组合影响与可持续发展目标挂钩的情况

（资料来源：作者根据相关资料整理）

有口号而缺乏实际行动，这就是通常所说的洗绿问题。牛津英语词典对洗绿的定义是，企业意图让人们认为其关心自然环境，即使其行为是破坏环境的，也就是说企业的宣传或者承诺与实际行动不符。早在 1986 年，就有专家提出洗绿问题。20 世纪 90 年代以后，专家学者日渐重视此问题，进行深入分析研究，形成了较为丰富的研究成果。

虽然 ESG 投资更加注重社会和环境保护，但是监管政策体系不完善，投资者洗绿风险意识不强，金融机构承诺缺乏有效验证机制，导致 ESG 投资领域容易出现洗绿问题。根据资本集团调研数据，全球金融机构洗绿担忧的比例超过 52%，其中欧洲最高，达到 56%；北美增长最快，由 2021 年的 36% 上升至 2022 年的 49%（见图 1-9）。

ESG 投资洗绿表现有其独特之处，国际证监会组织（IOSCO）总结了 ESG 投资方面的洗绿表现，主要是产品名称与投资策略没有关系，市场宣传未能准确反映产品投资目标或策略，产品没有遵循事先设定好的投资目标或策略，对产品可持续性方面的表现进行误导性宣传或者缺乏信息披露。

洗绿问题对 ESG 投资的冲击非常大，需要高度重视，全球监管部门正

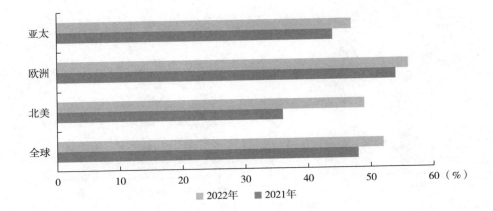

图 1-9　ESG 投资洗绿担忧较突出

(资料来源：作者根据相关资料整理)

加大监管和处罚力度。2021 年 8 月，在 Desiree Fixler 的指控下，美国证券交易委员会（SEC）和德国联邦金融监管局（BaFin）对德意志资产管理子公司 DWS 展开洗绿调查。调查显示，与 DWS 基金销售说明书的陈述相悖，仅有少数项目考虑了 ESG 因素。2022 年 5 月，SEC 在对纽约梅隆银行的调查中，发现该银行一些投资没有审查 ESG 因素，最终罚款 150 万美元。2022 年 6 月，SEC 开始调查高盛旗下资产管理公司，以确定高盛的两只共同基金是否违反了营销材料中承诺的 ESG 标准。

为了有效解决洗绿问题，政府和监管部门需要采取多方面举措。资本集团调研数据显示，54% 的受访机构认为有必要提高可持续投资的透明性及报告质量，加强市场监督；超过 40% 的受访机构认为应加强监管及制定可持续投资最低标准。围绕洗绿问题，各国监管部门正在推进可持续投资产品的分类和命名规范，提高信息披露水平。

四、数据挑战仍然较大

数据和信息披露是开展 ESG 投资的关键输入要素，没有充足且高质量的信息做基础，很难有效执行 ESG 投资策略。虽然全球各国都在推动信息披露，持续提升数据质量，但是数据方面的挑战仍不少（见图1-10）。

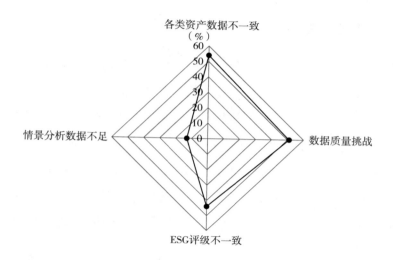

图 1-10 ESG 数据方面的主要挑战

（资料来源：作者根据相关资料整理）

根据法国巴黎银行 *The ESG Global Survey* 2021 调研数据，金融机构认为各类资产数据不一致、数据质量存在挑战及 ESG 评级不一致是推进可持续投资的最大难题。在资产数据方面，现有监管要求主要指导上市公司披露 ESG 信息，但是对债券、大宗商品等资产的 ESG 信息披露要求较少。在数据质量方面，企业 ESG 信息披露随意性较强，多数企业信息披露质量不高，缺乏二氧化碳排放等方面的数据披露，而且没有经过审计，数据真实性无法保证。在 ESG 评级方面，ESG 评级机构评级数据来源和评级方法差异较大，导致同一企业的评级结果不一致，对金融资产估值和定价造成较大扰动。

为了克服这些困难，金融机构使用多种来源的 ESG 数据，确保 ESG 数据的质量，以及加强自身对数据的研究和挖掘，诸如使用人工智能技术等金融科技深化对 ESG 数据的研究和理解。从根本上看，监管部门需要推进企业信息披露，制定统一的数据披露标准，探索开展 ESG 信息第三方核验，加强数据服务商监管，持续提升 ESG 数据数量和质量。

五、专业人才不足

ESG 投资涉及的碳资产管理、ESG 研究和分析、ESG 报告编制等方面的技术要求较高，已经成为必不可少的专业技能。根据新加坡全国工会联合会（NTUC）的调研数据，雇主认为与可持续性相关的有用技能分别是ESG（44%）、碳足迹管理（40%）及可持续业务战略（39%）。全球特许金融分析师协会（CFA 协会）的调研数据显示，70% 的受访者学习 ESG 技术的意愿远高于学习其他新技能的意愿（见图 1－11）。为了满足金融机构人才培养及个人提升 ESG 技能的需求，CFA 协会等国际行业组织开始提供ESG 资格认证教育和考试。

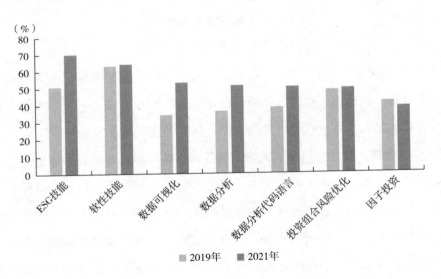

图 1－11　感兴趣学习的新技能

（资料来源：作者根据相关资料整理）

企业持续加入可持续发展行列，相关岗位需求不断上升。国际能源署估算，到 2030 年，碳中和带动的清洁能源投资将创造 1400 万个岗位，并在建筑节能改造、新能源汽车等领域额外创造 1600 万个工作机会。2021

年，绿色人才招聘比例最高的前五大行业为制造、金融、软件和 IT 服务、教育及企业服务。从行业来看，全球使用绿色技能最多的前五大行业，分别为企业服务、制造、能源和采矿、公共管理和建筑。

与持续攀升的 ESG 人才需求不同，全球教育体系没有很好地开展相关专业建设，ESG 投资培训也不完备，该领域人才持续短缺。领英统计数据显示，2016 年至 2021 年，全球招聘市场绿色技能的职位规模以每年 8% 的速度增长，而同期绿色人才供给规模的增长比例约 6%，二者之间存在明显的供需缺口。为了壮大 ESG 人才，香港计划为引进 ESG 人才提供现金补贴、放宽移民要求，新加坡、上海、深圳等地出台绿色发展方面的人才引进优惠政策。

未来，我国需要继续加大绿色人才和 ESG 人才的大学专业教育，加强职业技能培养，适当引进海外相关人才，加大人才储备力度，充分支持我国的绿色发展。

六、个人投资者教育仍需加强

个人投资者助力可持续发展及应对气候变化的意愿较强，但是实际投资规模和资产配置比例并不高，除了产品供给不足外，还在于居民金融素养不高。

首先是个人投资者对 ESG 投资了解不足。ESG 投资定义不统一，各国可能混合使用可持续投资、ESG 投资、社会责任投资、绿色投资等概念，加之相关金融教育较少，导致客户认知不足。

其次是客户对 ESG 投资产品收益和风险认识不清晰。意大利和法国调研数据显示，个人投资者认为 ESG 投资的收益更低而成本更高，施罗德集团 *Global Investor Survey* 调研数据显示，40% 的受访投资者认为 ESG 投资获得更高的投资收益，德国个人客户认为 ESG 投资风险更高。可以看出，各国个人投资者对 ESG 投资风险和收益的认识并不一致，甚至存在认知误区。

　　最后是缺少洗绿风险意识。个人投资者掌握的可持续投资知识不足，加之部分金融机构 ESG 投资产品信息披露少，很多个人客户洗绿风险意识不高，甚至并不清楚存在此风险。

　　未来，需要加强可持续投资金融知识宣传和教育，通过手册、网站及其他媒介加大 ESG 知识普及，提高个人投资者金融素养；推动金融机构加强资管产品信息披露，提高产品运行透明性；强化金融投资顾问专业能力，为客户提供 ESG 投资方面的专业咨询，不断丰富和完善客户投资组合。

第二章 ESG 投资生态体系

ESG 投资生态体系正在形成，主要参与者包括发行人、投资管理机构、资产所有者、中介服务机构、政府和监管部门、行业自律组织和合作平台等（见图 2 - 1）。

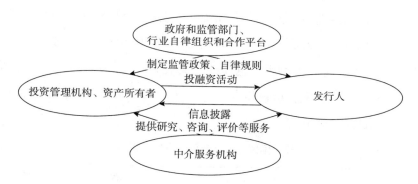

图 2 - 1 ESG 投资生态体系

（资料来源：根据互联网信息综合整理）

第一节 发行人

发行人通过发行各类金融工具或者转售各类资产权益，筹集资金用于与可持续发展相关的技术研发、设备改造和工程建设。发行人既可以是政府部门，也可以是金融机构，还可以是实体企业。投资管理机构和资产所有者根据 ESG 投资策略，购买符合投资标准的基础资产。绿色债券、气候债券、蓝色债券等金融工具经过认证或者带有特定标识，可以降低金融机构识别难度。

一、政府部门

政府是推进可持续发展和应对气候变化的最重要主体。政府投资资金除了来自财政收入，也会发行债券对外募集资金。

各国政府加大绿色债券发行力度。根据气候债券倡议组织（CBI）统计数据，2014 年至 2022 年，各国政府发行绿色债券 2110 亿美元，占全部发行规模的 11%。欧洲国家发行绿色债券较为积极，德国、法国等政府绿色债券发行量较高；2021 年 10 月，欧盟委员会发行 120 亿欧元绿色债券，筹集资金分配给欧盟成员国，用于普及可再生能源和提升能源效率。其他国家政府也探索发行绿色债券，2021 年 12 月，匈牙利在中国银行间债券市场成功发行 10 亿元人民币绿色债券（见表 2－1）。除了发行绿色债券，部分国家政府还创新发行蓝色债券，2018 年，塞舌尔政府发行全球首只蓝色债券用于改善海洋状况。

表 2－1 部分国家政府绿色债券发行情况

时间	发行主体	发行规模	期限
2017 年 1 月	法国	70 亿欧元	22 年
2020 年 9 月	德国	65 亿欧元	10 年
2021 年 10 月	欧盟委员会	120 亿欧元	15 年
2021 年 10 月	英国	60 亿英镑	32 年
2021 年 12 月	匈牙利	10 亿元人民币	3 年
2022 年 6 月	奥地利	40 亿欧元	27 年
2022 年 8 月	新加坡	24 亿新元	50 年

资料来源：根据互联网信息综合整理。

可持续发展任重道远，政府部门有动力持续在资本市场发行与可持续发展相关的债券，筹集可用资金，解决资金缺口问题。

二、金融机构

金融机构划分为开发性金融机构及商业性金融机构，它们是可持续发展的重要资金供给方。开发性金融机构是贯彻国家宏观政策，以推进可持续发展为核心目标的主体，包括欧洲复兴开发银行、亚洲开发银行、非洲开发银行等机构。这类金融机构不以盈利为唯一目标，致力于消除贫困、保护环境、推动社会进步。商业性金融机构包括银行、保险、资产管理机构等，它们主要以盈利为目的，在政策引导和市场需求推动下，将 ESG 融入投资决策流程，注重可持续性风险管理。

金融机构除了利用资本金、吸收储蓄存款等方式筹集资金，也发行绿色债券、转型债券筹集资金，加强对绿色低碳发展和社会公共项目的支持。2007 年，欧洲投资银行发行全球首只绿色债券。此后，各金融机构加快绿色债券发行节奏。中国银行在境外累计发行绿色债券约 83 亿美元，国家开发银行累计发行绿色债券 1560 亿元人民币；美国银行 2013 年发行首只绿色债券，规模 5 亿美元；花旗银行 2019 年发行首只绿色债券，规模 10 亿欧元；德意志银行 2020 年发行首只绿色债券，规模 5 亿欧元。根据 CBI 统计数据，2014 年以来，全球金融机构累积发行绿色债券 6364 亿美元，占绿色债券发行总额的 35%，是最主要的发行主体。其中，商业性金融机构累计发行规模为 4340 亿美元，开发性金融机构累计发行规模为 2024 亿美元，自 2017 年开始商业性金融机构绿色债券发行规模超过开发性金融机构（见图 2 - 2）。

三、企业

企业在可持续发展中所发挥的作用各不相同，有些企业提供新能源及相关技术，助力减少碳排放；有些企业能够为社会提供更安全可靠的产品和服务；有些企业可以解决生态环境多样性和海洋可持续利用等方面的难

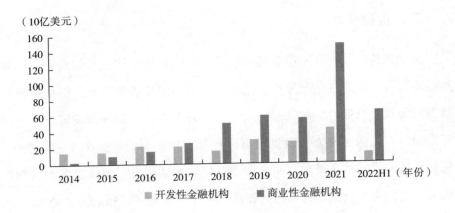

（10亿美元）

2014　2015　2016　2017　2018　2019　2020　2021　2022H1（年份）

■ 开发性金融机构　　■ 商业性金融机构

图 2-2　金融机构绿色债券发行情况

（资料来源：作者根据相关资料整理）

题。企业利用各类可持续金融工具筹集低成本资金，诸如发行绿色债券、转型债券、蓝色债券等，也会在技术研发或者绿色工程建设过程中引入股权投资资金或者获得信贷资金，扩大资金来源渠道。相比较而言，企业绿色发展可供选择的资金渠道要比政府和金融机构更多元。不过，中小企业资金渠道更狭窄，绿色发展能力受到一定限制，需要针对它们的经营发展特点安排资金筹集渠道。

企业已成为绿色债券市场最大的发行人。2019 年至 2021 年，企业发行绿色债券规模分别为 626 亿美元、676 亿美元和 1512 亿美元，位居各类发行主体的首位，中石化、沃尔玛、谷歌等国内外大型企业均发行过绿色债券。

全球广义上与气候相关的各类资产总规模已达 50 万亿美元，在全球资产配置中占比 1/4，我国气候投融资规模超过 10 万亿元人民币。能源基金会预计，"十四五"期间我国绿色投资潜在规模将达到 45 万亿元人民币，企业绿色低碳发展资金需求旺盛，需要不断创新投融资模式，提升环境友好型企业资金支持力度。

第二节　投资管理机构

投资管理机构是 ESG 投资链条中重要的参与者，主要负责为投资者管理资产，推动 ESG 投资发展。UN PRI 是全球最重要的 ESG 投资推动组织之一，越来越多的投资管理机构加入此组织，以表明对可持续发展的支持。截至 2022 年 10 月 9 日，全球有 3948 家投资管理机构加入了 UN PRI，新增投资管理机构数量保持较快增速（见图 2 - 3）。

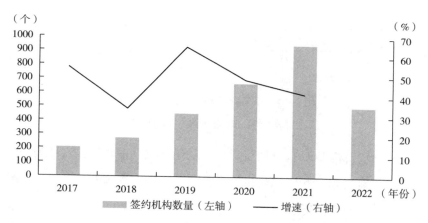

图 2 - 3　2017 年至 2022 年加入 UN PRI 的投资管理机构情况①

（资料来源：作者根据相关资料整理）

投资管理机构主要为客户提供资产管理、资产配置、投资咨询等服务，按照管理资产类别的不同，可以划分为传统投资管理机构和另类投资管理机构。前者主要投资股票和债券等高流动性资产，后者主要投资不动产、股权资产、自然资产、私募债权等低流动性资产。从全球资产管理规模来看，另类资产投资规模相对较小，但是投资者另类资产配置意愿日渐增高。受限于资产流动性、ESG 信息可获取性、投资者要求等因素，基于

---

① 数据截至 2022 年 10 月 9 日。

不同资产的 ESG 投资发展水平并不一致。根据 *The ESG Global Survey*，ESG 股票投资占比达到 74%；其次为债券，ESG 投资占比为 49%；PE、不动产和基础设施等 ESG 另类资产投资比例在 30% 左右，对冲基金 ESG 投资比例最低，为 14%（见图 2-4）。

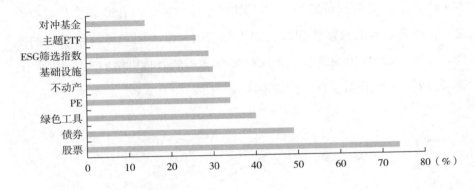

图 2-4　不同资产 ESG 投资水平情况

（资料来源：作者根据相关资料整理）

投资管理机构 ESG 投资逐步形成了最佳实践，主要包含六部分内容。

第一，确立 ESG 投资战略目标。投资管理机构将 ESG 融入企业战略和投资理念，贯彻到投资全流程。贝莱德（Black Rock）等机构已将可持续投资作为核心投资策略之一，还有少部分投资管理机构专注 ESG 投资。ESG 投资成为企业的唯一使命。

第二，建立 ESG 治理体系。完善的 ESG 投资责任分工，有利于顺畅推进该项工作。投资管理机构需要明确 ESG 投资管理职责，通常，董事会对 ESG 投资工作负最终责任，高管层执行和实施 ESG 投资决策。为了保障 ESG 投资能够高效落地，投资管理机构一般会设置 ESG 投资官或者专业委员会，负责推进和监督 ESG 投资；设立 ESG 研究和管控部门或者团队负责 ESG 研究、政策执行等方面的工作；投资团队具体实施 ESG 投资。

第三，制定 ESG 投资政策。投资管理机构制定 ESG 整合政策、参与政策、投票政策等制度，有效指导 ESG 投资开展。部分国家或者自律组织要求投资管理机构公开披露上述政策，提高 ESG 投资管理透明性。投资管理机构根据监管政策要求、实践经验等因素，持续修订和优化上述政策。

第四，建设 ESG 产品体系。投资管理机构根据客户需求构建 ESG 产品体系，从自身比较擅长的领域出发，为客户提供最优良的产品服务。

第五，加强 ESG 信息披露。根据通行的信息披露框架或者标准，投资管理机构定期披露公司层面的 ESG 报告或者可持续发展报告，介绍 ESG 投资治理架构和政策，总结年度 ESG 投资推进情况，重点总结在气候变化等方面产生的积极影响。在产品层面，投资管理机构强化 ESG 产品服务的信息披露，在发行期间披露投资目标、政策和策略，以每月、每季度及每年度的频率持续披露投资报告。

第六，夯实 ESG 支撑体系。ESG 投资需要信息系统和数据作支撑，因此，投资管理机构建立信息系统，加强数据累积和外部采购，整合多方数据，支持 ESG 分析和评价。

第三节　资产所有者

资产所有者是 ESG 投资的资金供给方，它们的偏好和行动对 ESG 投资具有深远影响，因此，推动 ESG 投资发展要大力吸引资产所有者参与和支持。统计数据显示，截至 2020 年末，全球 ESG 投资中个人投资者占比为25%，机构投资者占比为 75%。

一、资产所有者参与 ESG 投资情况

从全球资产所有者 ESG 投资配置情况来看，施罗德集团 *Global Investor Survey* 数据显示，美洲的投资者 ESG 投资占比最高，约为 52%；其次为亚洲，约为 49%；欧洲约为 44%，各地区投资者投资 ESG 产品服务有一定

差异性。

　　资产所有者对环境、社会及治理因素的重视程度有所不同，根据 *ESG Asset Owner Survey* 调研数据，欧洲和北美地区资产所有者更加重视治理因素，占比分别为 31% 和 35%，远高于社会因素和环境因素；亚洲地区资产所有者更加重视社会因素，占比为 45%，略高于环境因素和治理因素（见图 2 - 5）。

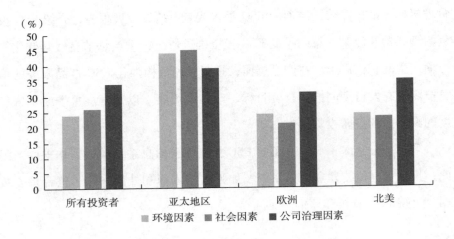

图 2 - 5　不同地区资产所有者关注的 ESG 因素情况

（资料来源：作者根据相关资料整理）

　　资产所有者认识到 ESG 投资可能成为获取超额收益的关键，*ESG Asset Owner Survey* 调查显示，82% 的资产所有者认为未来 3 年 ESG 整合策略与股票投资获取超额收益有密切关系，79% 的资产所有者认为未来 3 年 ESG 整合策略与不动产投资获取超额收益有密切关系，而认为 ESG 与债券投资和对冲基金投资获取超额收益关系密切的资产所有者占比相对较低。

二、个人资产所有者

　　通常认为，个人资产所有者投资决策以投资收益和风险为核心，但是现实并非如此，价值观、金融素养及可持续发展信念都会影响投资决策。

施罗德集团 *Global Investor Survey* 数据显示，21% 的受访者会根据自身信念作出投资决策。

个人投资者参与可持续发展意愿较高。但是现实调研发现，ESG 金融产品配置比例并不高。为了解决这一问题，美国、澳大利亚及欧盟等国家或地区均要求投资顾问满足客户 ESG 偏好，特别是在个人养老金投资方面，要为客户提供包含 ESG 投资产品在内的投资组合。

参与 ESG 投资的个人资产所有者具有什么特征呢？调查数据显示，当前可持续投资者的特点包括 18～34 岁，资产持有量大于 5000 万美元，具有大学本科以上学历。总体来看，ESG 个人资产所有者是相对年轻的群体，中产以上财富水平，具有良好的教育背景。未来，千禧一代将是 ESG 投资的重要目标客户，他们投资意愿更高。

三、机构资产所有者

机构资产所有者拥有庞大可投资资产，诸如养老金管理机构、主权财富基金、保险公司、慈善组织等。根据 The Thinking Ahead Institute 统计数据，截至 2020 年末，全球 TOP 100 机构资产所有者资产规模为 23.5 万亿美元，其中养老金机构资产占比最大，为 58%；其次为主权财富基金，占比为 35%；其他机构资产所有者占比为 7%。相比个人资产所有者，它们对 ESG 投资的影响更大。

机构资产所有者投资期限长，受可持续风险影响大，更关注 ESG 投资。此外，各国政府为了引导更多资金支持可持续发展，要求机构资产所有者充分考虑 ESG 因素。截至 2022 年 9 月末，全球共有 710 个资产所有者加入 UN PRI，占全部机构总数的 14%，全球规模较大的养老金机构都已加入 UN PRI，积极践行可持续投资理念，而主权财富基金在此方面并不积极（见表 2－2）。

表 2 - 2　　　　　　　重点机构资产所有者参与 UN PRI 情况

排名	资产所有者	国家	资产类型	是否签署 UN PRI
1	Government Pension Fund	日本	养老金	是
2	Norges Bank Investment Manaement	挪威	养老金	是
3	中国投资有限公司	中国	主权财富基金	否
4	Abu Dhabi Investment Authority	阿联酋	主权财富基金	否
5	SAFE Investment Company	中国	主权财富基金	否
6	National Pesion	韩国	养老金	是
7	APG	荷兰	养老金	是
8	Federal Retirement Fund	美国	养老金	否
9	Kuwai Investment Authority	科威特	主权财富基金	否
10	GIC Private limited	新加坡	主权财富基金	否

资料来源：作者根据相关资料整理。

　　机构资产所有者积极践行 ESG 投资，法国巴黎银行 *The ESG Global Survey* 调研数据显示，机构资产所有者重点应用 ESG 整合策略及排除策略，占比分别为 72% 和 54%，主题投资、影响力投资、股东积极主义及同类最佳策略占比约为 30%。

　　由于资产管理规模较高，除了亲自进行投资管理，机构资产所有者还会委托外部投资管理机构管理。*ESG Asset Owner Survey* 显示，60% 的机构资产所有者将 ESG 标准作为筛选委托机构的重要标准，37% 的机构资产所有者将 ESG 标准作为筛选咨询服务机构的重要标准，这与其推动 ESG 投资的行动一致。具体来看，保险基金、慈善机构、家族办公室及养老金机构将 ESG 作为重要标准筛选外部投资管理人的占比分别为 68%、64%、60% 和 59%。

　　为了更好地帮助机构资产所有者选择外部管理人，UN PRI 制定了工作指南，认为该过程包括初选、复选、尽职调查及委任等环节。其中，尽职调查环节主要关注将 ESG 因素纳入投资分析和决策的程度、从长期角度评估 ESG 因素在投资决策前后的实质性、在法律文件中纳入 ESG 考量、做好尽责管理、从长期视角评估投资决策对环境和社会的影响、充分披露问责机制。

第四节　中介服务机构

中介服务机构是 ESG 投资市场的重要支撑，为市场参与者提供金融中介服务、数据服务、评级服务、认证服务及咨询研究服务。

一、金融服务机构

发行可持续金融工具需要由金融机构提供交易设计、定价、承销等服务，主要由投资银行、综合性金融机构提供此类服务。

根据 Environmental Finance 统计数据，2021 年，全球可持续债券承销规模排名前 5 位的金融机构分别为摩根大通、巴黎银行、美国银行、法国农业信贷银行和花旗银行，承销规模分别为 679.75 亿美元、587.50 亿美元、541.90 亿美元、534.43 亿美元和 527.46 亿美元。

从各类可持续债券承销情况看，2021 年，全球绿色债券承销规模排名前 5 位的金融机构分别为摩根大通、花旗银行、法国农业信贷银行、巴黎银行和美国银行，承销规模分别为 352.86 亿美元、283.03 亿美元、273.64 亿美元、272.24 亿美元和 249.41 亿美元。全球社会债券承销规模排名前 5 位的金融机构分别为巴黎银行、汇丰银行、摩根大通、法国农业信贷银行和法国兴业银行，承销规模分别为 142.15 亿美元、129.01 亿美元、125.70 亿美元、115.94 亿美元和 115.04 亿美元。全球可持续发展挂钩债券承销规模排名前 5 位的金融机构分别为摩根大通、巴黎银行、汇丰银行、花旗银行和法国农业信贷银行，承销规模分别为 72.80 亿美元、64.37 亿美元、50.41 亿美元、48.63 亿美元和 48.47 亿美元。

二、数据及评级服务机构

ESG 数据是可持续投资的重要基础，对上市公司等主体进行 ESG 评级，可以进一步便利金融机构投资决策。ESG 信息披露时间短，数据庞杂，需要由专业机构提供支持。金融机构一般采用内部数据和外部数据整合的方式，与多家外部服务机构合作，形成全面而多元的数据库。*Responsible Investment Survey* 调查数据表明，在使用外部数据时，22% 的受访机构直接使用外部数据，而其他机构会进行适当校验和修正。

毕马威估算，全球现有 700 多家数据和评级服务机构，既有营利机构，也有非营利机构，各机构实力参差不齐。

数据服务机构方面，全球主要的数据服务商包括彭博、MSCI、路透等机构。此外，还有一些细分领域的大型数据服务机构，碳信息披露项目组织（CDP）主要聚焦碳排放数据，瑞士 ESG 数据科学公司 RepRisk 主要聚焦企业社会责任和业务风险数据。除了国际数据服务机构，国内涌现了不少 ESG 数据服务机构，如妙盈科技等。

ESG 评级机构方面，ESG 评级是对企业 ESG 表现的综合评价，可以用于投资组合的构建和跟踪。ESG 评级机构日渐发展壮大，全球较为知名的 ESG 评级机构包括 MSCI、机构股东服务公司（ISS）、富时罗素（FTSE Russell）、路孚特（Refinitiv）等，国内活跃的 ESG 评级服务机构主要包括商道绿融、上海华证等。

三、认证和咨询服务机构

认证和咨询服务机构为 ESG 投资市场防止洗绿及解决关键难题提供了有力的支撑。

认证服务方面，部分国家或者组织持续推动发展特定金融工具资质认证或者核验，防止洗绿，增强市场投资信心。国际资本市场协会（ICMA）制定了绿色债券标准、转型金融标准，气候债券倡议组织制定了气候债券标准。对接全球准则，2017 年，中国人民银行与中国证监会联合发布《绿色债券评估认证行为指引（暂行）》，明确了绿色债券评估认证的机构资质、评估认证内容等。总体而言，经过认证的金融工具将获得标识，具有更高的公信力，有利于吸引更多投资者。根据 Environmental Finance 统计数据，2021年，可持续债券认证和审核数量最多的中介服务机构分别为 Sustainalytics、ISS、国际气候研究中心（CICERO）、穆迪（MOODY'S）、日本信用评级机构有限公司（JCR），占认证总量的27.45%、14.59%、9.82%、7.05%和4.96%，我国认证服务机构的全球市场份额占比较小，均不足0.5%。

咨询服务方面，ESG投资涉及信息披露等复杂环节，需要采购ESG信息报告、碳中和碳达峰行动规划等外部服务，部分咨询机构正在加大此方面服务的供给，毕马威、德勤、普华永道等国际性咨询服务机构设有ESG投资的研究和服务团队。此外，很多聚焦可持续投资领域的专业咨询机构纷纷设立。

第五节 政府和监管部门

政府和监管部门是ESG投资的规则制定者，各政府和监管部门从本地实际出发，制定ESG投资的行为规则、信息披露政策，引导ESG投资良性发展。全球各国家和地区ESG投资发展水平并不一致，除了与经济发展水平、社会意识等因素有关外，更与各国政府的态度和推动力度相关。从全球看，ESG投资最发达的地区主要集中在欧洲、北美等区域，主要在于上述国家或地区投入高和政策制度体系比较完善。

政府和监管部门相互协同配合，央行主要负责制定基于气候等要素的宏观审慎监管政策，金融机构监管部门负责监督和指导金融机构开展ESG投资，环境和生态部门主要负责制定气候、环境保护等相关政策要求和标准，劳动用工管理部门负责企业员工权益保障政策制定和实施，财政部门负责制定财政补贴、税收等激励政策。全球可持续金融中心网络（FC4S）

调研了 30 个国家或地区的可持续金融发展规划，发现提及次数最多的是各类金融机构监管部门，被提及 21 次；央行被提及 15 次，财政部被提及 12次（见图 2-6）。

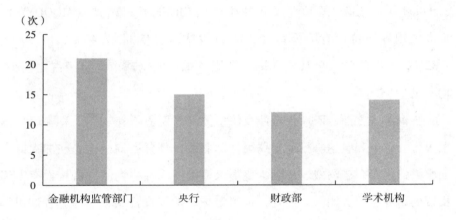

图 2-6　各国可持续金融规划政策建议中各类机构被提及次数

（资料来源：FC4S 官网）

以日本为例，日本金融厅负责制定可持续金融监管政策、金融机构尽责管理原则、ESG 评价和数据服务监管等方面工作；日本银行主要负责制定气候信息披露政策、气候压力测试、应对气候变化投融资政策等方面工作；日本环境省负责制定绿色债券发行标准、碳中和经济社会改革政策、环境保护激励政策等方面工作；日本产业经济省主要负责各产业低碳绿色发展政策制定、碳交易市场建设等工作。日本政府各部门分工明确，共同推进可持续发展和碳达峰碳中和。

第六节　行业自律组织和合作平台

为了加强全球 ESG 投资领域的合作，协同解决关键难题，各国政府、监管部门及金融机构共同建立了很多自律组织和合作平台。有的平台为多边合作平台，有的为双边合作平台；有的平台为国际性平台，有的为区域性或国内合作平台。

UN PRI 主要由资产所有者、投资管理机构、服务商等机构组成，最重要的是该组织提出了可持续投资的六项原则，分别为：①将 ESG 问题纳入投资分析和决策流程；②成为积极的资产所有者，将 ESG 问题纳入所有权政策和实践；③寻求被投资实体适当披露 ESG 信息；④推动投资业广泛采纳并贯彻落实负责任投资原则；⑤齐心协力提高负责任投资原则的实施效率；⑥报告负责任投资原则的实施情况和进展。

绿色金融和投资中心由经济合作与发展组织（OECD）发起设立，主要成员为 OECD 成员国。该组织主要任务是为绿色金融和投资发展提供有效的政策和工具，支持向绿色、低碳及气候韧性较强的经济转型。

央行与监管机构绿色金融网络（NGFS）为政府间组织，成立于 2017 年，包括 116 个成员和 19 个观察员，主要由欧盟、中国、加拿大、美国、印度、肯尼亚、挪威等政府部门组成。该组织主要目标是加强实现《巴黎协定》的应对，在环境可持续发展背景下，加强金融体系风险管理能力，动员更多资金投向绿色低碳领域。

气候行动 100 +（Climate Action 100 +）成立于 2017 年，由机构投资者联合发起，旨在促进全球最大的 161 家温室气体排放企业采取实际行动关注气候变化问题，实施健全的治理框架应对气候变化风险，提升信息披露质量。全球已有超过 420 家投资管理机构加入气候行动 100 +，资产管理规模超过 38 万亿美元。

气候相关财务信息披露工作组成立于 2015 年，由 G20 成员国组成的金融稳定理事会（FSB）设立。2017 年 6 月，工作小组发布了第一份正式报告 TCFD。此后每年发布工作进展情况报告。TCFD 是全球影响力最大、获得支持最广泛的气候信息披露指南，不仅促进 G20 成员国间的制度一致性，并且为气候相关财务信息披露提供共同架构，受到全球监管与资本市场的认可。

净零资产所有者联盟（Net-Zero Asset Owner Alliance）成立于 2019 年，由联合国环境规划署金融倡议和 UN PRI 召集。截至 2022 年 8 月末，该联盟有 74 个成员，管理资产达到 10.6 万亿美元，主要为养老基金和保险机构。加入该联盟的资产所有者需要承诺到 2050 年其投资组合实现温室气体净零排放，与 1.5 摄氏度的最高温度上升目标保持一致。截至 2022 年 9 月，已有 44 个资产所有者发布净零目标报告，合计管理资产规模 7.1 万亿美元，其余成员将在 2023 年制定完成投资组合净零目标和策略。

除了国际性平台，我国也成立了 ESG 投资合作平台，诸如中国 ESG 领导者组织、ESG 30 论坛、中国责任投资论坛、社会价值投资联盟等。这些平台立足我国国情和特色，提供研究、可持续投资理念宣传、社会交流等方面的支持，与国际同类型组织形成互补，成为我国 ESG 投资领域不可忽视的推动力量（见表 2-3）。

表 2-3　　　　　　　　　　国内外 ESG 投资重要组织

组织名称	成立时间	成员情况	目标
联合国负责任投资原则	2006 年	4902 家机构	鼓励投资者采纳六项负责任投资原则，发展更可持续的全球金融体系
央行与监管机构绿色金融网络	2017 年	116 个成员和 19 个观察员	在环境可持续发展背景下，加强金融体系风险管理能力，动员更多资金投向绿色低碳领域
气候行动 100 +	2017 年	420 家机构	促进全球最大的 161 家温室气体排放企业采取实际行动，关注气候变化问题
中国责任投资论坛	2012 年	—	推广责任投资与 ESG 理念，推动绿色金融，促进中国资本市场的可持续发展

资料来源：根据互联网信息综合整理。

第三章 ESG 投资的三大支柱

ESG 投资除了考虑财务信息，还要考量环境、社会及治理因素，这是 ESG 投资的三大支柱，也是与传统投资最大的不同。金融机构需要关注突出的环境、社会和治理问题，加强 ESG 风险评估，推动改善企业和社会发展状况。

第一节 ESG 三大支柱的关系和影响

环境、社会及治理是 ESG 投资的三大支柱，三个因素相互影响，在实践过程中又呈现较显著的差异性。

一、环境、社会及治理因素的演变和关系

（一）ESG 三大支柱的演变

从可持续发展历史看，人们早期对种族平等、员工权益等社会问题极为重视，这充分反映在社会责任投资规则中。20 世纪是公司治理兴起的阶段，特别是 30 年代经济大危机后，很多企业破产倒闭，金融机构更加关注公司治理因素及其对投资业绩的影响。虽然环境因素也较早被提出来，但是真正受到全球重视还要到 20 世纪 90 年代，此时环境金融、生态金融等与环境相关的金融概念兴起。总体来看，社会发展不同阶段，对环境、社会或治理因素都有过集中关注的时期，不过并没有形成统一的 ESG 理念和

标准。21 世纪初, ESG 理念才出现, 金融机构持续将环境、社会及治理因素整合进投资流程。

环境、社会和治理因素是可持续投资的支柱, 但是政策导向和现实影响不同, 导致金融机构对它们的重视程度有所差别。资本集团 *ESG Global Study 2022* 调研数据显示, 全球投资者将环境因素放在可持续投资的首位, 占比为 47%, 较 2021 年上升 3 个百分点, 这与当下全球共同应对气候变化的趋势一致; 其次为治理因素, 占比为 27%, 较 2021 年下降 4 个百分点; 社会因素为 25%, 与 2021 年保持不变 (见图 3 - 1)。具体来看, 欧美金融机构发生分化, 欧洲将社会因素排在第二位, 而北美将治理因素排在第二位, 这与监管政策着力点、金融机构促进可持续发展的切入点不同等情况有很大关系。

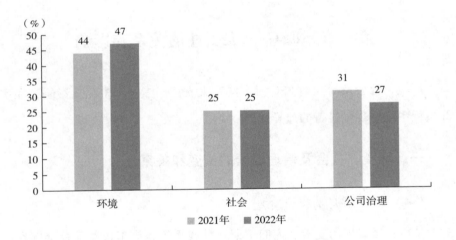

图 3 - 1　全球金融机构对 ESG 因素的重视程度

(资料来源: 作者根据相关资料整理)

从我国情况看, 根据《中国基金业 ESG 投资专题调查报告 (2019)》调研数据, 受访机构认为公司治理因素最重要, 其次为社会因素, 环境因素排在最后。

（二）ESG 三大支柱的相互关系

每个支柱都有自身明确的定义和范畴，但它们之间并不是完全孤立的，而是相互关联和相互影响。

第一，公司治理与环境的关系。股权集中度、董事会规模、独立董事数量、高管薪酬等公司治理特征会影响企业环境绩效。股权集中度方面，李平等（2015）对我国重污染行业企业研究时发现，股权集中度越高，企业环境绩效表现越好；董事会规模越大，特别是董事会多元化水平越高、独立董事数量越多，企业环境绩效表现越好；高管短期薪酬越高，可能对企业环境绩效有负面影响。总体来看，公司治理水平的提高和内部机构的完善会推动企业关注环境保护。

第二，公司治理与社会的关系。公司治理同样对社会具有正向影响，有意愿履行社会责任的企业在社会绩效方面表现更好。与公司治理对环境影响机制相似，现有研究大多指向董事会规模、独立董事数量及审计委员会的存在均对企业履行社会责任具有积极影响。此外，设立首席可持续官的企业在社会责任方面表现更佳。还有部分学者研究了 CEO 特征对企业社会责任表现的影响，CEO 任期前期更有动力推进社会进步，而任期后期动力不足；具有商业、经济、管理等教育背景的企业高管更愿意履行社会责任；思想开放性高管相对保守性高管在社会活动方面表现得更为积极。

第三，环境与社会的关系。环境与社会之间存在紧密关系，不过此方面的研究文献较少。一方面，环境的恶化会影响人们的正常生活和社会福祉，诸如气候变化导致干旱等气象灾害，引发农业减产，影响农民收入水平，导致贫困人口增多，转化为社会问题。另一方面，社会问题也有可能转化为环境问题。

因此，除了关注单个 ESG 因素，还需要认识到它们之间的相互关系，注重协同提升三大支柱，避免顾此失彼。

二、ESG 三大支柱对投资的影响机制

ESG 为投资管理带来了机遇，一方面，在落实 ESG 过程中，金融机构面临新能源、新技术等投资机会；另一方面，企业落实 ESG 要求，增强可持续发展能力，树立良好社会形象，提高销售水平，有利于强化投资收益。当然，ESG 也为投资管理带来挑战，ESG 因素会影响企业可持续发展，进而引起信用风险、市场风险和操作风险等金融风险，扩大投资总体风险敞口（见图 3－2）。目前，部分国家的监管部门已要求金融机构重视 ESG 风险，提高可持续风险管理水平和能力。从具体路径看，以气候变化为例，全球气温上升，台风、暴雨等极端气候增多，影响企业正常经营发展，表现为企业资产遭受损失，短期生产能力下降，盈利水平下滑，进而影响企业股价，带来投资风险。

图 3－2　ESG 对投资管理影响的机制

（资料来源：作者根据相关资料整理）

比较来看，ESG 的影响因国别、行业、企业规模而有所不同，在投资管理过程中不能盲目套用统一模板，而是要按照实质性原则，具体问题具体分析。

（一）国别影响有差异

各国地理环境和政策要求不同，ESG 对投资影响的方式和路径有差异。气候风险方面，一些岛国或者沿海国家受台风、海平面上升的影响更大，而一些内陆国家受干旱的影响更多。社会风险方面，欧美国家更加注重人权和劳工权益保护，而部分发展中国家对此要求稍低一些。企业治理

方面，美国企业股权更加分散，强调独立董事的监督作用，而我国国企内部治理突出党的领导作用。

（二）行业影响有差异

各行业经营特点不同，受到的 ESG 因素影响也存在较大差别。煤炭、石油等高碳行业受气候政策的影响较高，而农业等行业受气象灾害的影响更大；纺织、金融机构等劳动力密集型行业容易受用工等政策的影响（见表 3 - 1）。为了准确区分不同行业受环境、社会和治理因素的实质性影响水平，可持续发展会计准则委员会（SASB）等组织构建了实质性分析工具。

表 3 - 1　　　　部分行业受 ESG 因素影响的程度情况

类别	因素	消费业	建筑业	钢铁业	采矿业	金融业
环境	温室气体排放	—	高	高	高	—
	能源管理	—	高	高	高	—
	水资源管理	中	高	高	高	—
	生态影响		高	—	高	
社会	人权	—	—	—	高	
	客户隐私	中	—	—	—	中
	数据保密	中	—	—	—	中
	产品质量	高				
	客户福利	—	—	—	—	
	员工健康和安全		高	高	高	
	员工多元化	中	—	—	—	中
治理	竞争行为	—	高			
	商业道德	—	—	—	高	高
	系统性风险管理	—	—	—	—	高

资料来源：SASB。

（三）企业影响有差异

不同规模的企业受 ESG 的影响也会有所差别。大型企业受到的社会关注度更高，ESG 因素带来的影响和冲击更大；小企业经营简单，业务单一，社会关注度低，ESG 带来的影响和冲击会小一些。从研究结果来看，ESG 对民企的影响更大，国企对 ESG 影响的敏感度小一些。

第二节   理解环境因素

一、环境因素内涵

环境因素是指人类生产生活依赖的外部自然环境，涵盖空气、水、森林、各类生物等领域。自然环境是千百年通过自然的力量和人类的影响逐步塑造形成的，这决定了自然环境一旦遭到破坏，需要较长的修复时间，甚至最终无法修复，形成不可逆的环境风险。

生态环境为人类提供供给服务、管理服务、文化服务及支持服务四种服务（见表3-2）。但是，自然资源总量和自然环境承载度是有限的，如果不加以合理利用，会损害到生态环境服务功能，危及人类生存发展。1789年，马尔萨斯出版《人口原理》一书，核心观点是人口和生活资料存在一定比例关系，人口按照几何比率增长，生活资料按照算术比率增长，若人口增长速度远超生活资料增长速度，需要抑制人口增长。1972年，《增长的极限》基于世界人口、粮食、资源、污染和工业产出5个模块的反馈互动，建立"世界Ⅲ"系统动力学模型，认为全球经济增长将在百年内超过地球的承载极限，人口和工业能力均可能出现突然不可控的衰退。

表3-2   生态环境为人类提供的服务

服务	具体描述	示例
供给服务	来源生态环境中的产品	食品、水、燃烧木材、基因资源
管理服务	生态环境过程管理所产生的益处	气候管理、水管理、水过滤
文化服务	来源于生态环境的非物质益处	宗教、历史古迹、名胜风景
支持服务	支持产生其他服务的必要服务	土地形成、养分循环等

资料来源：作者根据相关资料整理。

为了实现人与自然的和谐共生，可持续发展理念逐步兴起，全球各国加强自然环境保护和有效利用，不断提高发展质量。

二、重点环境问题

（一）气候变化问题

人类生产生活排放大量温室气体，导致大气中温室气体浓度达到前所未有的高度，强化了温室效应（见图3-3）。2021年，全球二氧化碳排放量达到338.84亿吨，其中，亚太地区排放量最高，达到177.35亿吨；其次为北美地区，排放量为56.02亿吨；欧盟紧随其后，为27.28亿吨。从人均排放量看，北美地区人均排放量最多，为14.75吨；东亚和太平洋地区人均排放量为6.5吨；欧盟为6.09吨。从各行业排放量贡献看，电力和热力行业的二氧化碳排放量占比为49.04%，是第一大二氧化碳排放源；交通运输行业的二氧化碳排放量占比为20.45%，制造业和建筑业占比为19.96%，商业和公共服务业占比为8.6%。

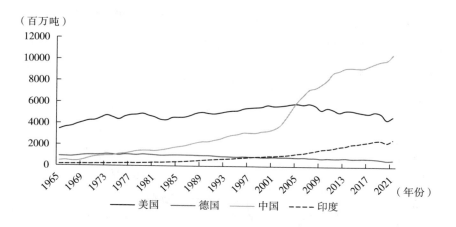

图3-3 1965年至2021年主要国家二氧化碳排放量

（资料来源：WIND数据库）

根据世界气象组织发布的《2021年全球气候状况》报告，2021年，

全球平均温度比 1850 年至 1900 年的平均水平高 1.11℃，2015 年至 2021
年是有记录以来最暖的 7 年，距离《巴黎协定》提出的努力控制升温在
1.5 摄氏度以内的要求已经非常接近（见图 3-4）。全球升温将极大影响
地球生态环境，导致干旱、暴雨、台风等异常气象天气增多。海平面上升
方面，1993 年至 2002 年，全球平均海平面每年平均上升 2.1 毫米，2013
年至 2021 年，每年平均上升 4.5 毫米，两个时期之间增加了 1 倍，主要是
冰盖冰量加速流失。2022 年 7 月，格陵兰岛北部气温达到 15.6 摄氏度，
比往年高出 5.6 摄氏度，导致该地区冰川加速融化。美国国家冰雪数据中
心显示，2022 年 7 月 15 日至 17 日，格陵兰岛每天有 60 亿吨融化的冰水涌
入海洋，3 天的冰雪融化量足以填满 720 万个标准奥林匹克游泳池。自然
灾害方面，世界气象组织统计数据显示，2020 年，全球飓风、极端热浪、
大旱及野外火灾造成的损失超过百亿美元；2010 年至 2019 年，与天气有
关的事件每年导致 2310 万人次流离失所。2005 年 8 月，卡特里娜飓风登
陆南佛罗里达，造成的经济损失超过 2000 亿美元；2021 年，河南郑州暴
雨直接损失达 5.4 亿元人民币。2022 年，全球热浪来袭，欧洲、美国及中
国都出现了历史罕见的高温天气，引发山火等次生灾害，相关直接损失和
间接损失难以评估。

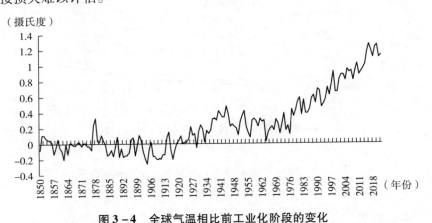

图 3-4　全球气温相比前工业化阶段的变化

（资料来源：英国气象局）

世界经济论坛 2021 年发布的《全球风险报告》显示，自 2017 年以来，极端天气是全球面临的首要风险，气候变化已经成为扰动投资管理的重要因素。根据 NGFS 的定义，气候变化风险是指与气候变化有关的金融机构风险暴露。气候变化风险包括物理风险和转型风险。物理风险是由水灾、干旱、热浪等极端气候造成资产价值下降或者损失的风险。转型风险是人类社会在低碳转型过程中采用先进技术、政策要求及消费者偏好等因素形成的风险。两类风险既相互独立，又相互关联。物理风险过大时，可能倒逼政府加快低碳经济转型，提升转型风险。此外，气候变化风险的分布具有显著的区域特征，发达国家面临更大的转型风险，而发展中国家面临更大的物理风险。

为了有效应对全球气候变化挑战，2021 年 11 月，第 26 届联合国气候大会达成新的气候协议，确保实现《巴黎协定》设定的控温目标，加快向低碳绿色发展模式转型。德国、法国、加拿大等国家均表示要在 2050 年实现碳中和，印度将在 2070 年实现碳中和。2020 年，我国宣布 2030 年前实现碳达峰，努力争取在 2060 年前实现碳中和。全球金融机构纷纷加入应对气候变化挑战的行动中，全球 273 家资产管理机构加入净零资产管理者倡议，管理资产规模达到 61.3 万亿美元。2022 年全球碳中和进程如表 3 - 3 所示。

表 3 - 3　　　　　　　　2022 年全球碳中和进程

进程	数量	代表国家
已立法	18	德国、日本、韩国、英国
列入政策	38	中国、芬兰、希腊、秘鲁
已承诺	16	巴西、越南、印度、马来西亚
正在讨论	57	墨西哥、巴基斯坦、印度尼西亚、苏丹

资料来源：作者根据相关资料整理。

实现碳达峰碳中和目标，必须改变我们的生产生活方式。在能源方面，需要加快发展太阳能、水电、核电等新的能源，逐步替代化石能源。

在制造业方面，改进生产技术，减少碳排放，开展碳回收，降低温室气体排放。在交通运输方面，发展新能源动力汽车，替代现有汽油车。在其他领域，加强碳捕捉、碳汇技术研发，降低空气中的碳浓度。

（二）生物多样性问题

生物多样性是指遗传多样性、物种多样性和生态系统多样性。生物是地球必不可少的组成部分，我们今天看到的生物状态是经过亿万年进化的结果。随着外部环境的变化，特别是人类的影响，这些生物还在不断进化。生物多样性为人类提供了无价的财富，据测算，地球上的动物、植物及微生物数量在 500 万～3000 万种，其中动物数量大约为 150 万种，植物为 37 万种。

生物多样性对人类生产生活具有重要意义。第一，生物是食物的重要来源。粮食和很多食物都来自动植物，鱼贡献了人类 15% 的动物蛋白质。第二，生物是重要的生产资料。树木是纸张的重要原材料，7 万多种动植物用于药品生产，微生物是酿酒等食品工艺必不可缺的元素。第三，生物是地球生态不可缺少的参与者。植物光合作用给地球提供了大量氧气，如果没有光合作用，地球氧气浓度会很低，不再适合人类居住。生物参与了环境净化、养分循环等环节。生物作用不可估量，甚至很多作用还没有被完全发现，保持生物多样性，有利于地球环境的良好运行。

但是，人类生产生活正威胁着生物多样性。一是温室气体排放导致气候变化显著，威胁很多生物的生存。二是森林是动植物的重要栖息地，但是为了发展经济，全球森林流失率正在加快，很多动植物失去生存之所。三是人类大量捕杀鱼类、鸟类及其他珍稀物种，导致它们的数量大大减少。生物多样性和生态系统服务政府间科学政策平台（IPBES）2019 年发布的报告显示，全球物种灭绝的速度比过去 1000 万年的平均速度加快数十倍甚至数百倍。世界自然基金会发布的《地球生命力报告 2020》报告显示，从 1970 年到 2016 年，监测到的哺乳类、鸟类、两栖类、爬行类和鱼类种群规模平均下降了68%；全球每天有 8 个物种灭绝。全球生物多样性呈持续下降态势，而亚洲生物多样性水平下降幅度远大于世界平均水平，需要引起高度重视，生物多样性保护刻不容缓。全球生物多样性完整性指数趋势如图 3-5 所示。

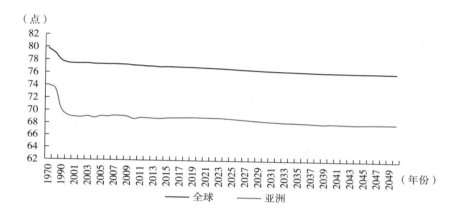

图 3-5　全球生物多样性完整性指数趋势

（资料来源：作者根据相关资料整理）

　　为了拯救珍稀物种、防止过度利用自然资源，1948 年，联合国和法国政府创建世界自然保护联盟。1961 年，世界野生生物基金会建立。1980年，国际自然保护组织编制了《世界自然保护大纲》，提出要把自然资源的有效保护和资源的合理利用有机结合起来。截至 2017 年末，全球陆地和海洋保护区面积占领土总面积的14.34%，有利于保护濒危物种。2021 年，我国印发《关于进一步加强生物多样性保护的意见》，提出到 2050 年，我国生物多样性保护政策、法规、制度和标准体系全面完善；森林覆盖率达到26%，草原综合植被覆盖率达到60%，湿地保护率提高到60%，以国家公园为主体的自然保护地占陆域国土面积的18%以上，典型生态系统、国家重点保护野生动植物物种、濒危野生动植物及其栖息地得到全面保护。

（三）环境污染问题

人类生产生活产生大量废水废气，如果处理不当，将严重污染环境。污染超过自然环境的承载能力后，将导致自然环境功能丧失，造成难以修复的伤害，危及人类生存。环境污染主要包括大气污染、水污染、固体废弃物污染、土壤污染等方面。

大气污染方面，化工等行业向大气排放各种有害气体，如果处理不当，会造成严重的空气污染，可能引发呼吸道疾病。20 世纪 50 年代，欧盟曾因空气污染出现严重的酸雨问题，通过控制硫排放等手段才治理了该问题。我国曾因企业废气排放及汽车尾气等原因导致空气质量显著下降，雾霾天气增多。近年来，我国加强了污染物治理，优化产业结构，空气质量大幅提升（见图 3 - 6）。

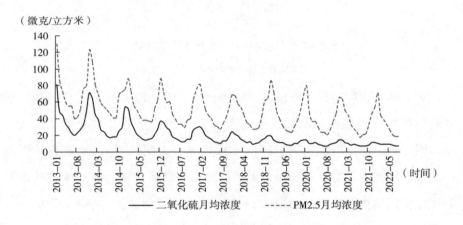

图 3 - 6 74 个城市空气质量月均浓度

（资料来源：WIND 数据库）

水污染方面，印染、造纸等领域生产污水废水，居民生活污水排放，都会对水资源造成极大污染，危及社会饮用水资源。

土壤污染方面，过度使用化肥和农药会对土壤造成污染，导致土地肥力不足，土壤板结，难以继续耕种或者农作物产量明显下降。

绿色和平组织研究认为，全球每年燃烧煤炭、石油和天然气引发的空气污染造成的死亡人数是交通事故造成死亡人数的 3 倍，造成的经济损失达到 2.9 万亿美元。从各国情况看，空气污染造成的经济成本在中国是 GDP 的 6.6%，在印度是 GDP 的 5.4%，在俄罗斯是 GDP 的 4.1%。世界银行评估认为，中东和北非每年因空气和水污染损失约 2% 的 GDP。OECD 评估环境污染的经济影响，认为空气污染的经济成本将从 GDP 的 0.3% 上升到 2060 年的 1%，成本越来越高。

第三节　理解社会因素

一、社会因素内涵

社会因素是指企业与员工、客户、供应商等内外部利益相关者之间的关系，核心是对利益相关者诉求的回应，主要涵盖用工、消费者权益保护、供应链管理、社区建设等内容。社会因素具有很强的时代性，在不同时期，社会关注点具有差异性。数字经济时代下，个人数据隐私保护成为重要的社会问题。社会对于性别平等性、包容性提出了更高要求，企业在此方面要作出积极回应。企业如果不能作出恰当回应，很可能带来声誉伤害。

在本书讲述 ESG 投资历史演变时，曾提到早期 ESG 投资主要围绕社会因素展开，但是，这并不意味着社会因素更容易理解和衡量。法国巴黎银行 *ESG Global Survey* 2021 调研数据显示，2021 年，51% 的金融机构认为社会因素更加难以评估，较 2019 年上升 6 个百分点；环境因素和治理因素排在其后，分别为 39% 和 27%。这主要在于，一方面，社会因素相对宽泛，很难准确定义；另一方面，企业披露的社会信息较少，多以定性信息为主，缺乏量化指标。

政府一直高度关注社会因素，自"沙利文原则"以来，制定了大量相关监管政策和指导原则。2011 年，联合国通过了商业和人权原则，该原则界定了与商业人权相关的企业责任。2013 年，企业人权标准组织（The Corporate Human Rights Benchmark）成立。2017 年，美国人力资本管理联盟正式设立。2018 年，投资者人权联盟（The Investor Alliance for Human Rights）开始运营。2020 年，全球新冠疫情暴发以来，社会重点关注在全球突发性公共卫生事件中，企业是否能够为员工提供安全的工作条件，对员工健康的关注和投入情况。

社会因素虽然涉及广泛，但是投资者关注的先后顺序有所区别。根据中国基金业协会调研数据，80% 以上的受访金融机构认为产品/生产/公众安全、企业信用、债权债务关系能对投资产生重要且直接影响；70% 以上的受访金融机构认为员工权益、供应链管理及监督、消费者保护、社会责任信息披露质量能对投资产生重要且长期影响（见图 3-7）。

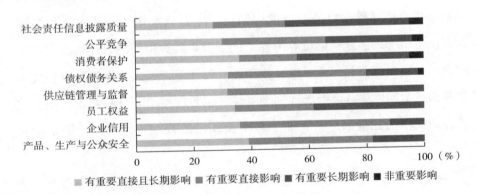

图 3-7　我国金融机构对社会因素细分领域的关注

（资料来源：作者根据相关资料整理）

二、重点社会问题

（一）员工权益问题

员工是企业的核心财富，为员工提供必要的劳动保护及工作条件，有利于激发员工工作热情，提升工作效率。企业有责任创造更加公平、安全和优良的工作环境，充分保障劳动者权益。但是，部分情况下，劳动者依然面临工作环境不佳、男女不同酬等方面的问题。

童工方面，根据国际劳工组织统计数据，2021 年，全球童工人数升至1.6 亿，特别是 5 岁至 11 岁年龄组中，童工人数显著增加。非洲童工发生率和童工数量位居全球第一，有 1/5 的儿童为童工，数量达到 7200 万人；亚洲及太平洋地区位列第二，童工发生率为 7%，数量达到 6200 万人。

劳动保障方面，部分企业加重员工负担，超长时间加班，未能为员工提供必要的保障，员工权益受到侵害。我国部分互联网企业实行 996 工作制，长期加班，增加了员工身体健康隐患。根据国际劳工组织数据，从部分国家劳动者每 10000 人职业死亡情况看，奥地利、瑞典、德国、丹麦及匈牙利情况较好，而埃及、土耳其、墨西哥等国家职业死亡率明显偏高（见图 3－8）。

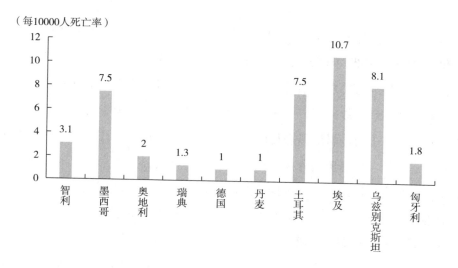

图 3－8　部分国家劳动者每 10000 人职业死亡情况

（资料来源：作者根据相关资料整理）

社会平等方面，社会平等涉及财富平等、性别平等、种族平等等多个方面。近年来，性别平等和种族平等日渐引发关注，社会职场依然存在严重的性别歧视，女性招聘机会明显少于男性，而且也不能实现同工同酬，国际劳工组织统计数据显示，男女薪酬差距有扩大趋势。种族歧视方面，欧美国家仍然存在对黑人、亚裔的歧视，经常发生白人攻击有色人种或者引发的相关冲突，不利于社会稳定。企业作为社会经济的重要参与主体，在招聘、薪酬等方面要注重推动社会平等。

为了更好地推动企业履行劳动者权益保护的责任，国际劳工组织制定了国际用工标准，涵盖强制劳动、童工、平等对待、职业培训、工作时间、工资、职业安全、社会保障等方面，能够有效指导企业规范用工。1999 年，联合国提出全球契约理念得到各国积极响应，其中涉及劳工标准的主要内容为，企业应支持结社自由及切实承认集体谈判权；消除一切形式的强迫和强制劳动；废除童工；消除就业和职业方面的歧视。来自 158 个国家的 16540 个企业自愿实施联合国全球契约。

（二）供应链管理问题

产业分工提升，企业协同完成产品生产，200 个供应商为苹果公司提供了 98% 的零部件和制造组装服务。企业除了完成自身的可持续发展，还需要加强供应链管理，推动供应链的可持续发展。苹果、微软等企业均已明确了净零碳排放路径，未来会逐步将该要求传导给上下游企业。云南白药从源头对上游药材原料进行质量安全把控，搭建溯源技术平台对中药进行信息数据、质量监测管控，从供应、生产到包装实现全过程的可持续模式，引领产业链的绿色与可持续发展。如果供应链管理把控不好，也会形成经营风险和声誉风险。2022 年，央视"3·15"晚会曝光湖南岳阳插旗菜业等 5 家蔬菜加工企业生产的"土坑酸菜"卫生问题，存在脚踩酸菜、乱扔烟头等现象。该事件曝光后，康师傅、统一企业的老坛酸菜方便面销售量急剧下降，产品声誉受到严重影响。

（三）数据信息保密问题

数字经济时代，数据信息成为重要的信息资源。企业需要提升客户信息保护意识和能力，如果因企业原因导致客户信息泄露，将面临客户信赖下降及法律诉讼风险。

近年来，数据泄露事件频发，脸书超5亿用户信息泄露，印度800万核酸检测结果泄露，以色列650万选民信息全部曝光。IBM《2022年数据泄露成本报告》显示，83%的受访机构遭遇过不止一次的数据泄露事件，网络攻击所导致的数据泄露事件更是成为企业"挥之不去的梦魇"；不仅数据泄露风险上升，与之相关的成本也在上升。据统计单个数据泄露事件给企业造成平均高达435万美元的损失，全球数据泄露成本在2020年至2021年上涨近13%。

第四节　理解治理因素

一、治理因素内涵

公司治理体现了公司内部权力的分配，形成所有者和经营者之间的相关制衡，解决委托代理关系。为了减少代理成本，通常会加强对受托人的激励，降低二者利益的差距，实现一致利益关系。

公司治理体系建设时间较长，各国《公司法》相对健全，对股权结构、独立董事作用、董事会规模等问题已有比较深入地研究和较高的共识。各国国情有所差异，所涉及的公司治理内涵和具体做法有一定不同。美国企业股权分散度较高，而欧洲国家独立董事的作用并不突出。从我国情况看，根据南开大学发布的我国上市公司治理指数，上市公司治理水平在2003年至2021年呈现不断提高的态势，这期间只有2009年有所回落，其他年份逐年上升，并在2021年达到新高64.05，较2003年的49.62提高了14.43。2021年，构成中国上市公司治理指数的六大维度中，股东治理维度、经理层治理维度、信息披露维度和利益相关者治理维度均呈现上升态势，而董事会治理维度略有下降，监事会治理维度与上年持平。

公司治理对企业经营业绩具有显著的正向影响，但是不同的公司治理特征发挥的作用有所不同。研究发现，股权集中度较高及股权激励对企业绩效具有积极作用；在行业竞争环境中管理者的薪资待遇越高，公司治理绩效会越好；公司治理还有地域差异，我国东部企业公司治理好于中西部企业。

金融机构认为董事会和股东关系、ESG 战略规划与管理、公司治理信息披露质量等因素会对 ESG 投资产生影响。调研数据显示，80% 以上的受访金融机构认为财务造假和操纵业绩更能产生重要且直接影响；70% 以上的受访金融机构认为 ESG 议题列入公司战略规划与管理更能产生重要且长期影响（见图 3-9）。

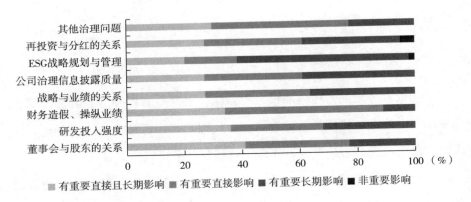

图 3-9　我国金融机构对于公司治理因素细分领域的关注情况

（资料来源：作者根据相关资料整理）

二、重点治理问题

近年来，ESG 投资在公司治理领域日渐关注董事会多元化和高管薪酬机制问题。

（一）董事会多元化问题

董事会多元化主要是指董事会成员由不同性别、种族和专业背景构成，实现能力、知识等方面的平衡。通过对 66 份顶尖期刊上发表的 89 项研究综合分析，企业社会责任和非财务信息的披露是现代商业的基本要素，董事会性别多元化有助于改善公司治理机制，也是改善企业社会和环境绩效的重要因素。

女性董事的存在意味着董事会更有可能作出旨在提高企业社会责任方面的信息透明度和满足主要利益相关者诉求的战略决策。王欣等（2019）以逾 10 年的沪深 A 股上市公司数据为样本的实证研究发现，在国有企业中，提高女性董事比例能够促进企业履行社会责任，降低风险承担水平。2021 年，瑞信研究院发布的《瑞信性别 3000》显示，2021 年中国企业董事会女性董事比例为 13%，明显低于 24% 的全球平均值。在 2015 年至2021 年，中国企业女性董事比例微升 3 个百分点，而全球企业女性董事比例增加 8.9 个百分点。

德勤《现代领导力报告》发现，大多数被分析的国家不披露董事会中每位董事的族群。就代表性不足的种族/族群而言，其在标准普尔 500 强企业的董事会占比仅为 22%，且自 2021 年以来没有提升。同时，截至 2020年，代表性不足的种族/族群在财富 100 强和 500 强企业董事会的占比分别为 17.5% 和 20.6%；截至 2022 年 6 月，在罗素 3000 指数企业董事会的占比为 24%。

为了推进董事会多元化进程，欧美国家加强相关立法，纳斯达克通过董事会多元化提案；新加坡要求发行人制定董事会多元化政策，在年报中披露政策实施信息；我国香港自 2019 年要求所有发行人披露董事会多元化政策，2021 年建议终止单一性别董事会，并为现有发行人提供 3 年过渡期，IPO 申请人的董事会也预期不再只有单一性别的董事。

上市公司意识到董事会多元化的重要性，工商银行在 ESG 报告中指出，持续提升董事会的独立性、专业性和董事会多元化程度，董事会成员来自中国、中国香港等地区，具备经济金融、银行、监管、审计、资本市场等多领域专业背景，有效保障了董事会决策的科学性。贝莱德宣布其投资的公司必须至少有两位女性董事。

（二）薪酬机制问题

薪酬有利于激励企业员工工作积极性，高管薪酬与企业绩效具有正向关系，也有利于提高企业环境绩效水平。此外，黄晴宜（2022）认为，企业内部和外部薪酬差距的适度扩大对企业创新具有明显的促进作用。

薪酬激励与企业长期经营发展的关系、高管薪酬与普通员工薪酬的差距逐步成为公司治理的重点关注领域，金融机构也重点加强被投资企业薪酬机制建设的沟通，审慎进行相关议案的投票。一方面，很多企业高管短期激励过大，可能起到反向激励的效果，在薪酬激励方式上需要不断改善，实现短期和中长期激励相结合，激励高管人员努力方向与企业可持续发展方向一致。另一方面，企业内部薪酬差距太大，高管天价薪酬进一步拉大与普通员工薪酬的差距，成为热点话题，但是其合理性未得到充分证实。

为了解决薪酬机制问题，各国政府和监管部门加强制度设计，美国要求上市公司披露高管薪酬和员工薪酬、不同性别员工薪酬平均水平；新加坡推动修订上市公司信息披露改革，要求上市企业披露 CEO 薪酬；日本政府拟要求上市企业披露男女员工薪酬差距。

第四章 ESG 信息披露及评级机制

ESG 信息披露和 ESG 评级是开展 ESG 投资的重要支撑，各国政府加强 ESG 信息披露和 ESG 评级监管，信息披露及评级市场行为日渐规范。

第一节 ESG 信息披露机制

ESG 信息披露是 ESG 投资的首要环节，也是投资决策的重要信息来源。没有适当的 ESG 信息，ESG 投资无法有效展开。有鉴于此，全球各国政府和企业努力提升 ESG 信息披露水平和质量。

一、ESG 信息披露演进及现实需求

（一）ESG 信息披露演进

企业特别是上市企业披露财务信息是资本市场建设的重要环节，已经成为上市公司监管的通用手段。20 世纪七八十年代，利益相关者理论兴起，监管部门推动企业披露社会责任报告；21 世纪以来，为了适应 ESG 投资需求，监管部门开始指导企业披露 ESG 信息。

从历史上看，企业最开始披露环境信息，主要包括环境污染信息、企业因环境问题受到的处罚信息等；随着投资者对员工权益等社会因素的重视，企业开始加强社会信息的披露，之后是内部治理信息。可以看出，ESG 信息披露正式出现之前，企业已经从单个领域开始，逐步形成了 ESG

信息披露整体框架。全球加快落实《巴黎协定》，各国基于短期事项紧迫性，优先要求企业披露气候相关风险和机遇信息；对于性别平等的高度关注，欧盟等国家或地区要求企业披露董事会多元化信息。

按照是否强制信息披露，可以分为三种模式，分别为强制披露、半强制披露及自愿披露。强制披露模式是指政府和监管部门强制要求企业披露 ESG 信息，如果不披露，将受到处罚，欧盟等国家或地区实施强制披露模式。半强制披露模式是指政府和监管部门虽然不强制要求披露 ESG 信息，但是如果不披露，需要说明原因，这增强了监督力度，新加坡等国家实施半强制披露模式。自愿披露模式是指企业可以自愿选择披露还是不披露，我国及美国等国家实施自愿披露模式。三种信息披露模式最终的效果如何呢？研究发现，强制披露模式下 ESG 信息披露质量和水平最高，有利于改善信息环境，促进 ESG 投资。从全球趋势看，强制披露逐步成为主流监管要求，部分自愿披露模式的国家逐步转变为强制信息披露模式。

从 ESG 信息披露主体来看，ESG 信息披露有一定成本和专业要求，监管部门按照社会影响大小的原则，上市公司优先于非上市公司披露 ESG 信息，大中型上市公司优先于小型公司披露 ESG 信息；此外金融等重点行业领域优先于其他行业领域披露 ESG 信息。

从 ESG 信息披露方式来看，企业既可以与财务信息同时披露，也可以单独披露 ESG 报告、可持续发展报告。很多全球大型企业同步披露气候相关财务信息报告、ESG 报告及 ESG 重点领域影响力报告。

（二）ESG 信息披露的理论基础

1. 信号理论

内部人向外部披露信息，发送信号，形成反馈。企业披露 ESG 信息，证明自身关注可持续发展，展现良好形象和声誉，有利于吸引客户，强化市场竞争力，提高经营效益。

2. 信息不对称理论

市场上不同参与方掌握的信息不同，会出现信息不对称问题，容易形成逆向选择和道德风险。加强 ESG 信息披露，有利于改善市场信息环境，提高投资者决策效率。

3. 利益相关者理论

利益相关者理论认为企业的经营发展与股东、债务人、员工等密切相关，企业经营不仅要以股东利益最大化为目标，更要以利益相关者利益最大化为目标。企业披露 ESG 信息，展现对社会、环境、员工等利益相关者的关切，满足利益相关者需求。

（三）ESG 信息披露的现实需求

1. 可持续发展需求

全球可持续发展需求迫切，特别是在应对气候变化方面，各国家或地区积极履行《巴黎协定》，制定碳达峰碳中和政策。这些政策的有效实施有赖于企业的减碳行动。因此，各国需要推动企业加强 ESG 信息披露，让企业长期发展目标与国家低碳绿色发展目标保持一致，实现应对气候变化的承诺。

2. 投资者需求

ESG 投资日渐壮大，投资者对 ESG 信息需求更为迫切，尤其需要高质量的、定量化信息。投资者更加注重参与企业经营管理重大议题，推动企业加强披露 ESG 信息。因此，企业披露 ESG 信息是对投资者倡导及信息需求的有效回应，也是主动接受市场监督。

3. 满足消费者需求

随着可持续发展意识的觉醒，消费者愿意购买绿色环保商品，信赖参与可持续发展的企业。企业披露 ESG 信息，满足消费者参与绿色低碳发展的愿望，拉近彼此距离，有利于塑造良好社会形象，提高消费者黏性。

（四）全球 ESG 信息披露发展态势

全球加快推进 ESG 信息披露，企业更加自觉地履行披露责任。根据毕马威调研数据，2020 年，80% 的被调研企业披露了可持续报告，其中北美洲 90% 的企业披露了可持续报告，欧洲为 77%，亚太地区为 84%，中东非洲为 59%（见图 4 - 1）。

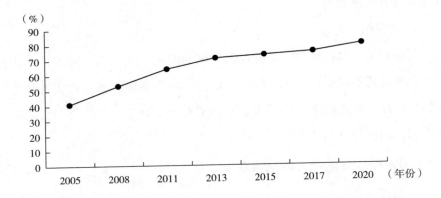

图 4 - 1　2005 年至 2020 年全球可持续信息披露趋势

（资料来源：作者根据相关资料整理）

2009 年，联合国贸发会议、联合国全球契约组织、联合国环境规划署金融倡议和 UN PRI 联合发起可持续交易所倡议，增强上市公司 ESG 表现。全球已有 120 个交易所加入该倡议，覆盖了 62339 家上市公司。根据 Corporate Knights 统计数据，2019 年，全球交易所 ESG 信息披露率较高的是赫尔辛基证券交易所、西班牙马德里交易所和里斯本泛欧交易所，披露率分别为 80.6%、77.7% 和 73.8%（见表 4 - 1）。

表 4 - 1　　2019 年全球 ESG 信息披露率最高的前 10 家交易所

交易所名称	披露率（%）
赫尔辛基证券交易所	80.6
西班牙马德里证券交易所	77.7
里斯本泛欧证券交易所	73.8
巴黎泛欧证券交易所	68.6
约翰内斯堡证券交易所	68.1
意大利证券交易所	66.3
阿姆斯特丹泛欧证券交易所	64.9
哥伦比亚证券交易所	64.6
泰国证券交易所	60.3
纳斯达克证券交易所	60.0

资料来源：作者根据相关资料整理。

各国 ESG 信息披露差异性较大，Monica Singhania 等（2021）依据各国现状编制 ESG 信息披露指数，横向比较各国 ESG 信息披露状况。他们将发达国家和发展中国家分为四类，分别是 ESG 信息披露发展较好的国家，包括挪威、丹麦、英国、法国等；ESG 信息披露提升较快的国家，包括德国、意大利、澳大利亚、瑞典、加拿大等国家；ESG 信息披露框架正在形成的国家，包括中国、印度、新加坡、菲律宾等国家；ESG 信息披露框架正处于早期阶段的国家，包括泰国、越南、俄罗斯等国家（见表 4－2）。

表 4－2　　　　　　　　　各国 ESG 信息披露所处阶段

阶段	良好发展阶段	较快提升阶段	正在形成阶段	早期阶段
代表性国家	挪威、瑞典、芬兰、丹麦、英国、比利时、法国	德国、意大利、美国、澳大利亚、瑞士、加拿大、日本、巴西、南非	新加坡、印度、中国、新西兰、菲律宾、马来西亚、阿根廷	俄罗斯、印度尼西亚、泰国、尼日利亚、越南

资料来源：作者根据相关资料整理。

二、全球 ESG 信息披露标准和框架

为了方便企业编写 ESG 信息披露报告，各类国际性组织设计了 ESG 信息披露标准和框架，主要包括全球报告倡议组织（GRI）、国际综合报告委员会（IIRC）、SASB、碳信息披露项目组织（CDP）、TCFD、气候披露标准委员会（CDSB）、国际可持续发展准则理事会（ISSB）、国际标准化组织（ISO）等。此外，ESG 金融产品数量增多，但是产品信息披露不规范，CFA 协会推出资管产品 ESG 信息披露规则。各信息披露标准和框架各有特点，实际应用广度和深度也有差异，调研数据显示，GRI 是最常用的 ESG 信息披露和报告标准（见图 4－2）。

比较来看，CDP、TCFD、CDSB 主要关注气候相关的信息披露，ISO、GRI、SASB、IIRC 则是综合性的披露标准，IIRC 是原则性的标准，可操作性不高（见表 4－3）。

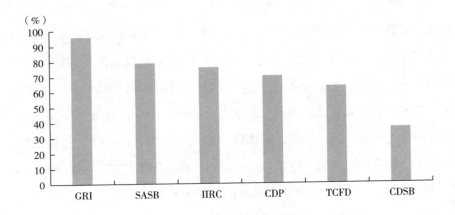

图 4 - 2　ESG 信息披露标准实际应用

（资料来源：GRI）

表 4 - 3 　　　　　　　　　　ESG 信息披露标准比较分析

组织	年份	标准/指引	核心议题	详略度
ISO	2010	社会责任标准（ISO26000）	包括环境、劳工、社区参与等方面	可操作
GRI	1997	可持续发展报告全球标准	经济、环境、社会可持续发展	可操作
SASB	2011	77 个行业标准	可持续发展的财务影响	可操作
IIRC	2013	国际综合报告框架	从六类资本角度考虑可持续价值创造	原则性
CDP	2000	碳排放信息披露指南	通过衡量和了解环境影响，建立真正可持续的经济	可操作
TCFD	2017	气候变化相关财务信息披露指引	包括治理、战略、风险管理及指标和目标等	原则性
CDSB	2015	环境和气候变化信息报告框架	气候相关财务信息披露	原则性

资料来源：作者根据相关资料整理。

　　为了减少全球 ESG 信息披露标准的不一致性，主要国际组织加强相互合作和标准统一。2020 年 9 月，CDP、CDSB 和 IIRC 三个标准制定组织同 GRI 及 SASB 共同发表联合意向声明，表示将共同致力于打造综合性企业报告体系，为实现全球公认的综合企业报告制度作出贡献。

（一）GRI信息披露框架

GRI成立于1997年，由美国的"对环境负责的经济体联盟"非政府组织和联合国环境规划署发起，致力于为全球提供可持续报告标准，秘书处设在荷兰阿姆斯特丹，在巴西等地设有7个区域联络处。GRI主要包括通用标准、议题专项标准及行业标准（见图4-3）。

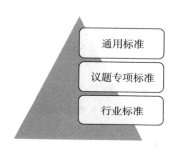

图4-3　GRI信息披露标准架构

1. 通用标准

通用标准适用所有企业主体，2021年进行了最新修订，2023年已正式实施。通用标准涵盖三个方面，分别为主要基础、一般披露和管理方法，其中基础部分披露报告内容和质量的重要原则，涵盖符合GRI标准编制可持续发展报告的要求，描述如何使用和引用GRI标准；一般披露用于报告有关组织及可持续发展报告实践的背景信息，涵盖组织概况、战略、道德和诚信、治理、利益相关方参与做法、报告流程；管理方法用于报告组织如何管理实质性议题的信息，包括议题专项GRI标准中的每个实质性议题及其他实质性议题。

2. 议题专项标准

议题专项标准包括经济议题、环境议题和社会议题。

经济议题具体细分为经济绩效、市场表现、间接经济影响、采购实践、反腐败、不正当竞争、税务等二级议题（见表4-4）。

表 4 - 4 **GRI 经济议题具体指标**

议题内容	具体指标
经济绩效	收入、运营成本、员工工资和福利、社区投资、政府补贴等
市场表现	按性别的标准起薪水平与当地最低工资之比、从当地社区雇佣高管的比例等
间接经济影响	各项重大基础设施投资或支持性服务的规模、成本和持续时间、供应链或分销链中支持性的就业岗位数、使用产品和服务产生的经济影响等
采购实践	向当地供应商采购支出的比例等
反腐败	已进行腐败风险评估的运营点、组织的反腐败政策和程序传达给员工的总数及百分比等
不正当竞争行为	针对不正当竞争行为、反托拉斯和反垄断实践的法律诉讼等
税务	组织内负责正式审核及批准税务战略的治理机构或高管职位，以及审核的频率、收集和考虑利益相关方（包括外部利益相关方）观点与涉税问题的流程等

资料来源：作者根据相关资料整理。

环境议题具体细分为物料、能源、水资源与污水、生物多样性、排放、废弃物和供应商环境评估等二级议题（见表 4 - 5）。

表 4 - 5 **GRI 环境议题具体指标**

议题内容	具体指标
物料	用于生产和包装主要产品及服务的物料的总重量或体积、用于制造主要产品和服务的回收再利用的物料百分比等
能源	不可再生能源燃料消耗总量、组织外部的能源消耗量、组织的能源强度比、由节约和能效举措直接促成的节能量等
水资源与污水	总耗水量、排水处理等
生物多样性	对生物多样性的重大直接和间接影响的性质、所有受保护或经修复的栖息地区域的规模和位置、受组织运营影响的栖息地中已被列入世界自然保护联盟（IUCN）红色名录及国家保护名册的物种总数等
排放	温室气体排放、温室气体减排量、臭氧消耗物质的排放等
废弃物	重大泄漏、危险废物运输、受排水或径流影响的水体等
供应商环境评估	使用环境标准筛选的新供应商百分比、开展了环境影响评估的供应商数量等

资料来源：作者根据相关资料整理。

社会议题具体细分为雇佣、劳资关系、职业健康与安全、培训与教育、多元化与平等机会、非歧视、童工、强制劳动、安保实践、人权评估、客户健康与安全、客户隐私与社会经济合规等二级议题（见表 4 – 6）。

表 4 – 6　　　　　　　　　　GRI 社会议题具体指标

议题内容	具体指标
雇佣	按年龄组别、性别和地区划分新进员工的总数和比例、按重要经营位置对组织的全职员工提供，但不对临时或兼职员工提供的标准福利等
劳资关系	在实施可能对其产生重大影响的重大运营变更之前，提前通知员工及其代表的最短周数等
职业健康与安全	职业健康安全管理体系适用的工作者、工伤、工作相关的健康问题等
培训与教育	每名员工每年接受培训的平均小时数、员工技能提升方案和过渡协助方案、定期接受绩效和职业发展考核的员工百分比等
多元化与平等机会	男女基本工资和报酬的比例、治理机构与员工的多元化等
非歧视	发生歧视事件的总数、歧视事件及采取的纠正行动等
童工	具有重大童工事件风险的运营点和供应商等
强制劳动	具有强迫或强制劳动重大风险的运营点和供应商等
安保实践	接受过人权政策培训的安保人员等
人权评估	接受人权审查或影响评估的运营点、人权政策或程序方面的员工培训等
客户健康与安全	对产品和服务类别的健康与安全影响的评估、涉及产品和服务的健康与安全影响的违规事件等
客户隐私与社会经济合规	收到与侵犯客户隐私有关的经证实的投诉总数、经确认的泄露、盗窃或丢失客户资料的总数等

资料来源：作者根据相关资料整理。

3. 行业标准

行业标准主要针对具体行业，GRI 计划建立 40 个行业标准，目前已经建立的行业标准包括农业、煤炭、石油等行业。以煤炭行业为例，GRI 提出 22 项实质性披露建议，包括温室气体排放、生物多样性、水、冲突和安全、职业健康和安全、公共政策等。

（二）SASB 信息披露框架

SASB 是全球公认的 ESG 信息披露标准之一，于 2011 年成立，致力于为企业和投资者提供可持续性财务影响的统一标准。2018 年，SASB 发布首套全球可持续发展会计准则，已制定矿产加工、健康医疗、可再生资源、信息技术和交通等77个行业披露标准，每个行业标准都确认了与该行业紧密相关的环境、社会和治理事项。2021年，SASB与IIRC合并，成立价值报告基金会（VRF）。VRF主要提供综合思考准则、综合报告框架和SASB标准等一系列综合资源，帮助企业和投资者形成企业价值的共同理念。截至2022年8月，31个国家或地区的1033家企业使用SASB标准披露ESG信息（见图4-4）。

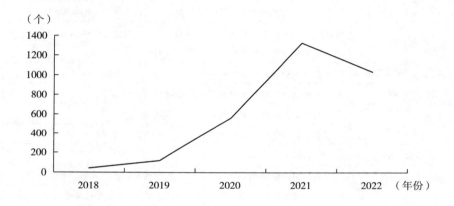

图4-4　2018年至2022年SASB标准企业使用数量

（资料来源：作者根据相关资料整理）

传统行业分类主要基于财务和市场特征，而SASB使用可持续发展特征对企业进行分类，在传统行业分类基础上形成了新的分类方式，更好地满足ESG信息披露需求。SASB认为企业的市场价值不仅取决于财务绩效，在许多行业中，多达80%的市值由无形资产组成，例如智力资本、客户关系、品牌价值及环境、社会和人力等其他资本。因此，SASB根据业务类型、资源强度、可持续影响力和可持续创新潜力等因素对企业进行分类，这是SASB独特的可持续性行业分类体系。

以资产管理行业为例，SASB信息披露标准框架主要为：信息透明性及客户建议公正性方面，具体指标包括具有投资经验的员工、客户投诉、私人民事诉讼等方面的数量或者比例；因法律程序产生的损失总额；向客户介绍产品服务的方法。员工多元化和包容性方面，具体指标包括高管层及非高管层的性别比例、少数民族比例。投资管理和咨询融入 ESG 方面，具体指标包括筛选、主题投资及 ESG 整合投资策略的资产规模总额、将 ESG 融入投资管理决策的方式方法、投票和参与被投资企业治理的政策和流程。商业道德方面，具体指标包括与欺诈、内部交易、不正当竞争、垄断等违法违规行为相关的损失、吹哨人政策和流程。

（三）ISO 26000 信息披露框架

国际标准化组织（ISO）于 1946 年成立，成员 167 个，截至 2023 年 2 月 12 日制定了 24673 个国际标准，涵盖技术和制造等大部分领域。为了满足社会责任规范化和统一化的需求，2004 年，ISO 开始研究制定社会责任标准；2010 年，ISO 正式对外发布 ISO 26000《社会责任指南》。ISO 26000 的主要内容包括：与社会责任有关的术语和定义；与社会责任有关的背景情况；与社会责任有关的原则和实践；社会责任的主要方面；社会责任的履行；处理利益相关方问题；社会责任相关信息的沟通。

具体来看，ISO 26000 标准共有七大项，分别是组织治理、人权、劳工实践、环境、公平运营实践、消费者、社区参与和发展，七大项下设 37 个核心议题和 217 个细化指标（见表 4 - 7）。

表 4 - 7   ISO 26000 核心主题和指标

核心主题	细分指标
组织治理	履行社会责任的组织决策程序和结构
人权	尽责审查、人权风险状况、处理申诉、歧视和弱势群体、经济、社会和文化权利、工作中的基本原则和权利
劳工实践	就业和雇佣关系、工作条件和社会保护、工作中的健康和安全、工作场所中人的发展和培训
环境	防治污染、资源可持续利用、减缓并适应气候变化、环境保护和生物多样性

续表

核心主题	细分指标
公平运营实践	反腐败、公平竞争、在价值链中促进社会责任、尊重产权
消费者	公平营销、保护消费者健康和安全、可持续消费、消费者服务、投诉及争议处理、消费者信息保护及隐私、基本服务获取
社区参与和发展	社区参与、教育和文化、就业创造和开发、技术开发和获取、社会投资

资料来源：作者根据相关资料整理。

（四）ISSB 信息披露框架

ISSB 由国际财务报告准则基金会（IFRS）发起组建，2021 年 11 月在第 26 届联合国气候变化大会上正式启动，旨在制定与国际财务报告准则相协同的可持续发展报告准则。ISSB 技术准备工作组（TRWG）已与 CDSB、国际会计准则委员会（IASB）、TCFD、VRF 和世界经济论坛（WEF）等合作制定完成《可持续发展相关财务信息披露的一般要求样稿》和《气候相关披露准则样稿》两份样稿，以供 ISSB 开展工作。

从《可持续发展相关财务信息披露的一般要求样稿》看，主要内容包括：公司治理，即企业管理可持续性相关风险和机遇的治理结构和程序；战略，即可持续相关风险和机遇会增强企业短、中和长期的商业模式和战略；风险管理，即识别、评估、管理和缓释可持续风险；指标和目标，即用来管理和监测与可持续机遇和风险相关的企业业绩信息。

ISSB 成立时间短，目前工作成绩还有限，但是未来在 ESG 信息披露和报告方面的作用将日渐增大。

（五）TCFD 信息披露框架

2015 年 12 月，由 G20 成员国组成的 FSB 设立气候相关财务信息披露指南工作组。2017 年 6 月，工作组发布第一份正式报告 TCFD，此后每年发布工作进展情况报告。目前 TCFD 是全球影响力最大、获得支持最广泛的气候信息披露标准。

TCFD 披露框架主要围绕四个核心要素——治理、战略、风险管理、指标和目标，提出 11 项披露建议。为了作出更明智的财务决策，企业需要了解所面临的气候相关风险和机遇。在评估与气候有关的问题时，管理者需要作出应对气候相关风险和机遇的运营及资本支出或融资计划，明确损益表、现金流量表和资产负债表受到的潜在影响（见表 4-8）。

表 4-8　　　　　　　　　　　TCFD 信息披露架构

治理	战略	风险管理	指标和目标
披露气候相关风险和机遇的企业治理	披露气候相关风险和机遇对企业业务、战略、融资规划的影响	披露企业如何识别、评估、管理气候相关风险	披露用于评估和管理气候相关风险和机遇的指标和目标

资料来源：作者根据相关资料整理。

从地区角度看，对于 11 项披露要求，欧洲企业 2021 年平均披露水平为 60%，较 2019 年增长了 23 个百分点。北美企业的平均披露水平为 29%，较 2019 年增长了 12 个百分点。亚太地区平均披露水平为 36%，较 2019 年增长了 11 个百分点。拉丁美洲及中东和非洲企业的平均披露水平较 2019 年均增长了 9 个百分点，平均披露水平分别达到 28% 和 25%。

从行业角度看，2021 年，能源行业、建筑材料、银行、保险的 TCFD 披露率均超过 40%，分别为 43%、42%、41% 和 41%，农业、消费品、交通行业 TCFD 披露率分别为 37%、33% 和 32%，信息技术行业披露率最低，为 15%（见图 4-5）。

（六）CDP 信息披露框架

CDP 成立于 2000 年，是国际性的非营利组织，专门为企业、城市和国家地区提供全球唯一的测量、披露、管理和分享重要环境信息。目前，CDP 拥有全球最大的企业气候变化数据库。CDP 旨在通过市场力量鼓励企业披露环境和自然资源信息，促使它们采取行动减少产生的负面影响。CDP 拥有全球最大的气候变化、水和森林风险信息数据库，帮助金融机构和企业将这些数据信息运用到战略性商业投资和政策制定中。目前，680多个投资机构、13000 多家企业及 1100 多个城市和国家地区通过 CDP 披露

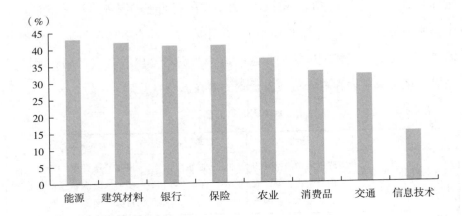

图 4 – 5   2021 年各行业 TCFD 披露率

（资料来源：作者根据相关资料整理）

气候变化、水安全和森林数据信息。

CDP 信息披露采用问卷形式获取气候变化、森林和水资源信息。气候变化部分，包括一般问题和行业特定问题，一般问题涉及治理、风险与机会、商业规划、目标与表现、排放计算方法、排放数据、能耗、验证、碳定价、参与、生物多样性等方面信息，对 16 个环境影响较高的行业有特定调查问题，诸如重点关注金融业投资组合面临的环境风险与机遇、内部环境相关的政策制度、参与客户及被投资企业的情况、投资组合碳排放情况、投资组合与全球控温 1.5 摄氏度目标的匹配情况、环境方面的投票情况等。森林方面，CDP 问卷主要涉及现状、流程、风险与机会、治理、商业战略、实施、验证、供应链管理等方面。水资源方面，CDP 问卷主要涉及商业影响、治理与战略、设备用水评估、供应链管理等方面。

百事可乐、阿斯利康、中国移动、联想集团等众多国内外知名企业均通过 CDP 披露气候、森林和水方面的信息。总体来看，企业气候变化信息披露数量最多，2021 年为 13126 家；水信息披露数量其次，为 3368 家；森林信息披露企业数量最少，为 864 家（见图 4 – 6）。

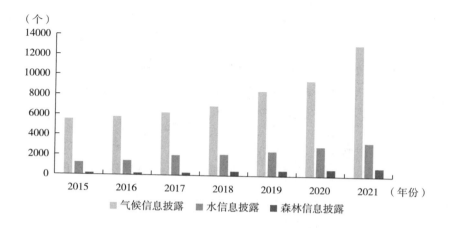

图 4 - 6　2015 年至 2021 年 CDP 企业信息披露数量

（资料来源：作者根据相关资料整理）

三、全球 ESG 信息披露监管实践

（一）美国 ESG 信息披露监管实践

美国《证券法》和《证券交易法》规定了上市公司信息披露的基本要求，SEC 是 ESG 信息披露规则的主要制定机构，根据上述法律不断完善具体规则。SEC 认为，信息披露应坚持实质性原则，披露的信息要对投资者决策具有重要性；应该坚持原则性指导，主要提供信息披露框架，但是不提供具体要求和指导。

1980 年，经过多轮论证后，SEC 发布 10 - K 表格，形成信息综合披露模式。美国上市公司必须每年向 SEC 递交 10 - K 表格，表格包含公司治理和相关风险的信息。2007 年，投资者建议出台气候风险披露指引。2009年，美国国家环境保护局发布《温室气体强制报告规则》；SEC 加强公司治理披露要求，进一步提升风险、薪酬及公司治理信息披露水平。2010年，SEC 发布指南，在满足实质性要求下，指导上市公司披露气候变化对业务、发展等方面影响的信息。该指南实施后，美国上市企业气候风险信息披露有较大改善。

2016 年，SEC 就完善 ESG 信息披露监管公开征求意见，社会公众反响强烈，SEC 收到超过 26500 条评论和建议，建议聚焦在公司治理信息披露之外如何补充环境信息和社会信息。2018 年，两名法律教授及资产管理规模超过 5 万亿美元的金融机构联名建议 SEC 出台 ESG 信息披露指引，反映了机构投资者提高 ESG 信息质量的诉求。2019 年，纳斯达克交易所发布新的 ESG 报告指南，旨在提升 ESG 信息披露水平（见表 4-9）。

表 4-9　　　　纳斯达克交易所 ESG 报告指南 2.0 主要指标

环境	社会	公司治理
温室气体排放、排放密度、能源利用、能源密度、能源结构、水资源使用、环境措施、董事会气候监管、管理层气候监管、气候风险缓解政策	CEO 薪酬比率、性别工资比率、员工离职率、性别多样化、临时员工比率、非歧视政策、工伤率、健康与安全、童工与强制劳动、人权	董事会多样性、董事会独立性、激励政策、工会谈判、供应商行为准则、道德与反腐败、数据隐私、环境、社会与治理汇报、信息披露实践、外部保障

资料来源：作者根据相关资料整理。

2020 年 5 月，SEC 投资咨询委员会建议制定 ESG 信息披露规则。同年，美国众议院金融服务委员会发布 ESG 信息披露简化法案，要求上市企业阐述 ESG 指标与长期发展战略之间的关系，同时要求 SEC 强制上市公司披露 ESG 信息。SEC 在加强 ESG 信息披露监管方面未取得明显进展，但是有望在气候信息披露领域取得突破。2022 年 3 月，SEC 发布《上市公司气候数据披露标准草案》（以下简称《草案》），《草案》指出，未来美国上市公司提交招股书和发布年报等财务报告时，均需对外公布碳排放水平、潜在气候变化问题及对公司商业模式和经营状况影响的信息。按照《草案》规划，所有美国上市公司需在 2026 年前完成直接和间接碳排放两项气候数据披露工作（一些小市值公司能够豁免），大部分上市公司还需在 2026 年前完成供应链上下游间接碳排放数据披露。其中，大型上市公司（市场普遍预期是标普 500 指数成分股）要在 2024 年与 2025 年完成上述气候数据披露工作。

从美国上市公司信息披露情况看，2020 年，标普 500 指数成分股可持续发展报告披露率已达 92%（见图 4 - 7）。2020 年，毕马威调研数据显示美国企业可持续报告披露率为 98%。整体来看，虽然美国未强制披露 ESG 信息，但是受到美国 ESG 投资较快发展及机构投资者积极倡导等因素影响，企业自愿披露水平较高。

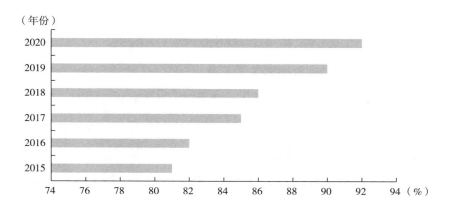

图 4 - 7　标普 500 指数成分股可持续发展报告披露率

（资料来源：作者根据相关资料整理）

（二）欧盟 ESG 信息披露监管实践

1993 年，欧盟委员会通过环境管理与审计计划（EMAS），要求企业编制环境声明，在声明中不仅应有环境战略和管理的说明，还应包含可量化的环境绩效指标。

2014 年，欧盟委员会出台《非财务报告指令》（NFRD）。该指令适用于员工超过 500 人的公共利益企业，主要包括上市公司、银行、保险公司及政府指定的其他公共利益主体。上述主体披露的 ESG 报告主要包括环境保护、社会责任及员工待遇、尊重人权、反腐败、董事会构成多元化等内容，以及与之相对应的管理举措和非财务关键绩效指标。欧盟各成员国相继在 2016 年之前将此要求形成国内法律法规。

2019 年，欧盟委员会着手修订 NFRD，推动气候相关信息披露要求与 TCFD 标准保持一致。2020 年，调研报告显示欧盟企业气候相关信息披露仍有待提升，企业披露的信息缺乏可比性和一致性。2021 年，欧盟委员会将 NFRD 更名为企业可持续发展报告指令（CSRD），进一步提高 ESG 信息披露质量。CSRD 适用于所有大型企业和上市公司，涉及企业约 50000 家；信息披露要求更为详细，需要进行外部审计。

与此同时，欧盟着手制定《欧洲可持续发展报告准则》（ESRS），要求欧盟企业统一采纳该准则，提升 ESG 报告的可比性。

（三）日本 ESG 信息披露监管实践

日本没有 ESG 信息披露的总体法律法规，具体要求分散在不同法律法规中。日本《金融工具和交易法》要求金融机构向投资者披露企业管理政策和战略、公司治理、交叉持股合理性等信息。日本《促进全球变暖对策法》对环境信息披露提出要求，加强企业在气候变化等方面的信息披露力度。

2015 年，日本金融厅和东京证券交易所共同制定了《企业治理守则》，要求将可持续发展议题和 ESG 要素纳入董事会责任范畴，这是日本企业进行 ESG 信息披露的重要指引。2018 年，日本完善《企业治理守则》，强调促进高级管理人员多元化，制定基本政策并披露公司可持续发展举措。2021 年 6 月，日本再次修订《企业治理守则》，进一步细化保护环境、尊重人权以及企业董事会应该加强处理的其他治理事项，推动上市企业提高温室气体排放、尊重人权等方面的信息披露质量。

为了更好地推动上市企业 ESG 信息披露，2020 年，日本交易所集团发布《ESG 披露实用手册》，提出通过四个步骤开展 ESG 信息披露，分别为 ESG 事项和 ESG 投资、将 ESG 事项与战略结合、实施和监督、信息披露和参与。2022 年 3 月，日本交易所集团发布《ESG 事项集合》，该集合涵盖环境、社会和公司治理的 10 个主题、33 个具体事项，支持上市公司提高信息披露质量。具体看，10 个主题分别为气候变化、防治污染、可持续资源利用、水、生物多样性、尊重人权、雇佣和工作实践、公司治理、ESG 风险管理和预防腐败（见表 4 – 10）。

表 4 – 10　　　　　　　日本交易所集团 ESG 披露主题

环境维度	社会维度	治理维度
气候变化 防治污染 可持续资源利用 水 生物多样性	尊重人权 雇佣和工作实践	公司治理 ESG 风险管理 预防腐败

资料来源：日本交易所集团。

日本企业依据监管要求披露 ESG 信息，自愿披露信息较少。根据普华永道调研数据，日本企业 ESG 报告仅有 25% 的内容为自愿披露信息，低于全球的 42%，而且主要侧重披露与环境有关的信息，与社会相关的信息披露较少。

（四）我国 ESG 信息披露监管实践

我国 ESG 投资发展时间短，正在建设 ESG 信息披露体系，企业以自愿披露为主，部分重点行业企业需要披露环保信息。2016 年，中国人民银行等七部门联合印发《关于构建绿色金融体系的指导意见》，要求逐步建立和完善上市公司和发债企业强制性环境信息披露制度；2018 年 9 月，中国证监会修订《上市公司治理准则》，规定上市公司应依照法律法规和有关部门要求，披露环境信息、社会责任及公司治理相关信息；2021 年，生态环境部发布《关于印发〈环境信息依法披露制度改革方案〉的通知》，该通知设定了"2025 年目标"，要求环境信息强制性披露制度基本形成，属于重点排污单位、实施强制性清洁生产审核的上市公司、发债企业等主体，应当在年报等相关报告中依法依规披露企业环境信息；2022 年，国务院国资委制定印发《提高央企控股上市公司质量工作方案》，明确提出贯彻落实新发展理念，探索建立健全 ESG 体系，中央企业集团公司推动央企控股上市公司 ESG 专业治理能力、风险管理能力不断提高，推动更多央企控股上市公司披露 ESG 专项报告，力争到 2023 年相关专项报告披露"全覆盖"。

上海交易所和深圳交易所积极推进 ESG 信息披露工作。上交所 2020 年发布《上交所科创板股票上市规则》，要求科创板上市公司应在年度报告中披露履行社会责任的情况，并视情况编制和披露社会责任报告、可持续发展报告、环境责任报告等文件；2022 年 1 月，发布《上海证券交易所上市公司自律监管指南第 2 号——业务办理》，要求上市公司和相关信息披露义务人应当按照指南的规定办理 ESG 信息披露和业务操作。深交所 2006 年发布《上市公司社会责任指引》，鼓励自愿披露社会责任报告；《深圳证券交易所上市公司自律监管指引第 1 号——主板上市公司规范运作》要求上市公司在年度报告中披露社会责任履行情况。

2022 年 4 月，中国企业改革与发展研究会发布《企业 ESG 信息披露指南》，这是我国首个企业 ESG 信息披露的团体标准。该指南涵盖环境、社会和治理三个维度共计 118 个指标，环境维度主要包括资源消耗、防治污染和气候变化等主题；社会维度主要包括员工权益、产品责任、供应链管理和社会响应等主题；治理维度主要包括治理结构、治理机制和治理效能等主题。

根据中诚信绿金统计数据，2022 年 A 股 4732 家上市公司披露了社会责任报告或者 ESG 报告，披露比例为 30.18%，相较 2021 年上升 2.31 个百分点。其中，非银金融、钢铁、房地产、公用事业、石油石化、煤炭、交通运输、传媒、食品饮料、美容护理、综合共 11 个行业披露比例高于 50%，而上市公司数量基数较大的基础化工、电力设备、计算机、电子、机械设备行业披露比例均不足 30%，其中，基础化工仅为 21.30%。总体来看，我国上市公司 ESG 信息披露率还比较低，多以社会责任报告形式披露，信息披露质量和水平仍有很大提升空间（见图 4-8）。

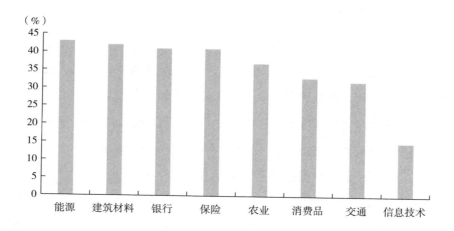

图 4 - 8　2022 年我国上市公司部分行业 ESG 信息披露率

（资料来源：作者根据相关资料整理）

四、ESG 信息披露的实际影响

ESG 信息披露不仅有利于促进 ESG 投资，也有利于企业可持续发展。

（一）降低风险

环境、社会和治理因素对企业可持续发展具有深远影响，加强 ESG 信息披露有利于推动企业关注长期发展，也有利于投资者评判企业未来的经营风险。Paulo Pereira da Silva（2022）分析 2007 年至 2019 年的全球样本，认为 ESG 信息披露能够降低上市公司股价崩盘风险，环境、社会及治理因素均具有此种良好的影响，这与之前的相关文献研究结论一致；不同区域的国家存在差别，此效应在发达国家更为显著，而在发展中国家及新兴市场国家，此效应相对不显著，这可能与 ESG 发展水平及金融市场成熟度等因素有很大关系。Preeti Roy 和 Suman Saurabh（2022）使用 2010 年到 2021年印度环境敏感行业 77 家企业数据实证研究，认为 ESG 信息披露能够降低企业风险，但是主要降低了系统性风险，没有显著降低企业非系统性风险。该研究建议未面临强制披露要求的企业也要自主披露 ESG 信息，提高企业履行社会责任的意识，惩罚洗绿行为。

（二）降低金融约束

信息不对称将产生逆向选择问题，导致金融服务供给不足，这是很多中小企业受到较高金融约束的根源所在。披露 ESG 信息能提供有关企业可持续发展的更多信息，缓解信息不对称程度，有利于企业获得更多资金支持，甚至是降低融资成本，优化融资环境。Elsa Allmany 和 Joonsung Won（2021）证明 ESG 信息披露能够缓解金融约束，特别是对部分中小企业，有利于增大债务融资规模，提高投资效率。Małgorzata Janicka 和 Artur Sajnóg（2022）使用欧盟 15000 多家企业的数据，验证了 ESG 信息披露质量和企业市场融资能力呈正相关关系。

（三）提高股价信息度

股价包含了投资者对企业未来盈利的预测，加强上市公司信息披露，有利于投资者更好地预测企业盈利情况，提高股价信息度。Paulo Pereira da Silva（2019）利用发达国家 2007 年至 2018 年的数据，研究了 ESG 信息披露对股价信息度的影响，结果表明 ESG 信息影响未来企业盈利预测，提升股价信息度，同时发现社会因素要比环境因素和公司治理因素更能够影响股价信息度。

（四）增加企业价值

ESG 信息披露有利于提升企业社会形象，吸引客户，提升经营效益，增加企业价值。国内外学者在 ESG 信息披露对企业价值影响方面的研究成果日渐丰富，而且主要结论趋于一致。Hans B. Christensen 等（2018）梳理过往文献，发现社会责任报告及可持续发展报告对企业收益和价值具有积极影响。从海外研究看，George Giannopoulos 等（2022）分析 2010 年至 2019 年挪威上市企业数据，结论是 ESG 信息披露对挪威上市公司经营业绩具有显著的积极影响，能够有效提升托宾 Q，但对资产回报率（ROA）有负面影响；Yiwei Li 等（2018）利用英国跨行业数据进行了实证研究，认为 ESG 信息披露能提高上市公司经营透明性和可靠性,增强了利益相关者信任,对提升企业价值具有积极意义;Raisa Almeydal 和 Asep Darmansyahl (2019) 利用 G7 国家的房地产企业数据进行了深入研究,认为 ESG 信息披露对 ROA、资本收益率(ROC)具有积极影响,但是对股价没有显著影响,环境因素对 ROC 和股价均具有积极影响。从国内研究看,徐光华等(2022)选取 2016 年至 2019 年中国 A 股制造业上市公司作为研究样本,研究结果表明 ESG 信息披露能显著提升企业价值,这种作用更多是在 2018 年中国证监会修订《上市公司治理准则》后开始显现;与国有企业相比,非国有企业 ESG 信息披露的价值提升作用更加显著。

总体而言,近年基于各个国家及不同行业的实证研究基本证实了 ESG 信息披露对企业价值的积极作用,这为监管部门提高企业 ESG 信息披露要求提供了理论支撑。

第二节　ESG 评级机制

ESG 评级是 ESG 投资的重要参考,但 ESG 评级标准不一,评级结果差异较大,监管部门需要不断强化市场规范力度。

一、ESG 评级原理

ESG 评级主要是评估企业或者国家可持续风险和机遇,使用数字或者符号将结果表示出来。评级包括 ESG 评级、信用评级、产品评级等细分领域。金融机构最常用的是 ESG 评级和信用评级。信用评级已有百余年的发展历史,而 ESG 评级在最近 20 年发展起来,二者有什么区别,又有什么联系呢?

(一)ESG 评级与信用评级的区别

一是评级内涵不同。ESG 评级主要评价可持续发展风险和机遇,信用评级主要评价债务人偿债意愿和偿债能力，二者内涵指向有很大差别。

二是评级方法论不同。评级内涵不同导致使用的评级方法论也有区别。ESG 评级主要依据非财务指标评价企业或者国家在环境、社会和治理方面的表现。信用评级主要依据财务指标评价财务风险和经营风险。比较来看，经过长时间的探索和优化，信用评级方法论更为成熟，可以通过违约率等指标验证；ESG 评级方法论仍在不断完善，尚无法有效验证评级结果。

三是评级监管要求不同。各国监管部门已将信用评级纳入监管体系，主要实施准入机制，要求信用评级机构公开评级方法和评级流程，提高评级透明性和公正性。各国政府还未有效监管 ESG 评级市场，缺乏明确的市场游戏规则。

四是使用场景有不同。信用评级主要用于债权融资，评估发行人违约风险，特别是在债券发行过程中，监管部门要求披露信用评级等级，投资者基于评级定价。ESG 评级主要用于 ESG 投资，适用于股票投资、债券投资及另类投资等领域。

（二）ESG 评级与信用评级的联系

一方面，评价内容有重叠之处。ESG 评级和信用评级均关注公司治理因素，企业规模等部分因素对信用评级和 ESG 评级结果均有影响。

另一方面，二者相互补充。ESG 对信用风险的影响日渐显著，信用评级机构已考量 ESG 因素的影响。以惠誉评级为例，2019 年，惠誉研发了 ESG 相关性模型，通过分辨不同 ESG 因素与信用评级的相关性，确定哪些 ESG 因素影响企业信用水平，最终根据信用相关性评定信用等级。

二、ESG 评级市场格局

（一）ESG 评级市场发展特征

ESG 信息披露数量大，数据收集、整理和评估须投入大量资源，很多金融机构使用外部 ESG 评级服务。根据欧盟的调研数据，77% 的受访金融机构使用外部 ESG 评级。ESG 投资发展带动了市场需求的上升，推动 ESG 评级行业扩张。1983 年，全球第一家 ESG 评级机构——英国伦理投资研究服务公司（EIRIS）成立；1988 年，美国 KLD 公司成立；1995 年，SAM 公司创立。进入 21 世纪后，ESG 评级机构持续增多，2010 年前后，全球领先的 ESG 评级机构分别为 EIRIS、GMI、Sustainalytics、Vigeo。2010 年以来，大型金融机构通过兼并收购纷纷进军 ESG 评级市场，2012 年 Sustainalytics 收购 Responsible Research；2014 年，MSCI 收购 GMI 公司；2015 年，Vigeo 和 EIRIS 合并；2017 年，晨星（Morningstar）收购 Sustainalytics 40% 股权；2019 年，穆迪收购 Vigeo – EIRIS，标普收购 RobecoSAM，全球 ESG 评级市场竞争格局趋于集中化。

全球 ESG 评级机构 700 余家，主要提供评级、数据、咨询、指数编制等服务。全球知名的 ESG 评级机构为 MSCI、彭博（Bloomberg）、ISS、FTSE Russell、Refinitiv、Sustainalytics，多分布在美国和英国，区域分布集中度较高。Sustainalytics 2020 年的调研数据显示，金融机构最常合作的 ESG 评级机构为 MSCI 和 Sustainalytics，ISS 和 CDP 也是投资者经常合作的评级机构。总体来看，除了少部分为大型评级机构，多数为小型机构。借鉴信用评级行业发展经验，从长远看，ESG 评级市场份额未来可能逐步集中到若干大型头部机构。

从机构发展看，除了 CDP 为非营利性组织外，其他均为营利性组织，而且只有 Sustainalytics 和 CDP 专注 ESG 数据分析和评级。很多机构从事其他金融服务后，根据市场需求增加 ESG 评级和数据服务。MSCI 和 FTSE Russell 早期从事指数编制服务，ISS 从事代理投票业务，上述机构通过兼并收购或者自主发展的方式进入 ESG 评级领域。

（二）重点 ESG 评级机构比较

从全球情况看，Sustainalytics 覆盖企业数量最高，超过 20000 家，其他机构均在 10000 家左右；Refinitiv 在进行了兼并收购后，客户数量达到 40000 家，领先优势明显，其他机构多在 10000 家以下（见表 4 - 11）。

表 4 - 11　　　　　　　　　全球知名 ESG 评级机构

机构名称	成立时间	控股股东	服务	客户数量	覆盖企业数量	所属国家
MSCI	1968 年	摩根士丹利	评级、投资筛选研究、气候解决方案	超过 6300 家	超过 9800 家	美国
Sustainalytics	1992 年	Morningstar	ESG 研究、分析和报告解决方案、责任管理服务、指数研究服务	超过 10000 家	超过 20000 家	美国
Refinitiv	2018 年	伦敦证券交易所集团	ESG 评级、数据分析等	超过 40000 家	超过 11800 家	英国
FTSE Russell	2015 年	伦敦证券交易所集团	ESG 评级、数据分析、指数编制等	—	超过 7200 家	美国
ISS	1985 年	Deutsche Bourse Group	ESG 评级、数据分析、气候解决方案、指数编制等	超过 1300 家	超过 11900 家	美国
CDP	2000 年	—	数据分析和评级	—	超过 13000 家	英国

资料来源：根据各机构网站信息整理。

从国内情况看，国内 ESG 评级起步晚，除了 MSCI 等海外机构进入国内市场外，提供相关服务的本土机构不多，主要包括商道融绿、华证 ESG 评级、中证 ESG 评级、社会价值投资联盟，近年又涌现了 WindESG 评级、中诚信、秩鼎、妙盈。整体来看，国内机构开展 ESG 评级业务的时间集中在 2015 年以后，主要覆盖国内上市公司，尚未有效覆盖债券发行主体，评级主体覆盖度不足（见表 4 - 12）。

表 4 − 12　　　　　　　　　　国内部分 ESG 评级机构

机构名称	业务开展时间	覆盖范围	主要服务
商道融绿	2015 年	覆盖全部中国境内上市公司，港股通中的香港上市公司，以及主要的债券发行主体	评级、数据平台、产品开发
中证指数有限公司	2020 年	全部 A 股上市公司	评级、数据、指数编制
中诚信绿金	2020 年	A 股及 H 股上市公司超过 5600 家	ESG 数据、报告编制及辅导、ESG 投资服务平台
润灵环球	2007 年	全部 A 股上市公司	ESG 评级
秩鼎	2018 年	A 股、港股及中概股公司和发债企业	ESG 信息披露培训、数据研究、评级等

资料来源：根据各机构网站信息整理。

三、ESG 评级方法

ESG 评级主要根据环境、社会及治理三个维度，细分二级类别，选择与之相对应的指标，通过层次分析法、专家打分法等方法赋予每个指标权重，各指标评分加总后，形成 ESG 评分，也会根据争议事项等因素调整评分，评分与一定评级级别对应，形成最终评价结果。

（一）海外 ESG 评级方法

国际 ESG 评级方法发展时间长、体系较完善，主流的 ESG 评级机构包括 MSCI、标普（S&P）、Moody's、汤姆斯路透（Thomson Reuters）、惠誉（Fitch）、ISS ESG 等。以下主要分析 MSCI、ISS 的 ESG 评级方法。

1. MSCI 的 ESG 评级方法

MSCI 成立于 20 世纪 60 年代，1988 年开始从事 ESG 研究，1999 年对企业进行 ESG 评级，研究团队超过 200 人，覆盖全球超过 9800 家企业及 68 万只股票和债券。

MSCI ESG 评级流程分为获取数据、指标衡量、评价打分及最终评级四个部分（见表 4 – 13）。

表 4 – 13   MSCI ESG 评级流程

获取数据	指标衡量	评价打分	最终评级
无问卷调查数据	通过标准化方法评估公司相对同行业公司的风险暴露和风险管理情况	根据各行业具备特征，对每一项关键因素基于 1 – 10 分的规则进行打分	对 ESG 各项关键因素指标进行得分的加权平均，得到总分在 AAA – CCC 之间的公司评级
收集并对公开数据进行标准化处理 – 来自政府和 NGO 的文件 – 公司披露信息 – 约 3400 家媒体资料	MSCI 的 ESG 团队将与公司进行沟通以确认相关数据质量及可靠性，并对 ESG 报告数据及相关信息进行反馈与修正	每日监控公司发生的争议性事件，此外每周对关键因素指标的评分情况进行调整	ESG 评级规则将得到来自行业的反馈和内部委员会的审查

资料来源：作者根据相关资料整理。

（1）数据来源

MSCI 主要依赖公开信息渠道收集数据，包括研究机构、政府部门及非政府组织的数据库；企业对外披露的 ESG 报告、可持续发展报告等；3400 多家媒体信息、特定企业的利益相关者信息等。MSCI 不依赖非公开信息，但考虑与企业沟通获得的非公开信息。

（2）指标计量

①指标体系

每个行业面临的 ESG 风险和机会不同，MSCI 使用量化模型获得对每个行业风险和机会有实质性影响的指标作为评级指标，结合业务多元化、争议事件等因素，MSCI 在行业指标体系基础上增加或者减少评级指标。MSCI 每年定期校准模型，修订关键议题和指标体系。

2022 年，MSCI 评级体系包含 3 个维度、10 个主题及 35 个关键指标。这 10 个主题分别是气候变化、自然资本、污染和消耗、环境机遇、人力资本、产品责任、利益相关者反对、社会机遇、公司治理和公司行为（见表

4 - 14)。

表 4 - 14　　　　　　　　　MSCI ESG 评级指标体系框架

大类指标	主题	关键指标
环境	气候变化	碳排放量、产品的碳足迹、为环境保护提供资金支持、气候变化脆弱性
	自然资本	水资源压力、原材料采购、生物多样性和土地利用
	污染和消耗	有毒物质排放和废弃物、电子废弃物、包装材料废弃物
	环境机遇	清洁技术领域的机会、可再生能源领域的机会、绿色建筑领域的机会
社会	人力资本	人力资源管理、人力资本发展、员工健康与安全、供应链劳动力标准
	产品责任	产品安全和质量、隐私和数据安全、化学品安全性、人口健康风险、责任投资、消费者金融保护
	利益相关者反对	有争议的物资采购、社区关系
	社会机遇	通信行业领域的机会、医疗保健领域的机会、金融领域的机会、营养和健康领域的机会
公司治理	公司治理	董事会、所有权及控制权、薪酬、会计准则
	公司行为	商业伦理、税收透明度

资料来源：作者根据相关资料整理。

MSCI 根据已获取数据，结合评价指标，计算各指标对应的数据，用于后续总体评分。

②指标权重

环境和社会指标权重方面，MSCI 按照行业情况赋予环境和社会关键指标 5% ~30% 的权重。对于各行业权重的配置，一方面，相对于其他行业而言，考察公司所在行业的指标对环境或社会产生的外部性大小，基于行业数据分析，划分"高等""中等""低等"三档影响评价；另一方面，考量指标内容对行业实质性风险或机遇，按照实质性影响的时间长短，划分为"长期""中期""短期"三档，最终搭配影响力等级和持续时间长短配置行业指标权重，如"长期"且"低等"。MSCI 每年 11 月复核各行业的指标和权重。

治理指标权重方面,MSCI 治理指标最低权重为 33%,同时,根据不同指标对企业治理和治理行为的影响力和持续时间决定关键指标权重。

重点事项评估方面,评估风险时,MSCI 评估企业 ESG 风险敞口及管理策略,分别打分,综合形成最终得分。一般而言,企业面临的 ESG 风险敞口较高时,风险管理策略要很强,才能获得高分。评估机遇时,与评估风险类似,主要看企业所面临的机遇及利用机遇的能力。评估争议事项时,争议事件意味着企业风险管理可能存在结构性问题,形成未来的实质性风险。MSCI 评估每个争议事项的影响范围和严重程度,根据评估结果进行相应的扣分。

(3)综合评分

MSCI 根据关键议题得分乘以相应权重计算环境和社会维度得分,根据倒扣分法计算治理维度得分,由环境、社会和治理原始得分乘以相应权重,得到 ESG 评级初始总分。MSCI 根据企业所在行业得分情况,对各企业得分进行标准化处理,获得行业调整分数,得到企业最终得分,映射到 ESG 评级(见表 4 – 15)。

表 4 – 15   MSCI 得分与评级映射关系

评级	所处行业水平	分数范围
AAA	领先	8.571 ~ 10.0
AA	领先	7.143 ~ 8.571
A	平均水平	5.714 ~ 7.143
BBB	平均水平	4.286 ~ 5.714
BB	平均水平	2.857 ~ 4.286
B	落后	1.429 ~ 2.857
CCC	落后	0.0 ~ 1.429

资料来源:作者根据相关资料整理。

2. ISS 的 ESG 评级方法

ISS 成立于 1985 年,主要提供企业治理和责任投资解决方案服务,评级业务已有 25 年的历史,服务范围包括 ESG 企业评级、ESG 国家评级、治理质量评价、环境与社会披露质量评价、可持续债券评级、碳风险评级及定制化评级等方面。截至 2022 年 7 月，ISS 评级人员超过 500 人，客户约 1300 个，ESG 企业评级覆盖 11900 个发行人，ESG 国家评级覆盖 820 个主权发行人，包括发达市场和新兴市场的主要股票指数、发达市场中的中小型股票指数和重要的非上市债券发行人。

（1）ESG 企业评级方法

ISS 企业评级与行业高度相关，与联合国可持续发展目标、SASB 披露标准等国际规则保持一致，评级指标、方法、权重和评级结果均经过内部评级委员会审查，也会经外部评级专家委员会讨论，评级结果得到高度认可。

ISS 邀请行业专家共同制定评价指标，从现有数据库选取 100 多个指标，构建评级体系。ISS ESG 评级指标体系包括通用指标和行业指标两部分。

通用指标部分，该类指标适用所有行业。环境维度的主题事项包括气候变化战略、生态效能、能源管理、产品服务、环境影响、环境管理、水资源风险和影响；社会维度的主题事项包括平等机会、结社自由、健康和安全、人权、产品责任、产品服务社会影响、供应链管理和税务；治理维度的主题事项包括商业道德、合规、董事会独立性、薪酬、股权结构。

行业指标部分，为保证实质性因素对评级结果影响更大，每个行业确认 4 ~ 5 个具体关键事项，在评级中的累计权重超过 50%。以公用事业行业为例，该行业关键事项为能源转型、工厂和基础设施的环境安全运维、能源和水供给的安全性、商业道德和政府关系、工人安全和风险防范等。

总体评价结果按照由优到劣的顺序分别为 A +、A、A -、B +、B、B -、C +、C、C -、D +、D、D -。

ISS 分析争议性事项及商业领域，作为调整 ESG 评级的重要因素。争议性事项包括人权争议、劳动权利争议、环境行为争议等方面，ISS 重点分析该事项是否与企业有关、企业责任的程度及影响的严重程度。如果分类为严重的失当行为，还需要分析负面影响及企业如何消除影响。争议性领域包括酒精、烟草、核能、化石能源、赌博等领域，主要分析具体产品的收入份额、公司整体收入份额、公司是不是问题产品的生产商或者销售商。

（2）ESG 国家评级方法

ISS 国家评级主要评价一国可持续发展表现和风险，已覆盖 OECD 国家、金砖国家及部分美洲、欧洲、非洲、亚洲和大洋洲的重点主权发行人。

ISS 通过 100 多个定量和定性指标研究及专家分析，形成 ESG 国家评级指标体系。其中，环境维度包括自然资源和生物多样性、农业和产业、交通、气候变化和能源等方面；社会维度包括健康、教育和通信、劳工权利和工作条件、社会凝聚力等方面；治理维度包括政治体系、反腐败和反洗钱、治理和稳定性、维护民主和政治权利等方面。

总体评价结果按照由优到劣的顺序分别为 A +、A、A -、B +、B、B -、C +、C、C -、D +、D、D -，其中评级达到 B - 以上为领先水平。ISS 用 10 到 1 的评分明确发行人在所有发行人中的相对地位。

ISS 评估争议事项，主要包括生物多样性、环境保护、腐败、歧视、言论自由等方面，以此调整发行人评级。

（二）国内 ESG 评级方法

我国 ESG 评级体系仍处于探索阶段，尚未形成统一标准。ESG 评级覆盖范围较广的机构包括中证指数、华证指数、商道融绿、社会价值投资联盟、润灵环球、万得等机构。以下主要分析中证指数和商道融绿的 ESG 评级方法。

1. 中证指数 ESG 评级方法

中证指数 ESG 评级方法覆盖 A 股和港股上市公司，按月更新，发生严重风险事件时及时调整。中证指数 ESG 评价体系包括环境、社会、公司治理三个维度、14 个主题、22 个单元和 180 余个指标（见表 4 - 16）。中证指数 ESG 评级分数由指标开始，依次计算出单元、主题、维度和 ESG 总分。单元得分根据所对应的指标进行计算，其中风险类单元依据对应的风险暴露与风险管理指标计算，机遇类单元依据对应的机遇暴露与机遇管理指标计算。ESG 总分 = 环境维度分数 × 权重 + 社会维度分数 × 权重 + 治理维度分数 × 权重。

表 4 - 16   中证指数 ESG 评级方法

三个维度	14 个主题	22 个单元
环境	气候变化、污染与废物、自然资源、环境管理、环境机遇	碳排放、污染与废物排放、水资源、土地使用与生物多样性、环境管理制度、绿色金融、环境机遇
社会	利益相关方、责任管理、社会机遇	员工、供应链、客户与消费者、责任管理、慈善活动、企业贡献
公司治理	治理主体、治理结构、管理层、信息披露、公司治理异常、管理运营	股东治理、控股股东治理、机构设置、机构运作、管理层、信息披露质量、公司治理异常、财务风险、财务质量

资料来源：中证指数有限公司。

2021 年 10 月，中证指数成为境内首家 ESG 指数获得 IOSCO 准则独立鉴证的指数机构。截至 2021 年末，中证指数累计发布 ESG 等可持续发展指数 102 条，包括 75 条股票指数、26 条债券指数和 1 条多资产指数。中证指数 ESG 的分类如图 4 - 9 所示。

2. 商道融绿 ESG 评级方法

商道融绿主要为客户提供责任投资与 ESG 评估及信息服务、绿色债券评估认证、绿色金融咨询与研究等专业服务。2015 年，商道融绿推出自主研发的 ESG 评级体系，自 2020 年起覆盖全部 A 股上市公司，商道融绿的 ESG 评级框架包括 14 个核心议题，ESG 分析团队通过采集近 700 个数据点后，对近 200 个 ESG 指标进行打分。商道融绿设立了 51 个行业模型，模型包括该行业的 ESG 指标和指标权重。

数据来源方面，商道融绿数据主要来自企业披露信息、监管数据、媒

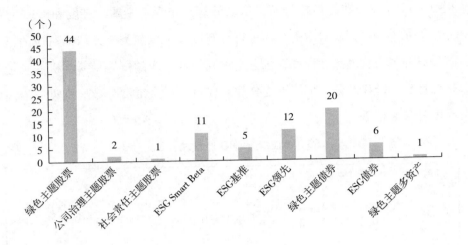

图 4 – 9　中证指数 ESG 的分类

（资料来源：中证指数有限公司）

体数据、地理数据及卫星数据等 700 多个数据点。

　　评级指标方面，商道融绿根据各行业的特点及重点利益相关方的关注问题，总结了一系列 ESG 议题。结合国际标准和中国环境、社会及经济发展现状，商道融绿 ESG 评级体系识别出现阶段影响我国企业运营的 14 项 ESG 议题，其中包括环境议题 5 项，社会议题 6 项及治理议题 3 项（见表 4 – 17）。商道融绿确定 ESG 评估指标时，考虑的主要因素包括最大限度涵盖有代表性、可收集、重要的 ESG 指标，符合国际惯例和中国实际的实质性 ESG 指标，投资者关注事项，行业特点。

表 4 – 17　　　　　　　　商道融绿 ESG 评级指标体系

一级指标	二级指标	三级指标
环境	E1 环境政策	环境管理体系、环境管理目标、节能和节水政策、绿色采购政策等
	E2 能源及资源能耗管理	能源消耗、节能、节水、能源使用监控等
	E3 污染物排放管理	污水排放、废气排放、固体废弃物排放等
	E4 应对气候变化	温室气体排放、碳强度、气候变化管理体系等
	E5 生物多样性	生物多样性保护目标与措施等

一级指标	二级指标	三级指标
社会	S1 员工发展	员工发展、劳动安全、员工权益
	S2 供应链管理	供应链责任管理、供应链监督体系
	S3 客户管理	客户关系管理、客户信息保密等
	S4 社区管理	社区沟通、社区健康和安全、捐赠等
	S5 产品管理	公平贸易产品等
	S6 信息安全	数据安全信息管理政策等
公司治理	G1 商业道德	反腐败和贿赂、举报制度、纳税透明度等
	G2 公司治理	信息披露、董事会独立性、高管薪酬、审计独立性等
	G3 合规管理	合规管理、风险管理等

资料来源：商道融绿咨询有限公司。

评分方面，ESG 评级总分由 ESG 主动管理总得分和 ESG 风险暴露总得分相加构成。ESG 主动管理得分由环境、社会和治理管理指标加权计算获得，分数越高，表现越好。ESG 风险暴露由环境、社会和治理风险指标加权计算获得，分数越高，表示公开暴露出来的风险事件较少而且风险程度较低。依据 ESG 企业评分水平，划分 10 个等级，分别为 A＋、A、A－、B＋、B、B－、C＋、C、C－、D。其中，A＋和 A 代表企业具有优秀的 ESG 综合管理水平，过去三年几乎没出现 ESG 负面事件或极个别轻微负面事件；D 代表企业近期出现重大的 ESG 负面事件并产生重大负面影响（见表 4－18）。

表 4－18   商道融绿 ESG 评级结果含义

级别	含义
A＋	企业具有优秀的 ESG 综合管理水平，过去三年几乎没出现 ESG 负面事件或极个别
A	轻微负面事件
A －	企业 ESG 综合管理水平较高，过去三年出现过少数影响轻微的 ESG 负面事件
B ＋	
B	企业 ESG 综合管理水平一般，过去三年出现过一些影响中等或少数较严重的负面
B －	
C ＋	事件

续表

级别	含义
C	企业 ESG 综合管理水平较薄弱，过去三年出现过较多或较严重的负面事件
C－	
D	企业近期出现了重大的 ESG 负面事件并产生重大负面影响

资料来源：商道融绿咨询有限公司。

A 股上市公司评级分布方面，根据商道融绿中证 800 成分股 ESG 评级看，2022 年，2 家上市公司获得 A 级，88 家上市公司获得 A－级，229 家上市公司获得 B＋级，201 家上市公司获得 B 级，216 家上市公司获得 B－级，63 家上市公司获得 C＋级，1 家上市公司获得 C 级。相较 2021 年，中证 800 成分股 ESG 评级结果有明显的提升，获得 A－级、B＋级别的上市公司分别上升了 58 家和 63 家，B－级别的上市公司数量下降了 102 家，显示中证 800 成分股 ESG 表现改善较大（见图 4－10）。

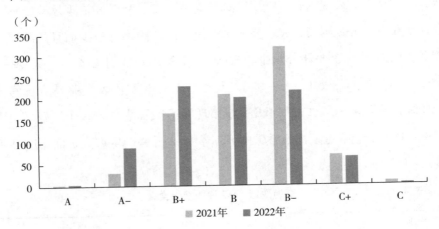

图 4－10　2021 年至 2022 年中证 800 成分股 ESG 评级分布

（资料来源：商道融绿咨询有限公司）

四、ESG 评级问题和挑战

（一）ESG 评级分化严重

ESG 评级存在突出的分化问题，影响 ESG 投资准确性。一方面，不同评级机构给予同一主体的评级差别较大。以甲骨文为例，MSCI 评级为 BB，Refinitiv 评分为 63，Sustainalytics 评分为 78。国内也存在同样的问题，以中石油为例，WIND 评级为 AA，华证 ESG 评级为 BBB，商道融绿评级则为 B＋。另一方面，进一步计算不同 ESG 评级机构评价结果的相关系数，平均为 0.33，远低于传统信用评级 0.9 左右的水平（见表 4－19）。相对而言，S&P、Sustainalytics、Bloomberg 之间的相关系数较高，均超过 0.5，其他 ESG 评级机构评级结果之间的相关系数均不足 0.5。这种分化来自何处呢？Florian Berg 等（2022）研究发现，ESG 评级分化 56% 来自衡量指标，38% 来自主题范围，6% 来自系数权重，这说明具体评级指标差异性是导致 ESG 评级结果分化的最核心因素。

表 4－19　　　　　　　　　不同 ESG 评级之间的相关性

机构名称	MSCI	S&P	Sustainalytics	CDP	ISS	Bloomberg
MSCI	1	0.36	0.35	0.16	0.33	0.37
S&P	0.36	1	0.65	0.35	0.14	0.74
Sustainalytics	0.35	0.65	1	0.29	0.22	0.58
CDP	0.16	0.35	0.29	1	0.07	0.44
ISS	0.33	0.14	0.22	0.07	1	0.21
Bloomberg	0.37	0.74	0.58	0.44	0.21	1

资料来源：作者根据相关资料整理。

（二）ESG 评级缺乏透明性

ESG 评级透明性不高，主要表现为：一是 ESG 评级机构数据来源不透明，未明确披露具体数据来源信息。二是数据处理缺乏透明性，很多企业 ESG 信息披露不完整，评级机构在处理、补充数据时，使用的方法不尽相同，但是未明确公开。三是评级方法不透明，部分评级机构公布了评级操作指引或者评级方法，但是无法保证内部评级流程规范性。

（三）ESG 评级利益冲突问题显现

传统信用评级利益冲突问题严重，主要在于采用发行人付费模式，很可能出现评级购买的问题，或者评级机构提供相关咨询服务，变相帮助发行人提高评级等级。ESG 评级采用使用者付费模式，表面上看不存在被评级主体与 ESG 评级机构之间的利益冲突。但是现有研究发现，一方面，部分 ESG 评级机构倾向给予关联企业更高的评级；另一方面，部分企业信息披露没有经过第三方验证，导致企业为了提升 ESG 级别，夸大 ESG 举措和美化 ESG 信息，影响 ESG 评级准确性。

（四）ESG 缺乏有效监管

ESG 评级行业仍处于发展初期，监管部门还没有建立监管体系。这导致 ESG 评级市场行为不规范，评级机构之间的评级方法缺乏一致性，很多机构使用不同的符号表达评级结果，各机构之间的评级结果缺乏可比性；评级市场营销行为缺乏自律和规范性；评级结果缺乏可靠性验证，对部分机构的 ESG 数据、ESG 评级结果，市场信任度不高。ESG 数据和评级领域监管呼声越来越高，根据欧盟调研数据，94% 的受访者认为有必要干预评级市场，80% 的受访者认为可以建立行业指引、行为规范等监管要求，支持行业可持续发展。

有鉴于此，监管部门已重视 ESG 评级监管工作，欧盟摸底了 ESG 评级和数据市场的基本情况，为未来制定监管政策打好基础；美国 SEC 发布报告，认为 ESG 评级机构可能存在不遵守其内部政策、方法和程序的风险；日本金融厅设立 ESG 评级和数据供应商技术委员会，发布 ESG 评级机构行为守则草案，拟对日本境内 ESG 数据和评级服务机构实施自律监管。

第五章　ESG 投资工具和方法

ESG 投资工具主要包括绿色债券、社会影响债券、ESG 指数等。ESG 投资方法主要包括筛选、ESG 整合、主题投资、影响力投资、股东积极主义，各类方法可以混合使用。ESG 投资工具和方法已应用在各类资产投资中，并持续创新和深化。

第一节　解析 ESG 投资工具

为了引导更多资金流向可持续发展领域，各国政府和金融机构创新发展了很多可持续金融工具，有利于丰富 ESG 投资组合。

一、绿色债券发展态势

（一）绿色债券的内涵

根据国际资本市场协会（ICMA）的定义，绿色债券是将募集资金或等值金额专门用于为新增或现有合格绿色项目提供部分/全额融资或再融资的各类型债券工具。我国绿色债券标准委员会认为绿色债券是指募集资金专门用于支持符合规定条件的绿色产业、绿色项目或绿色经济活动，依照法定程序发行并按约定还本付息的有价证券。

全球比较认可的绿色债券标准是国际资本市场协会制定的《绿色债券原则》及气候债券倡议组织制定的《气候债券标准》，日本等国家依据上述规则制定了本国的绿色债券监管要求。2021 年，欧盟发布《欧盟绿色债券标准》，2022 年我国绿色债券标准委员会发布《中国绿色债券原则》。比较来看，《中国绿色债券原则》与《绿色债券原则》在绿色债券的定义、核心要素等方面很相近，但是在资金使用、信息披露等方面有所区别（见表 5 − 1）。

表 5 − 1　　　　　　　　　　绿色债券标准比较分析

比较领域	中国	国际资本市场协会
定义	募集资金专门用于支持符合规定条件的绿色产业、绿色项目或绿色经济活动，依照法定程序发行并按约定还本付息的有价证券	将募集资金或等值金额专用于为新增或现有合格绿色项目提供部分或全额融资、再融资的各类型债券工具
核心要素	募集资金用途、项目评估与遴选、募集资金管理和存续期信息披露	募集资金用途、项目评估与遴选、募集资金管理和报告
资金用途	绿色项目依据《绿色债券支持项目目录（2021 年版）》确认	气候变化减缓、气候变化适应、自然资源保护、生物多样性保护以及污染防治等
项目评估和遴选过程	绿色项目遴选的决策流程，该流程包括但不限于流程制定依据、职责划分、具体实施过程；鼓励聘请独立的第三方评估认证机构对绿色债券进行评估认证	绿色项目类别的评估流程，识别和管理与项目相关的社会及环境风险的流程
募集资金管理	发行人应开立募集资金监管账户或建立专项台账，对绿色债券募集资金到账、拨付及收回实施管理，确保募集资金严格按照发行文件中约定的用途使用，做到全流程可追踪	绿色债券的募集资金净额或等额资金应记入独立子账户、转入独立投资组合或由发行人通过其他适当途径进行追踪；建议发行人引入外部审计师或第三方机构对绿色债券募集资金内部追踪方法和分配情况进行复核
信息披露	发行人应每年在定期报告或专项报告中披露上一年度募集资金使用情况，鼓励发行人按半年或按季度对绿色债券募集资金使用情况进行披露，鼓励发行人定期向市场披露第三方评估认证机构出具的存续期评估认证报告	年度报告内容应包括绿色债券募集资金投放的项目清单，以及项目简要说明、获配资金金额和预期效益。建议使用定性绩效指标，并在可行情况下使用定量指标披露预期或者实际实现的效益

资料来源：作者根据相关资料整理。

资金用途方面，《绿色债券原则》允许使用的领域有限，主要包括可再生能源、能效提升、污染防治、土地资源的可持续管理、清洁交通、气候变化适应等方面。《中国绿色债券原则》合格的行业方向更为细化和多元。

项目评估和遴选过程方面，二者都要求明确评估和决策过程，《绿色债券原则》还要求识别与项目相关的社会及环境风险，制定与之相适应的应对举措。

资金使用方面，《绿色债券原则》建议聘请第三方审计机构对绿色债券资金的使用和分配情况进行复核，而《中国绿色债券原则》无此要求。

信息披露方面，我国鼓励发布第三方评估认证报告，《绿色债券原则》建议使用定性指标或定量指标披露项目预期或实际产生的效益。

总体而言，两个原则非常近似，不过《绿色债券原则》更加注重绿色项目的实际效益，鼓励详尽披露项目和预期效益信息。

（二）全球绿色债券发展情况

2007年，欧洲投资银行发行全球首只绿色债券，此后开发性金融机构及主权国家积极参与构建绿色债券市场。2013年，绿色债券的相关规则和原则逐步确立，金融机构和企业积极发行绿色债券。全球确立碳中和碳达峰政策导向后，绿色项目投融资需求显著上升，绿色债券供给和需求均呈现较旺盛的态势。

2014年至2021年，全球合计发行了15759亿美元绿色债券，除2018年和2020年发行增速有所缓慢外，其他年份均呈现较快增长态势（见图5-1）。2021年，全球发行了5088亿美元绿色债券，创历年发行规模最高水平，增速达到71%。从全球各地区发行情况看，非洲地区累计发行33亿美元，占比为0.2%；拉丁美洲累计发行307亿美元，占比为1.95%；全球性国际组织累计发行913亿美元，占比为5.79%；北美累计发行3421亿美元，占比为21.71%；亚太地区发行3709亿美元，占比为23.54%；

欧洲累计发行 7376 亿美元，占比为 46.81%，是全球发行量最多的地区。近年来，亚太地区发行增速加快，有赶超欧洲的趋势。从各国发行情况看，美国发行量为 3038.81 亿美元，中国为 1991.46 亿美元，法国为 1672.46 亿美元，德国为 1571.04 亿美元，荷兰为 787.88 亿美元，合计占发行总量的 58%。

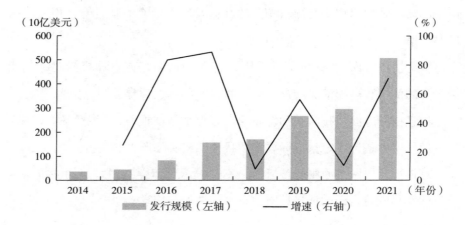

图 5-1 全球绿色债券发行趋势

（资料来源：作者根据相关资料整理）

从绿色债券发行主体看，2021 年，非金融企业发行规模最大，为 1406 亿美元，占比为 28%；其次是金融机构，规模为 1352 亿美元，占比为 27%；主权政府及政府支持机构发行规模相近，分别为 728 亿美元和 704 亿美元，占比均为 14%；开发性银行发行规模为 379 亿美元，占比为 7%（见图 5-2）。从历史趋势看，金融机构、非金融企业以及各国政府绿色债券发行规模明显上升，在绿色债券市场占据越来越重要的地位；而开发性银行市场份额逐步下滑，发行势头不如以前。

从绿色债券资金投向情况看，2021 年，投向能源领域的绿色债券规模为 1846 亿美元，占比为 36%；投向建筑领域的绿色债券规模为 1469 亿美元，占比为 29%；投向交通领域的绿色债券规模为 867 亿美元，占比为 17%（见图 5-3）。上述 3 个领域合计占比为 82%，其他领域还包括水资

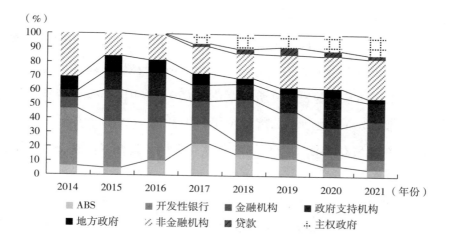

图5－2　全球绿色债券发行主体

（资料来源：作者根据相关资料整理）

源、土地使用、废物处理等，占比相对较小。从历史趋势看，绿色债券行业投向结构变化不大，与全球可持续发展趋势密切相关，重点是助力实现绿色发展及应对气候变化。

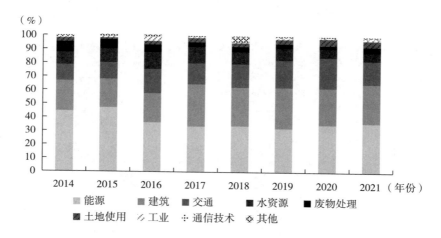

图5－3　全球绿色债券资金投向

（资料来源：作者根据相关资料整理）

（三）我国绿色债券发展情况

我国绿色债券发展时间较晚。2014 年，国内企业开始发行绿色债券；2015 年，中国人民银行发布《绿色债券支持项目目录》，监管政策逐步完善，绿色债券进入快速发展时期，特别是 2020 年我国宣布碳达峰碳中和战略，进一步激发了绿色债券的市场潜力。2022 年，绿色债券标准委员会发布《中国绿色债券原则》，统一了绿色债券市场监管要求，加快与国际规则接轨。

2021 年 6 月，中国人民银行发布《银行业金融机构绿色金融评价方案》，进一步提升了金融机构的投资需求。根据 CBI《中国绿色债券投资者调查（2022）》，金融机构更加偏好可供认购且价格具有竞争力的绿色债券，这其中银行和资产管理公司表现更为突出。投资绿色债券时，投资者更多考虑信用评级、发行人情况、发行时的绿色资质及价格等因素。

2021 年，我国发行绿色债券 6040.91 亿元人民币，同比增速为 183%，发行速度明显加快，成为仅次于美国的全球第二大绿色债券发行国家（见图 5 - 4）。其中，非金融企业发行规模约为 2863 亿元人民币，接近市场发

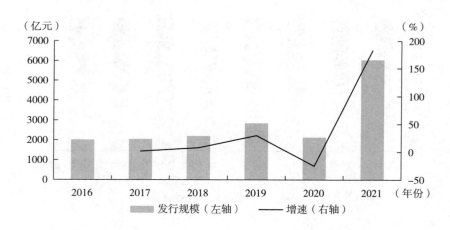

图 5 - 4　我国绿色债券发行情况

（资料来源：WIND 数据库）

行量的一半。从企业性质区分，国企发行人占非金融企业发行规模的98.7%，民营企业发行规模仅占1.3%，较2020年有所下滑。从绿色债券投向领域看，电力、交通、建筑与工程行业是绿色债券发行最多的领域，2016年发行213亿元人民币，占全部绿色债券的10.56%，2021年合计发行2966亿元人民币，占比49.10%，特别是电力行业绿色债券发行量从2016年的193亿元人民币迅猛增加至2021年的1878亿元人民币，有力地支持了清洁能源的发展。

我国绿色债券仍在加快创新，碳中和主题、生态保护、气候转型等绿色债券开始出现，为市场增添了新的活力。

二、蓝色债券发展态势

海洋占地球表面的71%，海洋生物至少有20万种，总生物量约342亿吨；蓝色经济规模高达3万亿美元，支撑了全球30亿人口的温饱。海洋是世界经济的重要组成部分，特别是一些海岛国家，对海洋的依赖非常高。海洋问题是世界可持续发展所要解决的重点领域。

为了支持蓝色经济发展，金融机构在绿色债券的基础上创新发展了蓝色债券。根据联合国全球契约组织的定义，蓝色债券是一种由政府、开发性银行等主体向投资者发行的，为具有积极的环境、经济和气候效益的海洋相关项目提供融资支持的债务工具。为了规范蓝色债券的发行和资金使用，联合国全球契约组织发布蓝色债券指导政策，要求发行人的业务发展与可持续发展目标一致，成为可持续海洋原则的签约方，与国际资本市场协会发布的绿色债券准则保持一致；此外，还要选择1~2个蓝色指标，指标可衡量、可审计，为实现可持续发展目标贡献力量。

2018年，塞舌尔发行全球首只蓝色债券。时至今日，蓝色债券发行规模仍很有限，很多国家未单独建立蓝色债券标识，缺乏系统而权威的蓝色债券统计数据。从国际发行情况看，蓝色债券发行主体主要是一些主权政府及政策性银行（见表 5 – 2）。从国内情况看，2020 年以来，非金融企业加快蓝色债券发行步伐，累计发行规模将近 100 亿元人民币，募集资金主要用于海上风电及海水淡化项目。

表 5 – 2　　　　　　　　全球部分主体发行的蓝色债券

序号	发行人	发行时间	发行规模	发行利率	资金用途
1	塞舌尔共和国	2018 年	1500 万美元	6.8%	海洋保护与可持续渔业转型
2	世界银行	2019 年	1500 万加元	1.53%	海洋塑料废物处理
3	北欧投资银行	2020 年	15 亿瑞典克朗	0.1%	水资源管理与保护
4	兴业银行	2020 年	4.5 亿美元	1.125%	海上可再生能源、可持续海洋经济、海洋环境保护、沿海地区气候变化适应等海洋相关项目
5	浙江省能源集团有限公司	2021 年	5 亿元人民币	2.95%	海上风电

资料来源：作者根据相关资料整理。

三、社会债券发展态势

（一）社会债券市场现状

2007 年，美国首次提出社会债券概念。该类债券逐步进入大众视野。根据国际资本市场协会的定义，社会债券是指将募集资金或等值金额专门用于为新增或现有合格社会责任项目提供部分/全额融资或再融资的各类型债券工具。与绿色债券关注环境问题不同，社会债券聚焦社会问题，资金使用方向包括可负担的基础生活设施、基本服务需求、可负担的住宅、创造就业机会、食品安全与可持续食物系统、社会经济发展和权利保障等，所要影响的目标人群主要是生活在贫困线以下的人群、残障人士、教育程度较低的群体、失业人群及女性群体。

根据 CBI 统计数据，2021 年全球社会债券发行量约为 2120 亿美元，同比增长 18%。自 2020 年以来，全球社会债券发行明显加快，与新冠疫情暴发等因素有很大关系，比如，2020 年，非洲开发银行发行 31 亿美元的抗击新冠疫情社会债券。2021 年，欧洲地区社会债券发行量最大，为 1010 亿美元，占比达到 48%，其中法国是欧洲各国中社会债券发行量最大的国家，为 775 亿美元，主要由政府支持机构发行。拉丁美洲社会债券发行量为 115 亿美元，增速最高，为 338%。北美发行量也有明显增长，美国居全球发行量第三位；亚太地区发行量基本保持稳定。

从发行主体看，2017 年之前，金融机构、政府支持机构及开发性银行是重要的社会债券发行主体。2018 年以来，企业开始探索发行社会债券，但是整体发行规模仍不大。2021 年，政府支持机构社会债券发行量为 1459 亿美元，占比达到 69%；主权政府社会债券发行量明显提升，增速达 392%，智利、秘鲁等国家社会债券发行量增长快速。

从社会债券发行期限看，2021 年，中短期限是主流，37% 的社会债券期限为 5~10 年，29% 的社会债券期限为 5 年以内，20% 的社会债券期限为 10~20 年，20 年以上的社会债券占比为 12%，还有部分永久债券/无期债券（见图 5-5）。

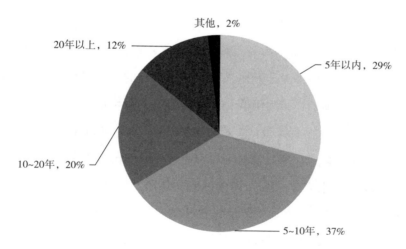

图 5-5 2021 年社会债券发行期限分布

（资料来源：作者根据相关资料整理）

（二）社会影响债券实践

社会影响债券（SIB）是社会债券的一种特殊形式，由政府、社会服务商和投资者达成协议，当社会服务商提供的社会服务实现预定目标和效果后，政府向投资者偿还债券本息。具体来看，债券发行人向慈善组织等投资者募集资金，转交给社会服务商（通常为社会型企业或者非营利机构），用以覆盖运营成本，社会服务商按照协议提供相关社会服务。债券到期时，如果社会服务效果到达预期要求，政府需要向债券发行人或者投资者偿还债券本息；如果未达到预期效果，投资者将不会获得债券本息。实际上，SIB 不是典型的债券，而是未来社会服务成效的期权。SIB 在美国也被称为成功付费债券，在澳大利亚被称为获益付费债券。

SIB 主要参与主体包括政府部门、投资者、中介机构、社会服务商、服务需求者及独立审核机构。以美国盐湖城儿童教育项目为例，该项目的主要背景是犹他州 33% 的低收入家庭儿童需要在小学时接受特别教育培训，这将拉大他们与其他儿童的成绩差距。为了解决这一社会问题，盐湖城市希望加强低收入家庭儿童学前教育。2013 年，盐湖城市发行规模为700 万美元的 SIB，投资人为高盛和慈善组织，服务提供商为瓜达卢佩学校等社会组织，目标群体为公园城学区等 3 个学区的 3500 个 3～4 岁低收入家庭儿童。项目预期目标为降低 6 年级学生需要特殊培训率或者补充教育率。项目成效方面，初期 595 名 4 岁儿童经测试后，有 110 名儿童需要特殊培训和补充教育，该项目实施后，110 名儿童中仅有 1 名儿童需要额外培训和教育，项目成效显著。SIB 交易结构如图 5-6 所示。

SIB 的优势在于节省政府开支，强化解决社会问题的效果；不足之处在于政府与投资者之间的风险—收益责任明显不对等，投资者也没有办法监督社会服务商的服务质量和努力程度。

SIB 在全球推广的速度较慢，仅在美国、英国、澳大利亚等国家有一定数量的项目落地。根据英国社会金融网统计数据，2010 年，英国率先推

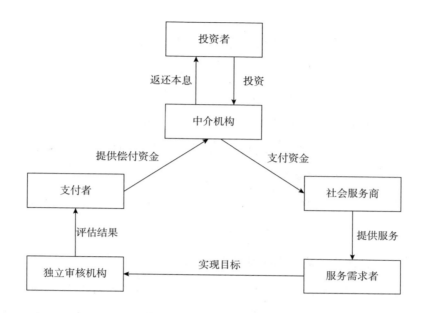

图 5 - 6 SIB 交易结构

（资料来源：作者根据相关资料整理）

出全球第一个 SIB——彼得格勒监狱预防重复犯罪项目，此后全球共发行138 只 SIB，总规模为 4.41 亿美元，有 171.19 万人获益。具体来看，英国、美国、澳大利亚、荷兰 SIB 发行数量位居前列，分别为 47 只、26 只、11 只和 10 只，涉及劳动培训和发展、住房、公共健康、儿童及家庭福利等领域。

四、可持续债券及可持续发展挂钩债券的发展态势

（一）可持续债券市场发展态势

可持续债券是将募集资金或等值金额专项用于绿色和社会责任项目融资或再融资的各类债券工具。可持续债券兼具绿色债券和社会债券的特点，也需要符合绿色债券和社会债券的核心要素，部分债券符合可持续发展目标但是不符合绿色债券和社会债券的核心要素，不能命名为可持续

债券。

2021 年，全球发行可持续债券 1929 亿美元，同比增长 19%。其中，超主权机构发行规模为 676 亿美元，世界银行贡献了 416 亿美元；欧洲地区发行规模为 459 亿美元，居全球第二位，同比增速为 74%；亚太地区发行规模为 358 亿美元，同比增速为 113%。从各国情况看，45 个国家的 277 个发行人发行了可持续债券，其中，美国发行规模最大，为 635 只计 277 亿美元；韩国排名第二位，为 116 亿美元。

从发行主体看，2021 年，超主权机构发行占比 59%；其次为非金融企业，占比为 12.9%；政府支持机构及金融机构占比均为 10%。

（二）可持续发展挂钩债券市场发展态势

可持续发展挂钩债券与绿色债券、蓝色债券及可持续债券区别之处在于，发行人需要将企业经营与可持续发展目标挂钩，选择核心绩效指标，如果达不到核心绩效指标，需要调整票面利率等债券要素。

1. 全球可持续发展挂钩债券发展现状

全球可持续发展挂钩债券发展较晚，2021 年，全球发行可持续发展挂钩债券 1217 亿美元，同比增速为 941%，其中欧洲地区可持续发展挂钩债券发行规模最大，达到 678 亿美元，占全球发行量的 55.7%，意大利、法国、德国、英国发行规模排名全球前 4 位；拉丁美洲发行规模为 168 亿美元，在全球市场的份额由 2020 年的 12.8% 上升至 13.8%，巴西、墨西哥发行规模靠前。Natura & co 集团 2021 年发行了 10 亿美元 7 年期的可持续发展挂钩债券，Natura 承诺 2030 年实现零碳排放，该债券的可持续发展挂钩绩效目标为：2026 年达到较 2019 年基准线低 13% 的温室气体排放强度；2026 年，Natura 产品包装中可回收塑料应用超过 25%；非洲可持续发展挂钩债券发行规模依然较小，占全球发行量的比例仅为 0.2%，南非发行规模最大；亚太地区方面，2021 年 5 月，首批 7 只可持续发展挂钩债券在中国银行间市场成功发行，总金额为 7 亿元人民币。

从发行主体看，2021 年，非金融企业发行规模最大，占比为88%；其次为政府支持机构，占比为7%；金融机构占比为5%（见图5－7）。

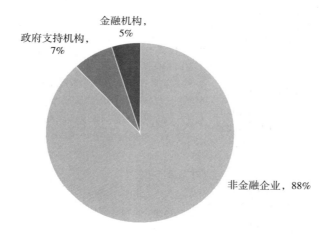

图5－7 2021 年全球可持续发展挂钩债券发行主体分布

（资料来源：作者根据相关资料整理）

从可持续发展挂钩债券涉及的行业领域看，2021 年，投向公共事业部门的可持续发展挂钩债券规模最大，占比为20%；工业领域其次，占比为16%；消费领域居第三位，占比为10%；农业、健康、金融占比分别为8%、7%和6%。

2. 我国可持续发展挂钩债券发展现状

我国可持续发展挂钩债券发展时间较晚。2021 年4 月28 日，在借鉴国际经验的基础上，银行间市场交易商协会推出首批可持续发展挂钩债券。

根据 WIND 统计数据，截至 2022 年6 月底，我国 30 家主体发行了 37 只可持续发展挂钩债券，发行规模合计 514 亿元人民币（见表5－3）。其中，34 只债券专项用于可持续发展，另有 3 只债券与碳中和、乡村振兴等目标搭配发行。以淮河能源可持续发展挂钩债券为例，2021 年6 月，淮河能源集团成功发行我国首批可持续发展挂钩债券，规模 15 亿元人民币，该债券与电厂单位供电煤耗、瓦斯抽采利用率挂钩，产生的环境效益预计节约标准煤 13 万吨、减少二氧化碳排放 29 万吨。

表 5-3   我国发行的部分可持续发展挂钩债券

债券名称	关键业绩指标	可持续发展绩效目标	挂钩条款
21 陕煤化 MTN003	1. 吨钢综合能耗； 2. 新能源装机规模； 3. 火电供电标准煤耗	吨钢综合能耗降至 430 千克标准煤/吨；新能源装机规模达到 400 兆瓦；火电供电标准煤耗降至 317 克标准煤/千瓦时	关键绩效指标在规定时限未达到预定可持续发展绩效目标，第 5 年债券利率上调 20bp
21 大唐发电 MTN001	单位火力发电平均供电煤耗	单位火力发电平均供电煤耗降至 296.8 克标准煤/千瓦时	关键绩效指标在规定时限未达到预定可持续发展绩效目标，第 2 个付息日全部赎回债券
21 柳钢集团 MTN001	氮氧化物排放量	单位产品氮氧化物排放量降至 0.935 千克/吨	关键绩效指标在规定时限未达到预定可持续发展绩效目标，则本债券再延期 1 年，票面利率提升 50bp
21 红狮 MTN002	单位水泥生产能耗	单位水泥生产能耗降至 77 千克标准煤/吨	关键绩效指标在规定时限未达到预定可持续发展绩效目标，第 3 个计息年度的票面利率调升 20bp

资料来源：WIND 数据库。

从行业分布看，九成发行主体为国有企业，涵盖电力、热力生产与供应、制造业、采矿业等 7 个行业，碳排放较高的行业发行可持续发展挂钩债券的意愿较强（见图 5-8）。具体而言，电力、热力生产与供应行业企业发行数量最多，共计 14 只；同时发行规模也是该行业最大，合计 229 亿元，占总规模的比重为 45%。

从债券结构调整方案看，31 只债券设置了利率上调条款，即若在规定期限内未完成预设目标，债券利率将上浮，预设的利率上调幅度从 10bp 至 50bp 不等，其中上浮幅度设置为 10bp 的占比最高，达 44%；其他结构调

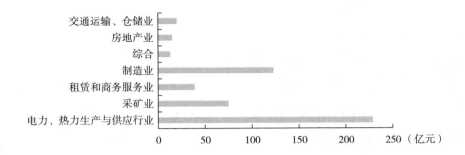

图 5 - 8 我国各行业发行可持续发展挂钩债券

（资料来源：WIND 数据库）

整方案包括利率下调、提前赎回和延长期限。

从可持续发展目标类型看，指标设定集中在与能源、气候变化相关的可持续发展目标领域，包括确保人人获得负担得起的、可靠和可持续的现代能源；建造具备抵御灾害能力的基础设施，促进具有包容性的可持续工业化，推动创新；采用可持续的消费和生产模式；采取紧急行动应对气候变化及其影响等。

五、ESG 股票投资工具发展态势

可持续金融工具创新主要集中在债券市场，股票市场创新较少，绿色股票认证及 ESG 权益指数值得关注。

（一）绿色股票发展现状

股票市场没有类似绿色债券的认证和标识机制，金融机构需要对每只股票进行 ESG 分析和评价，再确定投资策略，绿色股票解决了这一难题。

"绿色股票"概念最早由瑞典银行和挪威的研究机构"国际气候研究中心"（CICERO）合作开发。CICERO 一方面评估企业总收入中来自绿色活动的比例，企业投资中投向绿色产业的比例，将企业财务与环境联系起来；另一方面评估企业环境治理水平，诸如是否制定了减排目标或者披露气候信息，评估结果分为优秀、良好和一般。最终，CICERO 根据评估结果给予企业"绿色等级",按照由优到劣的顺序,依次为深绿、中绿、浅绿、黄和红。

2020 年,全球首只"绿色股票"在瑞典亮相,这标志着可持续投资权益工具加快推进。2020 年 5 月,瑞典房地产公司 K2A 发布一份绿色股权框架,由瑞典银行担任结构顾问,CICERO 提供第三方独立评估,成为全球第一家获"绿股"评估的公司。2021 年 6 月,纳斯达克在欧洲推出"绿股"标签;同月,获 CICERO"评绿"的过滤技术供应商 NX Filtration 在阿姆斯特丹泛欧交易所上市。2022 年 2 月,德国电商企业 Rebelle 在纳斯达克北欧交易所上市,成为纳斯达克首笔绿股 IPO。

全球获得绿色股票标签的股票相对较少,但已得到各国政府重视。未来各国将加快推广绿色股票认证机制,为企业低碳绿色转型提供更多权益工具选择。

(二)ESG 指数发展现状

股票指数能够提供股票价格动向,也是非常好的投资标的。全球被动管理指数配置比例持续升高。根据波士顿咨询(BCG)统计数据,2021 年全球被动指数资产管理规模占比为 23%,未来仍有较大成长空间。ESG 股票指数以母指数为基础,对成分股进行 ESG 评价,剔除一定低评分成分股或者选择一定高评分成分股后,重新赋予权重编制。ESG 股票指数使用较普遍,指数行业协会发布的 2022 *ESG Survey Report* 显示,99% 的受访机构使用 ESG 指数,41% 的受访机构使用 ESG 指数作为投资基准,31% 的受访机构用于制定投资策略。

ESG 股票指数能够成为主动管理 ESG 投资的参照基准,提供明确的投资标的,便利金融机构参与 ESG 投资和完善资金配置。指数行业协会发布的 2022 *ESG Survey Report* 数据显示,39% 的受访资产管理机构认为 ESG 指数能够指导快速地投资 ESG 表现良好的上市公司和产业领域;33% 的受访机构认为能够更快速地对 ESG 重点事项进行反应。

ESG 股票指数主要分为综合性指数和主题指数。综合类 ESG 指数多以宽基指数为基础编制，代表性指数为深证成指 ESG 基准指数、创业板指 ESG 基准指数、恒生 ESG 指数、泛欧斯托克 600ESG 指数等。主题类 ESG 指数主要围绕环境、社会及治理等一个或者两个主题编制。2022 年第三季度末，我国围绕气候转型、绿色发展等主题发布了 89 条股票指数，例如气候转型指数、上证公司治理指数等。

为了满足金融机构 ESG 股票指数编制需求，MSCI、Blooberg、ISS、Sustainalytics 等金融服务机构提供指数编制服务，不定期对外发布编制的各类 ESG 指数，也根据金融机构需求定制 ESG 指数（见表 5 - 4）。

表 5 - 4　　　　　　　　金融服务机构编制的部分 ESG 股票指数

母指数	ESG 指数
MSCI World Index	MSCI World ESG Leaders Index
FTSE Developed Index	FTSE Developed ESG Low Carbon Emission Select Index
S&P Global LargeMidCap Index	S&P Global LargeMidCap ESG Index
FTSE Emerging Index	FTSE Emerging ESG Low Carbon Emission Select Index
MSCI Japan Index	MSCI Japan ESG Leaders Index

资料来源：根据互联网信息综合整理。

第二节　解析 ESG 投资方法

ESG 投资方法分类没有统一标准，目前主要采用 GSIA 分类方式，划分为负面筛选、同类最佳、ESG 整合、主题投资、影响力投资和股东积极主义六类。从历史演进看，ESG 投资方法经历了由简单到复杂的过程，持续增强投资的社会影响。

一、ESG 投资方法分析

（一）筛选法

筛选法是按照一定条件选择或者排除投资标的的方法。筛选法主要包括负面筛选法和正面筛选法，同类最佳属于正面筛选法的一种。筛选法是世界上出现最早的 ESG 投资方法，简单易行。

1. 负面筛选法

负面筛选法也叫排除法，主要依据一定标准或原则剔除投资标的，被排除股票一般被称为罪恶的股票。负面筛选参考的标准主要包括三个方面，第一，与社会道德价值观不符的行业企业，包括制造武器、制造烟酒等，早期与宗教信仰有关，后续很多排除标准与环境保护等社会关切相关。第二，国际公约和准则，诸如联合国全球契约等，如果企业违反了上述公约或者准则，将被排除投资组合。第三，根据 ESG 评分，剔除低 ESG评分发行人，规避可持续风险。部分国家或地区负面筛选标准如表 5 - 5所示。

表 5 - 5   部分国家或地区负面筛选标准

国家或地区	澳大利亚	欧洲	美国
负面因素	环境、武器、烟草、劳动关系、赌博	武器、军火、烟草、人权、公司治理	烟草、酒精、赌博、武器

资料来源：根据互联网信息综合整理。

2. 同类最佳法

同类最佳法对企业 ESG 评分排序，选择评分最好的部分作为可投资企业。按照排序范围，既可以在同行业内排序，也可以是所有企业一同排序。这种方法有利于选择 ESG 表现较好的企业，降低投资风险。

筛选法实施的难点在于难以有效把控评判标准。对负面筛选而言，按照什么指标、什么基准水平排除发行人，比如企业烟草制造销售收入占比多高才符合排除标准；对同类最佳法而言，选取 ESG 评分排名前 10% 还是前 20% 的企业纳入投资范围？除此之外，人们最大的担忧是筛选法无法实现有效的组合管理，成本过高，并将牺牲投资收益。这种情况下，金融机构面临两难选择，作为受托人，应为客户创造最大收益，但是如果满足客户道德价值标准，又会降低投资收益。

筛选法对投资收益和风险有什么实际影响呢？实证研究没有得出一致的结论。Tim Verheyden 等（2016）建立全球股票指数、发达国家股票指数及发展中国家股票指数，利用同类最佳法、负面筛选法构建 ESG 投资组合。实证结果表明，筛选法不仅没有影响投资收益，而且每年提升投资收益 0.16%；筛选法降低了投资组合的尾部风险。David Blitz 和 Laurens Swinkels（2021）研究认为，筛选法导致投资组合多元化不足，降低了投资组合收益。Sander van der Miesen（2021）通过负面筛选和正面筛选建立投资组合，认为筛选法对欧洲零售客户的投资组合风险调整收益没有影响，对组合分散性影响也较小，而且有利于降低投资组合的波动性。

（二）ESG 整合法

1. ESG 整合法内涵

ESG 整合法将 ESG 信息作为企业投资风险和机遇的关键信息纳入投资流程。ESG 整合法不改变原有投资流程，而是在此基础上充分考虑 ESG 对投资的影响。ESG 整合法既不简单排除投资标的，也不简单作出投资决策，而是结合非财务信息，综合评判投资标的的风险和收益，强化投资管理。

ESG 整合法要求深入研究企业，需要配备专业的人才、完善的基础数据及 IT 系统。推进 ESG 整合法应用，金融机构加大在人员、数据等基础资源的投入。根据 *Responsible Investment Survey* 2022 的调研数据，ESG 专业人员少于 1% 的金融机构占比从 2020 年的 50% 下降至 2022 年的 28%，ESG 专业人员多于 10% 的金融机构占比从 2020 年的 13% 上升至 2022 年的 29%，这表明金融机构 ESG 专业人员数量正在快速上升，以满足 ESG 投资发展的需要。

2. ESG 整合法的流程

ESG 整合流程主要包括定性分析、定量分析、投资决策及股东积极主义四大环节。

（1）定性分析

定性分析主要是结合 ESG 信息与其他财务信息，研究企业面临的投资机遇与风险。一般而言，此阶段会结合负面筛选，剔除不符合投资标准的发行人。

（2）定量分析

定量分析是将 ESG 纳入估值模型，为股票或者债券定价，判定是否具有投资价值。

（3）投资决策

金融机构根据现有组合投资情况，以及潜在投资标的价值，确定是否进行投资，或者是否出售已经包含在投资组合的资产。

（4）股东积极主义

金融机构实施股东积极主义策略，参与被投资企业的公司治理和 ESG 重大事项决策，降低企业面临的可持续风险。

3. ESG 整合法的四种模式

ESG 整合法主要包括基本面投资法、量化投资法、Smartbeta 法及被动投资法。

（1）基本面投资法

传统基本面分析主要基于宏观经济、市场及行业政策的研判，预估企业未来销售、经营现金流等财务表现，通过折现的方式，评估企业内在价值，并与企业市场价格比较，判断真实价值是大于市场价格还是低于市场价格。考虑 ESG 因素后，需要在企业价值估算中适当调整相关参数，例如企业员工受伤比率较高，需要增大运营支出。

（2）量化投资法

传统量化投资法通过统计分析建立数据指标与股价之间的关系，回测检验投资方法的可行性。通常认为 ESG 只适合基本面投资方法，但是近年来，金融机构已确认 ESG 因子的重要作用，将其与动量、增长、价值等指标一起形成量化投资方法，提高投资胜率。从实际操作看，多空策略与 ESG 投资结合最紧密，ESG 在其他量化投资策略中的应用比例较低（见图 5 - 9）。

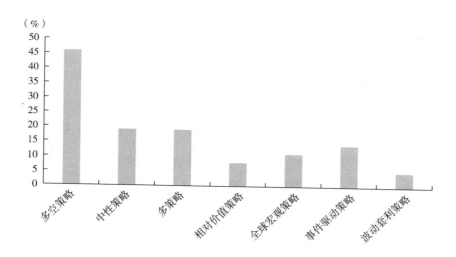

图 5 - 9 对冲基金使用 ESG 投资策略情况

（资料来源：作者根据相关资料整理）

（3）Smartbeta 法

Smartbeta 法结合主动投资和被动投资的特点，增大对某一因子的暴露提高投资收益，降低投资风险。结合 ESG 因素，Smartbeta 投资可以根据 ESG 因子重新组建投资组合，达到降低风险和提升投资收益的目的。

（4）被动投资法

金融机构从母指数中剔除 ESG 评分较低的企业，进一步优化投资组合，降低下行风险和跟踪误差。

（三）主题投资法

主题投资法聚焦 ESG 的某一个方法或者多个方面，如投资新能源领域，助力优化能源结构，降低温室气体排放，减缓气候变化的影响。主题投资法需要对细分行业有更深入的研究，可以结合筛选法选择投资标的。2021 年 7 月，西部利得基金公司发行碳中和混合发起式证券投资基金，该基金投资碳中和主题相关证券占非现金基金资产的比例不低于 80%，投资围绕受益实现碳中和目标的技术和行业，包括电力、交通、工业、新材料、建筑、负碳排放技术、信息数字技术等领域。

（四）影响力投资法

影响力投资是机构或者企业除了获取财务收益，还贡献可衡量的积极社会或者环境影响的投资。GIIN 认为影响力投资的核心特征在于目的性、追求财务回报、覆盖多种资产和影响力可衡量；G8 社会影响力投资工作组认为影响力投资的特征是其在产生投资收益的同时明确追求设定的影响力目标和可衡量的成果；国际金融公司（IFC）将影响力投资的特征定义为目的性、贡献性和可衡量性。

目的性是影响力投资区别其他投资的重要特征，投资者在追求财务回报的同时，还追求积极的社会影响和环境影响。一般而言，投资者只有确定了要达到的社会影响目标，才能决定所要投资的领域和资产。投资者既可以直接投资实现设定的影响力目标，也可以通过所投资企业间接达到此目标。

贡献性在于影响力投资能够改进社会和环境状态，通过资金或者技术等输入，借助一定机制，实现预期的影响力目标。实践中，金融投资与影响力之间的因果关系并不容易确定，但这正是其区别于传统投资的重要之处。

可衡量性在于金融机构能够证明其投资目的和贡献的真实性。一方面，可衡量性帮助投资者更好地进行影响力投资决策；另一方面，披露具体的影响力数据，让投资者了解投资影响力的作用，吸引更多社会资金参与投资。衡量影响力投资的方法包括评级法、货币化衡量等。

（五）股东积极主义法

1. 股东积极主义内涵

股东积极主义也称为积极所有权，是指投资者积极参与被投资企业公司治理，沟通发展战略、环境和社会等方面的信息。过去，投资者投资企业后，很少参与企业治理，多作为资产所有者存在。股东积极主义兴起主要有以下原因，一是监管部门鼓励投资者参与企业治理，英国、日本等国家相继发布尽责管理要求，UN PRI 鼓励投资者积极参与企业治理。二是作为重要的受托责任，金融机构有义务监测和影响被投资企业，为投资者获取更高收益。三是实践表明，股东积极主义可以有效防范企业经营发展下行风险，降低投资组合风险。

股东积极主义改变了被动用脚投票的方式，积极与企业进行沟通，影响企业改进 ESG 状况。股东积极主义包括参与和投票两种方式。参与是与企业沟通，积极影响企业行为或者信息披露方式，促进企业可持续发展。投票是投资者参与股东会提案表决，特别是与 ESG 有关的提案，维护投资者利益。从近年投票情况看，个人投资者投票比例略有下降，机构投资者投票比较积极，投票率保持在 83% 以上（见图 5 - 10）。

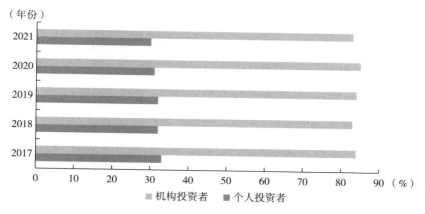

图 5 - 10　不同投资者参与投票情况

（资料来源：Broadridge 官网）

2. 股东积极主义的方法

（1）参与的方法

按照是否共同参与，可以分为单独参与和联合参与。单独参与可能因持股比例较小而无法影响企业，但是能够聚焦投资者的诉求。联合参与能够集合更大持股比例，提高影响力和话语权，此时更可能聚焦所有投资者关心的问题，诸如信息披露、员工工作环境等方面，无法照顾单个投资者的诉求。

按照参与的具体渠道，可以划分为写信、邮件、见面沟通、发起诉讼、向监管部门投诉、在股东会上提问等。

按照不同的管理方式，可以划分为主动管理业务中的参与和被动管理业务中的参与。参与多发生在主动管理业务中；被动管理业务的股东参与存在一定困难，主要是投资标的较多，涉及"搭便车"问题。鉴于参与的良好效果，金融机构应探索在被动管理业务中开展参与活动。

（2）投票的方法

投票的方法主要包括参与投票、提交股东会提案等。

按照是否亲自参与投票，可以分为亲自投票和代理投票。金融机构管理的股票数量较多，难以详细研究每个企业的所有股东会提案，可以委托代理机构，由其提供投票意见并按照金融机构意愿参与投票。统计数据显示，完全不依靠第三方代理机构进行投票的金融机构相对较少，有16%的金融机构完全依赖第三方代理机构投票。

3. 股东积极主义的流程

参与的主要流程为设定目标，追踪结果，制定升级策略，将参与获得的信息纳入投资决策中。

股东投票主要流程涉及制定投票政策、研究、投票及在年度股东大会前后与被投资公司沟通。

不论是参与还是投票，如果要获得积极效果，需在有力、合法及紧急三方面作好准备。有力是指行使股东权利，以投票反对高管续任或者撤资作为威胁，提高企业重视程度。合法是指由具有专业能力和经验的人与企业沟通，从企业利益角度提建议。紧急是指限定时间期限，形成具有明确主观或客观的评判条件，评价参与或投票效果。

从2021年全球TOP10资产管理机构投票率看，Amundi、Legal & General IM等机构总体投票率较高，而Franklin Templetion、Vanguard等机构投票率较低（见表5-6）。

表5-6　　　　　2021年全球TOP10资产管理机构投票率

名称	国家	资产管理规模（万亿美元）	总体投票率（%）	气候议案投票率（%）	社会议案投票率（%）
BlackRock	美国	8.67	40	53	34
Vanguard	美国	7.25	26	38	20
Fidelity	美国	3.78	29	23	33
State Street	美国	3.47	32	42	27
Capital Group	美国	2.38	28	26	31
JP Morgan AM	美国	2.38	37	50	31
Amundi	法国	2.11	93	97	90
GSAM	美国	1.95	47	57	40
Legal&General IM	英国	1.75	77	87	73
Franklin Templetion	美国	1.50	25	25	27

资料来源：根据互联网信息综合整理。

（六）ESG投资方法比较分析

6种ESG投资方法各有特点，从适用情景看，只有股东积极主义是在投资后使用，其他方法都在投资前使用，作为投资决策的重要依据。从实际影响看，负面筛选和同类最佳法对被投资主体的影响很小，主题投资和ESG整合主要依据被投资所面临ESG的机遇和风险投资决策，影响力投资和股东积极主义能够改变和影响被投资企业（见表5-7）。

表 5 - 7 　　　　　　　　　　ESG 投资方法比较

方法	负面筛选	最佳类别	主题投资	ESG 整合	影响力投资	股东积极主义
适用情景	投资前	投资前	投资前	投资全过程	投资前	投资后
目标	剔除某些企业	囊括 ESG 表现最好的企业	聚焦环境、社会、治理某一个因素	将 ESG 因素纳入整个投资流程	除了实现一定财务目标，还将实现特定社会目标	改善企业治理、环境及社会等方面的表现
社会影响	弱	弱	中	中	强	强

资料来源：作者根据相关资料整理。

各种 ESG 投资方法并不完全独立，可以相互配合使用。筛选方法可用于潜在投资企业的遴选，与其他投资方法具有较高的相容性；股东积极主义用于投资后的组合管理。金融机构可以根据各种 ESG 投资方法的特点，组合使用多种 ESG 投资方法，强化投资效果。

二、各国 ESG 投资方法应用分析

(一) 全球 ESG 投资方法应用现状

根据 GSIA 统计数据[①]，截至 2020 年末，ESG 整合投资规模为 25.2 万亿美元，占比为 43%，使用规模最大；其次为负面筛选投资，规模为 15.03 万亿美元，占比为 26%；股东积极主义投资规模为 10.5 万亿美元，占比为 18%，居第三位；原则筛选投资规模为 4.14 万亿美元，占比为 7%；主题投资的投资规模为 1.95 万亿美元，占比为 3%；正面筛选投资规模为 1.38 万亿美元，占比为 2%；影响力投资的投资规模为 3520 亿美元，占比为 1%（见图 5 - 11）。总体来看，各类 ESG 投资方法应用情况差别较大，一些较简单的正面筛选和原则筛选，以及具有较强社会效应的影响力投资应用较低。

---

① GSIA 主要统计了欧盟、美国、加拿大、日本和澳大利亚的 ESG 投资数据。

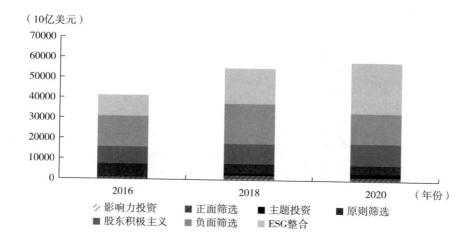

图 5 - 11 全球 ESG 投资方法应用

（资料来源：作者根据相关资料整理）

从各类 ESG 投资方法的纵向演变看，首先主题投资的规模增速最快，2016 年至 2020 年的年均复合增速为 63%，主要原因是基数较低；其次为 ESG 整合投资，年均复合增速为 25%，主要推动力来自全球加快应用 ESG 整合法；最后是正面筛选，年均复合增速为 14%。

金融机构不局限于单一方法应用，根据实际情况，选择使用多种方法。根据中国证券投资基金业协会调研数据，被调研机构中，48% 的机构使用一种可持续投资策略，52% 的金融机构使用两种以上投资方法，这其中 5% 的金融机构使用 4 种 ESG 投资方法（见图 5 - 12）。

未来 5 年，金融机构如何规划 ESG 投资方法呢？华夏理财《2021 年度中国资管行业 ESG 投资发展研究报告》调研数据显示，我国金融机构更看好正面筛选、ESG 整合和主题投资，占比分别为 25%、19% 和 18%，而负面筛选、股东参与和规则筛选排名相对靠后，影响力投资等其他策略采用的比例仍较少，占比为 3%。总体来看，与世界潮流相近，ESG 整合法受到越来越多的关注和应用，负面筛选法现阶段应用水平已较高，未来应用有明显的下降趋势（见图 5 - 13）。

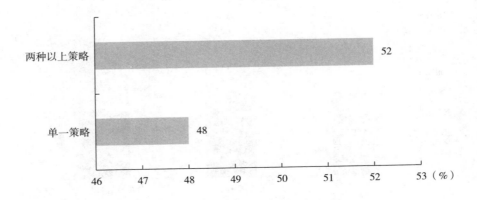

图 5-12 金融机构使用 ESG 投资方法数量

(资料来源：作者根据相关资料整理)

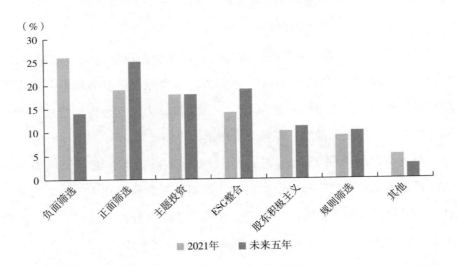

图 5-13 我国金融机构未来 ESG 投资方法应用趋势

(资料来源：作者根据相关资料整理)

(二) 主要国家和地区 ESG 投资方法应用现状

受投资者偏好、监管政策等因素影响，不同国家和地区在应用 ESG 投资方法时存在较大差别。比较来看，欧洲使用较多的方法是负面筛选、股东积极主义及 ESG 整合，占比分别为 42%、21.5% 和 18.8%，影响力投资和主题投资使用非常少。美国金融机构使用较多的方法是 ESG 整合和负面筛选，占比分别为 66.9% 和 14.2%，而原则筛选和影响力投资占比非常低。加拿大与美国类似，ESG 投资方法应用更加分散，ESG 整合、股东积极主义及负面筛选应用相对较多，占比分别为 36.8%、32.7% 和 16.6%，而主题投资、影响力投资和正面筛选应用相对较少。澳大利亚最常使用的 ESG 投资方法是 ESG 整合，占比高达 87.6%，筛选法、股东积极主义及主题投资应用较少。日本与加拿大相似，ESG 整合、股东积极主义及负面筛选应用较多，占比分别为 35.4%、32.4% 和 23.4%，而影响力投资和主题投资应用较少。比较来看，ESG 整合和负面筛选在各国家和地区广泛应用，股东积极主义在欧洲、加拿大、日本应用较广泛，而澳大利亚更加青睐主题投资（见图 5–14）。

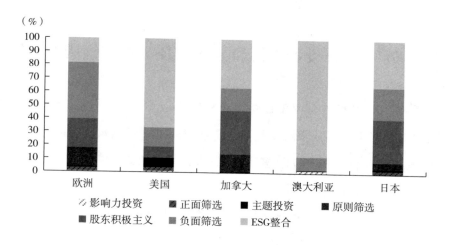

图 5–14　主要国家和地区 ESG 投资方法应用

（资料来源：作者根据相关资料整理）

从 BCG 统计数据看，我国负面筛选、ESG 整合及正面筛选方法应用更为广泛，合计占比达到 86%（见图 5–15）。与发达国家相比，ESG 整合、股东积极主义应用比例偏低，可能与我国 ESG 投资所处发展阶段及监管要求等因素有很大关系，未来需要加强 ESG 整合、股东积极主义及影响力投资应用，提升 ESG 投资社会效应。

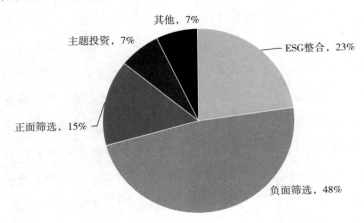

图 5 – 15 我国 ESG 投资方法应用

（资料来源：作者根据相关资料整理）

第三节　ESG 投资工具和方法在各类资产领域的应用

　　ESG 工具和方法逐步在各类资产投资中应用，主要流程分为事前阶段、事中阶段和事后阶段三个环节。事前阶段主要筛选投资标的，分析投资标的的 ESG 机遇和风险，进行尽职调查，制定社会影响目标；事中阶段主要评估资产估值，制订交易方案，公司层面审批方案；事后阶段主要是构建投资组合，对被投资企业参与和投票，持续跟踪被投资企业 ESG 表现，定期发布投资组合 ESG 信息和社会影响力报告（见表 5 – 8）。

表 5 – 8　　　　ESG 工具和方法在各类资产投资中的应用流程

事前	事中	事后
1. 筛选 2. ESG 分析 3. 尽职调查 4. 股东积极主义方案 5. 社会影响目标	1. 估值 2. 投资决策	1. 投资组合构建 2. 压力测试 3. 归因分析 4. 参与和投票 5. ESG 评级跟踪 6. 信息披露

　　资料来源：作者根据相关资料整理。

　　各投资领域的 ESG 实践有所不同，从全球看，股票和债券是应用 ESG 方法占比最高的资产类别，二者是公开交易资产，信息披露相对充分，更容易应用 ESG 投资方法（见图 5 - 16）。近年来，投资者配置另类资产的需求明显升高，ESG 投资在另类资产领域的应用逐步深化，以大宗商品为例，2022 年较上年提高了 17 个百分点。

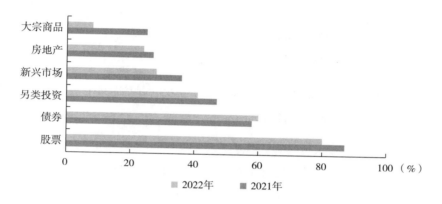

图 5 - 16　不同资产应用 ESG 投资方法

（资料来源：作者根据相关资料整理）

一、ESG 投资在股票领域的应用

　　股票投资是最早践行 ESG 理念的领域，全球证券交易所持续推进信息披露，ESG 股票投资面临的环境更加友好。Investment Metrics 统计数据显示，全球 ESG 股票投资基金 2020 年净流入 250 亿美元，2021 年净流入 350 亿美元，其中欧洲设立的 ESG 股票基金最多，占比超过 60%；2019 年至 2021 年，ESG 股票投资基金规模增长 98%，大量资金流入此领域。

　　当前，ESG 股票基金以主动管理基金为主，ESG 股票指数基金增长迅速。Parnassus Core Equity Fund 是全球最大的 ESG 股票型基金（见表5 - 9）。

表 5 – 9   全球重点 ESG 股票型基金情况

基金名称	成立时间	所在国家	管理方式
Parnassus Core Equity Fund	1992 年	美国	主动管理基金
iShares ESG Aware MSCI USA ETF	2016 年	美国	指数基金
Vanguard FTSE Social Index Fund	2000 年	美国	指数基金
Steward Investors Asia Pacific Leaders Sustainability Fund	2003 年	英国	主动管理基金
Vontobel Fund – mtx sustainable Emerging Markets Leaders	2011 年	卢森堡	主动管理基金

资料来源：根据互联网信息综合整理。

（一）筛选法在股票投资领域的应用

筛选策略简单易行，特别适用指数基金或者伦理基金等有特定投资偏好和规范的基金产品。根据 ETF database 统计数据，美国 83% 的 ESG 股票型指数基金排除武器制造企业和烟草企业，58% 的 ESG 股票型指数基金排除核能源类企业，54% 的基金排除化石能源企业，29% 的基金排除煤炭企业。

1. 筛选法在标普 500 ESG 领导者指数中的应用

标普 500 ESG 领导者指数是应用负面筛选和同类最佳法的 ESG 指数，以标普 500 成分股为基础，排除具有争议性及负面社会或环境影响的商业活动，实现 ESG 评分表现高于平均水平。

负面筛选方面，该指数依据 Sustainalytics 筛选标准，利用商业活动、联合国全球契约及媒体报道等信息渠道，排除从事化石燃料、核能、烟草、有争议的武器、小型武器、酒精及赌博等商业活动的企业（见表 5 – 10）。负面筛选采用商业介入及所有权两类指标评价和衡量。

表 5 – 10   排除商业活动及标准

商业活动	介入标准	介入临界值	所有权临界值
争议性武器	—	≥0%	≥25%
煤炭	收入	≥5%	—
烟草商品	收入	企业制造烟草商品的，≥0%；提供烟草相关产品服务的，≥5%	企业生产烟草商品的，≥25%；其他情形，无要求

商业活动	介入标准	介入临界值	所有权临界值
小型武器	收入	生产和销售攻击性武器的，≥0%；销售非攻击性武器的，≥5%	生产和销售攻击性武器的，≥25%
军事承包合约	收入	生产军事武器或者提供相关服务的，≥10%	—

资料来源：作者根据相关资料整理。

同类最佳法方面，每个全球行业分类系统（GICS）行业组的公司按照标普道琼斯 ESG 评分从高到低排序，直至达到标普 500 指数行业组别的 40% 自由流通市值；选择每个 GICS 行业组排名在 40% 和 60% 之间的公司，尽可能接近组别自由流通市值的 50% 目标。如果被选择的公司自由流通市值总和未达到总体自由流通市值的 50%，则从 ESG 评分的降序开始添加到组别中尚未符合资格要求的公司，使该行业组尽可能接近自由流通市值 50% 的目标。指数成分股以自由流通市值加权，单个公司的最高权重为 5%，每年重新调整权重，自当年 4 月最后一个工作日结束后生效。

截至 2022 年 8 月末，标普 500 ESG 领导者指数成分股 211 个，平均总市值为 973.01 亿美元，信息技术、健康、金融及必选消费四个行业市值占比最高，分别为 31.4%、12.7%、11.2% 和 10.4%。

2. 筛选法在博时中证可持续发展 100 ETF 中的应用

博时中证可持续发展 100 ETF 基于可持续发展评估模型，从沪深 300 指数样本中选取可持续发展评分最高的 100 家上市公司，反映符合可持续发展投资理念的 A 股上市公司整体表现。截至 2022 年 6 月末，博时中证可持续发展 100 ETF 总额为 1.24 亿份，其中权益类资产投资规模占比为 98.46%，银行存款及其他占比为 1.54%，持有的前 10 大上市公司分别为贵州茅台、宁德时代、招商银行、中国平安、隆基绿能、五粮液、比亚迪、美的集团、兴业银行及长江电力。

（二）ESG 整合法在股票投资领域的应用

1. ESG 整合法应用要点

ESG 整合法在股票投资领域深入应用，金融机构首先研究 ESG 各类因素，确认实质性因素；其次研究实质性因素对上市公司的影响；最后进行股票估值的调整及投资决策。ESG 整合法应用主要分为两个方面，其一为基本面分析，其二为量化投资分析。

基本面分析一般使用自由现金流折现方式，估算营业收入、成本、资本支出等财务科目，推导企业未来的自由现金流，对其进行折现，获得企业的公允价值。ESG 因素深入影响息税前利润、折旧摊销及资本支出等财务科目，如果不考虑 ESG 因素，将降低企业公允价值预测准确性（见表5－11）。各企业面临的实质性 ESG 因素不同，需要根据行业和企业特点，提取实质性因素，分析其对企业经营模式和财务状况的影响。以汽车企业为例，全球应对气候变化过程中，传统汽油汽车技术需要升级改造，未来清洁能源汽车市场需求更大，汽车企业需要增加此方面的研发投资。新能源汽车打入市场后，有利于提升汽车企业的市场竞争力和营业收入。在预测汽车企业财务表现时，短期因新能源汽车和减排技术研发增加资本支出，中长期会因环保型汽车车型而提高收益水平，调整汽车企业的整体财务预测。此外，还需要关注 ESG 因素对企业系统性风险和非系统性风险的影响，这会直接影响折现因子水平。总体来看，不同金融机构将 ESG 融入基本面分析的方法略有不同，部分金融机构严格遵循传统现金流分析方法，根据 ESG 因素调整各个会计科目的预测；也有金融机构调整折现因子或者公允价值，反映企业面临的 ESG 风险和机遇。

表 5-11　　　　　　　　　环境因素对自由现金流影响的路径

项目	影响路径
息税前利润	环保项目可能会导致收入增长。例如，Zegna 基金会通过熊猫走廊项目保护大熊猫栖息地的自然环境，打造良好的品牌商誉，有利于创造收入和增加息税前利润。环境法规对于产品的要求可能会导致产品成本上涨。例如，餐饮行业使用纸质吸管和聚乳酸吸管代替传统的塑料吸管，经营成本上涨，抵减息税前利润
税款、折旧和摊销	专用设备的购置可能导致税款减少和折旧增加。环境保护专用设备、节能节水专用设备投资额的 10% 可以抵免应纳税额，上述设备安装完毕后下月开始对其计提折旧
营运资本变动	供应链的强制推动可能导致营运资本的上调。例如，部分企业对合作企业提出碳排放达标要求，可能会拒绝为不达标的企业提供原材料，因此合作企业会调整营运策略
资本支出	"先污染，后整治"的发展模式可能导致资本支出增加。例如，化工行业建造核电站反应堆，使用期满后应当拆除，完工当期借记固定资产并贷记预计负债，资本支出增加

资料来源：作者根据相关资料整理。

　　量化投资是基本面策略之外的又一重要投资策略，现有研究认为 ESG 因子对投资收益贡献具有重要作用，金融机构在开展量化投资时需要融入 ESG 因子。以动量交易策略为例，该策略基于投资者对某一股票变动方向的一致预期，聚焦未来一段时间持续向某一方向变动的动量。Radovan Vojtko 等（2021）使用 2009 年 3 月至 2019 年 10 月每个月近 30000 个上市公司测试了 ESG 因子动量策略，首先分析过去 12 个月每个上市公司的 ESG 评分变动情况，买入 10% 的 ESG 动量最强的上市公司，卖空 10% 的 ESG 动量最低的股票，按照股票市值赋予权重，每个月对 1/3 的组合资产再平衡，3 个月完成平衡。研究结果表明，该 ESG 动量策略有效，能够获得超额收益。

　　2. 霸菱（Barring）ESG 整合法应用实践

　　ESG 分析方面，ESG 评估是基本面分析的重要组成部分，有利于发现潜在的 ESG 机遇和风险。遵循联合国全球契约及 UN PRI 原则，霸菱建立包含商业模式可持续性、公司治理质量及环境和社会等隐藏风险三大因素在内的 ESG 评估模型。每个因素细分为三个子类，每个子类对应若干具体指标（见表5-12）。霸菱除了自主收集企业相关信息，还使用第三方机构提供的 ESG 信息，以及与企业管理层访谈获得的信息，确保 ESG 评估高效和准确。

表 5-12   **霸菱 ESG 评估标准体系**

类别	子类别	具体指标
商业模式可持续性	员工满意度	员工流动、罢工、工会组织、公平工资
	资源密度	水资源使用、温室气体排放、能源使用
	供应链安全性	关键投入的可追溯性、保护业务免受外部威胁
公司治理	管理有效性	董事会规模、董事会主席和 CEO 职位分离、董事会的独立性、董事会多元化
	审计可信性	审计委员会的独立性、审计人员的诚信度
	管理透明性	财务报告、税务信息披露、合适的薪酬结构、员工多元化
环境、社会等隐藏风险	环境足迹	温室气体排放、二氧化碳密度、环境处罚、空气质量、水等资源利用效率
	产品服务社会影响	产品安全性、社会参与
	商业道德	人权、反竞争行为、腐败或行贿

资料来源：作者根据相关资料整理。

投资评估方面，ESG 评估将影响企业风险溢价和权益成本。权益成本是权益投资者要求的最低回报，与市场环境和货币环境有很大关系，不同企业对应的权益成本有差异。一般而言，ESG 评价越高，权益成本会越低，反之亦然（见图5-17）。霸菱根据 ESG 评分情况，调整权益成本的区间为 $-1\% \sim 2\%$。

投资决策方面，投资前，投资经理仔细考虑潜在投资股票的价值、成长和质量，这些指标均反映了 ESG 风险和机遇（见图5-18）。投资后，投资经理继续跟踪投资标的，确保其投资风险和收益相较其他股票仍有吸引力。

图 5 – 17　ESG 对权益成本的影响

（资料来源：作者根据相关资料整理）

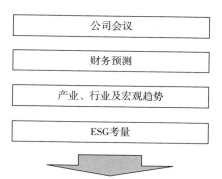

成长	质量	估值
1.过去3年净收益增长 2.未来12个月净收益增长 3.未来5年净收益增长	1.比较优势、效率、稳定性 2.能力、承诺及与股东利益一致性 3.现金流、运营资本、资本结构分析和资本支出	1.使用权益成本对收益进行5年折现，确定目标价格和价格上限 2.未来12个月P/E倍数 3.P/B与ROE比较及P/B与资本成本比较

图 5 – 18　霸菱股票估值分析框架

（资料来源：作者根据相关资料整理）

3. 摩根大通 ESG 整合法应用实践

（1）组织架构

摩根大通 2021 年成立可持续投资监督委员会。该委员会成员为各类资产的首席投资官，负责监督与投资决策流程相关的可持续风险，审批各投资团队的 ESG 整合投资策略。

ESG 数据和研究工作组主要负责向可持续投资监督委员会提供工作建议，主要成员为高级组合投资经理、分析师及尽责管理专家。

投资团队执行内部已审批的 ESG 整合方法。

（2）工作环节

摩根大通 ESG 整合投资流程包括四个环节，分别为证明、检视、审批及执行。

证明环节主要是团队向 ESG 数据和研究工作组提交 ESG 整合方法和证明材料。

检视环节主要是 ESG 数据和研究工作组基于 10 个指标进行打分，这 10 个指标分别是投资尽调、组合管理层面的考量、第三方数据的广度、ESG 研究水平、行业覆盖度、整合方法、数据分析、研究方法、系统性和持续的管理，得分至少超过 30 分才能通过审核。

审批环节主要是可持续投资监督委员会结合 ESG 数据和研究工作组的反馈，决定是否审批投资团队的 ESG 整合方法。

执行环节主要是投资团队落实和应用已审批的 ESG 整合方法。

（3）资源配置

系统方面，2017 年，摩根大通建立名为 Spectrum™ 的统一信息平台，串联起销售、投资和客户服务等业务环节。ESG 分析和研究功能也在该系统实现，ESG 定量分析主要通过 Research Notes 模块完成，投资者和可持续投资团队可以记录企业的 ESG 信息，设定环境、社会或者公司治理事件标签，提醒系统使用者；通过 ESG Company Insights 模块进行量化分析，投资团队可以看到企业 ESG 评分及评分标准，投资者可以看到企业历史评分情况。该系统也有组合管理功能，嵌入了 ESG 评估结果和第三方数据，支持投资决策。

人员方面，摩根大通现有 300 多名专业分析师，其中 30 人专门支持

ESG 整合相关的气候研究、投资尽责管理及产品服务创新。摩根大通另有 13 名投资尽责管理专家，他们和组合投资经理及研究人员与被投资企业互动，推动落实投资尽责管理优先事项。

数据方面，摩根大通利用内外部数据，形成基于数据驱动的评分模式，支持 ESG 投资决策。

（4）投资决策

在尽调环节，摩根大通使用包括 40 个问题的清单进行尽职调查，其中 12 个问题与环境因素相关，14 个问题与社会因素相关，14 个问题与公司治理相关。问题清单不决定投资与否，而是辅助组合投资经理、分析师研究分析。此外，分析师进一步研究对投资决策具有实质影响的 ESG 因素。ESG 评分主要用于评估企业面临的 ESG 风险和机遇的程度，随着企业信息披露的改善和数据的丰富，评分颗粒度会更细化。基于企业业务发展及 ESG 因素，摩根大通对 2000 多家企业进行战略分类，分别为优先、优质、交易及结构性挑战。

在投资组合构建环节，组合投资经理每天查看与 ESG 因子相关的风险和机会。在投资组合构建过程中，虽然 ESG 因子会影响投资决策和风险敞口，但是摩根大通不会仅基于 ESG 标准剔除某一只股票，而是综合考虑业务和 ESG 因子的风险和机会作出决策。

在股东参与环节，摩根大通不仅了解被投资企业 ESG 想法，还要试图影响被投资企业落实最佳实践，以此增强投资收益。由组合投资经理、分析师和投资尽责管理团队共同完成股东参与活动，主要方式包括定期会面、现场交流等形式，根据企业和具体情形选择参与方式。

在管理和存档环节，所有研究和企业参与会议纪要都将记录在信息系统上，在适当的情况下向投资者开放。每季度，投资指导团队与每个投资团队召开复盘会议，分析投资组合的表现、风险头寸、ESG 整合及 ESG 特征，并向股票投资运营委员会汇报整体投资情况。

（三）主题投资法在股票领域的应用

主题投资主要聚焦环境、社会或治理等某一个方面，深入挖掘相关主题的投资机遇。主题投资集中于股票投资，其他资产领域的主题投资日渐增多。

1. 全球 ESG 主题投资基金迅速崛起

全球主题投资始于 1948 年，主要聚焦彩电产业，后扩展至彩电及电子产业；2005 年，欧美出现主题 ETF 并获得较快发展。根据 Morningstar 统计数据，截至 2021 年末，全球主题股票投资基金 1952 个，规模为 8060 亿美元，较 2019 年增长 2.16 倍，在全部股票基金中占 2.7%。根据 MSCI 统计数据，截至 2021 年 8 月末，全球 ESG 主题股票基金 1132 个，规模为 6000 亿美元，约占全球股票基金的 2%，当前大量主题基金都属于 ESG 主题投资基金。

从区域分布看，欧洲是全球主题投资基金规模最大的区域，占全球总规模的 55%，较 2002 年上升了 40 个百分点；美国主题投资基金占比由 2002 年的 51% 下降至 21%。欧美成为全球主题投资基金的最主要市场。

从 ESG 主题看，信息技术、低碳转型及社会等领域是主题投资基金重点关注方向。根据 MSCI 统计数据，截至 2021 年 8 月末，全球 ESG 主题投资基金规模排名前 5 位的主题领域分别为能源转型、多元主题、信息技术、数字经济和资源管理。其中，能源转型主题投资基金规模接近 700 亿美元，多元主题、信息技术、数字经济主题投资基金规模在 500 亿~600 亿美元，资源管理主题投资基金规模接近 500 亿美元。

从主被动管理情况看，全球 ESG 主题投资基金以主动管理为主，占比为 75%，被动管理主题投资基金占比为 25%。不过，区域差别比较显著，美国主题指数基金占比为 71%，而欧洲仅为 10%。全球资管机构纷纷进入 ESG 主题投资基金市场，贝莱德全面提供主动管理的 ESG 主题投资基金，覆盖下一代技术、营养、可持续能源、循环经济等方面，被动管理的 ESG

主题基金覆盖数字化、全球清洁能源、包容性和多样性、医疗创新、全球水资源等方面。部分机构专门提供 ESG 主题指数基金服务，诸如标普道琼斯提供全球水资源指数、全球清洁能源指数、公司治理指数等，富时罗素提供医药健康、未来交通、人工智能等方面指数。

截至 2021 年末，全球部分大型 ESG 主题基金包括 ARK Innovation、Pictet Global Megatrend、Pictet Water、FirstTrust DowJones Internet 和 Allianz GI Artificial Intelligence，以信息科技主题为核心，管理资产规模接近或者超过 100 亿美元（见表 5 - 13）。

表 5 - 13　　　　全球管理规模较大的 5 只 ESG 主题投资基金

名称	所属国家	成立日期	主题	规模	管理类型
ARK Innovation	美国	2014 年	多元科技	162 亿美元	ETF
Pictet Global Megatrend	卢森堡	2011 年	多元主题	158 亿美元	主动管理
Pictet Water	卢森堡	2006 年	资源管理	110 亿美元	主动管理
FirstTrust DowJones Internet	美国	2006 年	数字经济	100 亿美元	ETF
Allianz GI Artificial Intelligence	卢森堡	2017 年	人工智能	96 亿美元	主动管理

资料来源：作者根据互联网信息综合整理。

2. 我国 ESG 主题投资基金聚焦环境领域

我国 ESG 主题投资基金以环境主题为主，公司治理主题和社会责任主题投资占比分居其后，具体涉及绿色低碳、扶贫发展、节能环保、公司治理等方面。

以华夏节能环保股票投资基金为例，该基金专注节能环保方向，包括 3 个主要领域：第一是清洁能源，包括天然气、太阳能、风能、生物质能、核能、其他清洁能源的服务与利用；第二是节能降耗，包括节能产品、节能服务、清洁生产技术和产品、资源的综合利用；第三是环保治理，包括环保设备、环保服务等。该基金通过定性分析和定量分析选择个股，定性分析主要研究公司所在行业的发展特点及公司的行业地位、公司的核心竞争力、经营能力和治理结构等方面。定量分析主要研究公司的盈利能力、增长能力、偿债能力、营运能力及估值水平等方面。截至 2022 年 6 月末，该基金规模为 5.9 亿元人民币，重仓股票包括江河集团、宁德时代、宇瞳光学、欣旺达和璞泰来，持仓比例分别为 8.1%、6.86%、5.97%、5.89% 和 5.42%。

（四）股东积极主义法在股票领域的应用

投资股票后，金融机构成为上市公司的股东，享有参与企业重大经营决策权利，金融机构应该推动上市公司提升可持续发展能力。

1. 荷宝（Robeco）股东积极主义法实践

荷宝是一家欧洲金融机构，核心发展战略是可持续投资，将可持续商业模式作为公司的核心竞争力。尽责管理是荷宝可持续投资策略的重要组成部分，其明确了尽责管理政策，有效指导投资管理实践。

参与方面，荷宝主要实施 3 种参与，分别为价值参与、增强参与及可持续发展参与。价值参与聚焦能够影响企业价值或者价值创造能力的 ESG 风险和机遇；增强参与聚焦推动企业落实人权、环境、反腐败等领域最低社会准则要求；可持续发展参与聚焦提升企业对可持续发展的贡献。2021年，荷宝进行了 270 次参与活动，其中，北美 105 次，欧洲 76 次，太平洋地区 58 次及新兴市场国家 31 次。参与主题包括生物多样性、净零碳排放、有效的环境管理、医疗照护方面的数字化、人权、亚洲公司治理标准、社会影响力规则等方面，其中在有效的环境管理、医疗照护方面的数字化、有效的社会管理及良好的公司治理方面实现了较高的参与成功率（见图5－19）。

投票方面，荷宝依据公司长远发展、利益相关者利益等标准进行投票，建立财务报告、董事会任命、资本管理、并购、股东权利、环境管理等事项投票指引。荷宝参加所有已投资的上市公司股东会并进行投票，除非投票成本过高；内部团队仔细研究投票事项，同时，也会听取咨询机构的专业意见。投反对票时，荷宝会向被投资公司解释投票决策依据。2021

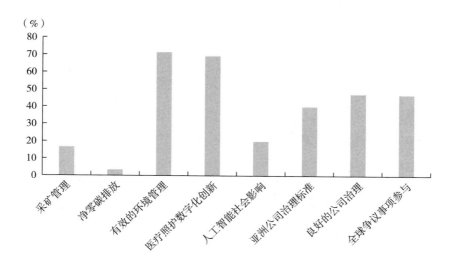

图 5 – 19　荷宝各领域参与的成功率

（资料来源：作者根据荷宝官网数据整理）

年，荷宝参与了 7723 次股东会，其中北美洲占比为 20%，欧洲占比为 16%，太平洋地区为 8%，新兴市场国家为 56%。

2. 摩根大通股东积极主义法的实践

（1）股东参与

摩根大通制定了五项投资尽责管理优先事项，分别为公司治理、长期战略、人力资本管理、利益相关者参与、气候风险，在优先事项下设定未来 18 ~ 24 个月需要解决的子事项（见图 5 – 20）。每年，摩根大通都会与被投资企业高管进行上千场会谈，也会研究一些深度参与的项目。

摩根大通制定参与目标及评估进展，通过现场会面、电话会议、邮件或者信件等形式与企业沟通。如果关心的议题没有得到合理解决，摩根大通将采取升级手段，包括会见非执行董事；投票反对管理层任职；与其他投资者合作，减少投资规模。

例如，摩根大通一直担心一家美国药品批发公司的潜在薪酬与经营绩效不一致，通过参与方式表达了对高管层薪酬的担忧，但是进展很小。为

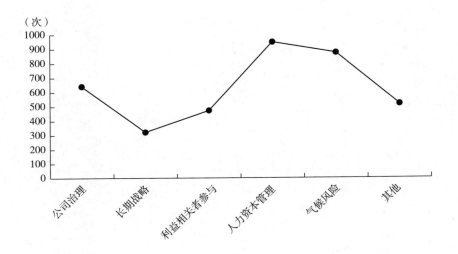

图 5 - 20　摩根大通参与数量和主题

（资料来源：作者根据摩根大通官网数据整理）

此，摩根大通升级参与方式，2019 年投票反对薪酬方案和薪酬委员会主席
续任提案；2021 年薪酬委员会主席被替换，获得相对满意的结果。摩根大
通与新任主席进行会谈，获得了积极反馈，继续建议改善薪酬委员会
工作。

2021 年，摩根大通开始参与日本企业 Pigeon 的董事会多样化实践，促
进其改进人力资本管理。随后，该公司任命了 3 位具有商业管理等方面经
验的女性高管，女性高管占比达到 21%，较 2019 年上升 4 个百分点。

（2）股东投票

摩根大通制定了投票政策，希望通过科学投票为投资者创造长期可持
续的价值。

2021 年，摩根大通参加了 8567 场股东会，参与投票了 87508 个提案，
其中赞成了 80027 个提案，反对了 7481 个提案（见表 5 - 14）。投反对票
的主要原因是，高管未能达到独立性要求，高管薪酬方案没有很好地对外
披露，资本筹集理由不充分。

表 5 – 14   2021 年摩根大通投票具体情况

国家或地区	全球	美国	日本	亚洲（不含日本）
会议	8969	3520	2190	1629
投票提案数量	87508	31535	20299	15651
赞成票	80027	29131	18479	13866
反对票	7481	2404	1820	1784

资料来源：作者根据摩根大通官网数据整理。

在股东投票中，摩根大通推动企业性别多样化，勇敢应对在此过程中面临的挑战；促使企业更准确地披露和反映气候相关财务信息，让投资者了解企业所面临的气候风险。

二、ESG 投资在债券领域的应用

（一）ESG 债券投资的机遇与挑战

ESG 投资逐步延伸到债券领域，但是由于债券和股票属性的不同，导致 ESG 债券投资具有自身鲜明的特点。

1. ESG 债券投资与 ESG 股票投资的区别

一是信息披露程度不同。股票市场信息披露要求更高，监管部门对上市公司提出 ESG 信息披露具体要求，部分国家强制上市公司披露 ESG 信息。债券市场相关要求较低，ESG 信息披露不足。因此，相比股票市场，ESG 债券投资缺乏充足的信息支撑，推进难度更大。

二是投资侧重点不同。ESG 股票投资侧重博取较高的投资收益，重点关注 ESG 机会。ESG 债券投资侧重获取稳定现金流收入，与个人或者机构负债匹配，更多是管理下行风险和可持续风险。

三是投资方法应用不同。债券可以细分为公司债券、金融机构债券、主权债券，主权债券等部分债券发行数量较少，应用筛选法等方法时难度较高；投资债券后，金融机构不是发行人股东，股东积极主义法应用难度大。

四是投资分析不同。ESG 股票投资主要预测上市公司经营和未来现金流，以此预估内在价值，与股价进行比较，明确投资决策；ESG 债券投资侧重分析期限、收益率、流动性等因素。

2. ESG 债券投资的现实机遇

ESG 债券投资发展时间短，但是在多种因素推动下，规模扩张迅速，市场供给明显增大。

（1）可持续投资金融工具日渐丰富

气候债券、社会债券、绿色债券、可持续发展债券、可持续发展挂钩债券等创新型债券不断涌现，发行规模快速扩张。根据 Environmental Finance Data 统计数据，2021 年全球可持续发展债券发行规模达到 1.02 万亿美元，同比增长 69%，其中绿色债券发行规模为 5322.45 亿美元，社会债券为 2051.85 亿美元，可持续债券 1898.75 亿美元。可持续债券市场规模的扩张，为 ESG 债券投资提供了更大的选择空间（见图 5 - 21）。

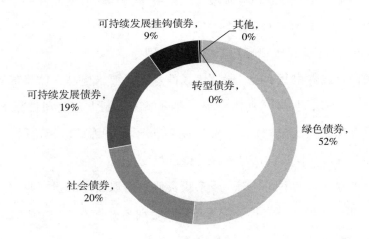

图 5 - 21　2021 年各类可持续债券发行情况

（资料来源：作者根据相关资料整理）

（2）投资者需求持续高涨

债券是投资者最基础的配置资产。根据 BCG 统计数据，2021 年，全球资产管理规模达到112.3万亿美元，其中债券投资占据最重要的地位。受到风险管控和监管要求，养老金等资产所有者更加重视可持续投资，ESG债券投资需求明显上升。毕马威2021年调研数据显示，88%的受访机构将在未来24个月内提高可持续债券配置比例，其中23%的受访机构将提升5%以下，53%的受访机构提升5%～10%，16%的受访机构将提升11%～20%。

（3）有效管理ESG风险

除了传统风险外，发行人ESG风险日渐增大，金融机构不断加强可持续风险管理。开展ESG债券投资，提升发行人ESG风险的深入研究和有效管控，有利于增强投资收益。

（4）信息披露等基础设施建设逐步夯实

债券发行人更加重视ESG信息披露，ESG评级机构从上市公司ESG评价逐步扩展到债券发行人ESG评价，金融机构利用大数据、人工智能等金融科技，深入挖掘数据价值，为开展ESG债券投资奠定了良好基础。

3. ESG债券投资市场态势

从ESG债券基金看，2022年上半年，根据Morningstar统计数据，受到全球央行加息等因素影响，债券基金呈现明显的资金流出态势，流出规模达到905亿美元。然而，投资者仍对ESG债券基金情有独钟，流入金额达到181亿美元，与传统债券基金形成了鲜明的反差。截至2022年8月末，全球存续的开放式债券型基金19510只，其中ESG债基数量为1783只，占比为9.14%；全部债基的规模为10.32万亿美元，其中ESG债基的规模合计为6885.13亿美元，占比为6.67%，ESG债券基金数量和规模占比都较小。具体到投资风格，高评级ESG债基占比为28.53%，低评级ESG债基占比为10.35%，高评级和低评级的大型ESG债基规模占比均略高于全部债基。

从ESG债券投资策略看，根据道富全球咨询2021年调研结果，49%

的被调研机构主要使用同类最佳策略，其次为影响力投资、主题投资及规则筛选法，占比分别为 39%、31% 和 30%，负面筛选法占比最低，为 16%。展望未来，61% 的受访机构希望使用 ESG 整合策略开展债券投资，区域差别较高，在澳大利亚该比例为 80%，美国仅为 57%。从 ESG 整合策略在不同债券品种中的应用看，41% 的受访机构希望在高收益债券投资中使用 ESG 整合策略，投资级企业债券及发达国家主权债券投资计划使用 ESG 整合策略的机构占比分别为 39% 和 37%，资产证券化占比最低，为 25%。

从投资者具体配置需求看，道富全球咨询 2021 年调研表明，40% 的受访机构希望配置指数型债券基金，27% 的受访机构希望配置主动管理型债券基金；对于气候或者环境主题债券基金，35% 的受访机构希望配置主动管理型债券基金，而 27% 的受访机构希望配置指数型债券基金。

（二）筛选法在债券领域的应用

筛选策略包括负面筛选、正面筛选和规则筛选，不同机构会有不同的筛选标准。MSCI 为金融机构提供可持续投资服务时，提供的筛选标准主要包括价值观标准，诸如成人娱乐、酒精、赌博等，也会排除受到全球制裁的国家，诸如古巴、朝鲜等；排除违反国际规划的企业，诸如全球契约规则、OECD 跨国企业行为指引等（见表 5 - 15）。金融机构进行 ESG 债券投资时需根据本国要求和实际，制定筛选标准和规则。

表 5 - 15   MSCI 筛选标准

价值观标准	全球制裁	争议	全球规则
成人娱乐	古巴	童工	全球契约规则
酒精	伊朗	员工安全	国际劳工组织指引
烟草	朝鲜	多元化	OECD 跨国企业行为指引
武器	苏丹	人权	联合国商业和人权指引
赌博		环境	
核武器		客户关系	
基因工程		产品安全	

资料来源：作者根据 MSCI 官网资料整理。

一般而言，编制债券指数的主要流程为选择样券、债券权重的处理、债券定价等环节。应用筛选法进一步缩小样券范围，重新调整权重，编制 ESG 债券指数。以 Bloomberg MSCI Sustainability Indices 为例，其母指数为全球投资级固定利率债券指数。MSCI 在此基础上，剔除违反全球规则的发行人，在剩余样券中，采用同类最佳法，选择 ESG 评级在 BBB 级以上的债券，重新平衡权重，构建 ESG 债券指数。

我国也非常重视 ESG 债券指数构建，2021 年，我国发布全球首只宽基人民币信用债 ESG 因子指数。该指数包括企业债券、公司债、短期融资券、超短期融资券、中期票据、商业银行债券、非银行金融机构债券、证券公司短期融资券、政府支持机构债券、项目收益债券和项目收益票据，但不包含集合类债券、国际机构债券、次级债和二级资本债，待偿期不少于 1 个月，隐含评级不低于 AA 级。应用筛选法时，剔除中债 ESG 评价 4 分以下发行人所发行的债券，根据中债市场隐含评级、中债行业分类和债券种类对筛选后的债券进行分组，优先选取每组排名前 30% 的新发债券作为指数成分券，按照原有方法编制 ESG 债券指数。

ESG 债券投资应用筛选法时，很多投资者担心会降低资产组合的分散性，不利于控制组合波动。从实践看，筛选策略在不牺牲债券投资收益的同时，可以有效降低下行风险。Fabio Alessandrini 等（2021）应用筛选法编制债券指数的结果表明，在不影响风险调整收益的情况下，能够降低投资组合风险，而且环境因素所产生的效果更突出。齐琳（2021）比较了中债—国寿资产 ESG 信用债精选指数与中债—优选投资级信用债财富指数，发现 2017 年至 2021 年 6 月末，中债—国寿资产 ESG 信用债精选指数在不放大最大回撤的情况下，在震荡牛市中，ESG 债券指数能获得更高的收益。

（三）ESG 整合法在债券领域的应用

ESG 整合策略将 ESG 因素融入研究分析、资产估值、组合管理等债券投资决策全流程，充分把握 ESG 风险和机遇，提高组合投资效率。

1. ESG 研究分析

（1）企业债券研究分析

研究环节主要分析企业所处行业和经营发展趋势，寻找对企业未来经营发展具有实质影响的 ESG 因素。环境因素对能源、农业等行业企业具有实质影响，社会因素对金融、医药等行业企业具有实质影响，制定观察指标名单，充分研判企业面临的 ESG 挑战和机遇。

太平洋投资管理公司（PIMCO）主要采用自上而下和自下而上的方式分析 ESG 因子（见图 5 - 22）。自上而下的方式是从宏观角度分析气候变化、企业治理、人口趋势、社会不平等问题，进一步明确影响全球经济和金融市场的长期趋势。PIMCO 通过自下而上的方式将 ESG 分析融入信用研究，支持基于 ESG 的投资决策。PIMCO 从公开渠道、新闻报道等渠道收集发行人的 ESG 信息；也会通过参与的方式，与发行人高管沟通，了解财务信息及沟通负责任的商业行为，参与的效果将影响发行人 ESG 评分。最终，PIMCO 给予发行人 1 ~ 5 分的评分，并明确趋势展望，反映 ESG 影响因素的未来走势。

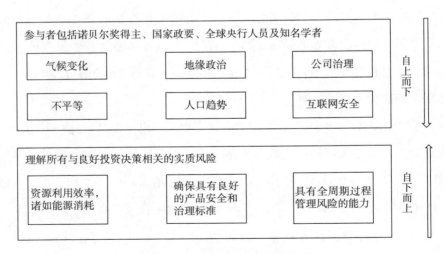

图 5 - 22   PIMCO ESG 研究体系

（资料来源：作者根据 PIMCO 官网资料整理）

北欧银行债券发行人 ESG 研究分析主要包含四个部分。首先，确认每个行业的 ESG 关键事项。其次，在企业层面分析 ESG 风险和机遇。再次，开展深入分析，加强与发行人的现场沟通和交流。最后，北欧银行对发行人进行内部打分，该打分为绝对分值，反映发行人所面临的 ESG 风险和机遇水平。

（2）主权债券研究分析

ESG 在主权债券定价中的作用越来越重要，低 ESG 评级的主权债券信用利差高于高 ESG 评级的主权债券。开展主权 ESG 评级的第三方服务机构并不多，金融机构多自行建立内部评价模型。

为了发展 ESG 主权评级，世界银行推出 ESG 主权数据库，按照环境、社会和治理三个维度，包含 67 个指标。具体来看，环境维度包括排放与污染、资源资本管理、能源使用和安全、环境风险和韧性、食品安全等指标。社会维度包括教育和技能、就业、人口、贫困和不平等、健康和营养、公共服务可获得性等指标。治理方面包括人权、治理有效性、法律法规、营商环境、性别、创新等指标。

2011 年，PIMCO 开始将 ESG 融入主权债券评级模型，除此之外，还建立了单独的主权 ESG 评分体系和包含 ESG 风险因子的情景分析工具。PIMCO 基于未来 5 年经济预测及 ESG 指标评估主权国家信用风险，充分考虑近期及远期信用风险驱动因素。主权评级模型中 ESG 指标的权重为 25%，治理类指标具有领先意义，在 ESG 评价中占主导地位；社会因素与 GDP、人均 GDP 等经济指标紧密联系，会显著影响信用风险；环境因素 3~5 年内与主权风险的相关性平均而言并不高。

PIMCO 建立了主权 ESG 评分体系，指标包括温室气体排放、可再生能源、预期寿命、性别平等、治理有效性、防治腐败等方面，每个指标权重相同，对每个指标单独打分，加总形成 ESG 主权评分，作为主权信用评价的有益补充（见表 5-16）。

表 5 – 16   PIMCO ESG 主权评分模型

环境	社会	治理
温室气体排放、耶鲁环境绩效指数、化石能源使用情况、可再生能源、单位 GDP 能源消耗	预期寿命、死亡率、性别平等、基尼系数、健康评分、高等教育及培训、劳动力市场指标、腐败指标	政治稳定性、法制、腐败防控、政府治理有效性、监管质量

资料来源：根据 PIMCO 官网资料整理。

PIMCO 国家情景分析主要评估长期趋势和尾部风险，融入宏观和 ESG 因子，主要情景包括债务可持续性、资源枯竭情景、自然灾害情景、政治体制变化情景。情景分析主要明确哪些国家可能面临尾部风险、哪些风险对投资构成实质影响。

Robeco 建立覆盖三大维度 40 个指标的国家可持续性评估模型，环境权重为 20%，社会权重为 30%，治理权重为 50%，主要指标为环境表现、环境风险、老龄化、社会条件、腐败防控、个人自由等方面（见表 5 – 17）。

表 5 – 17   Robeco 国家可持续性评估模型

环境（20%）	社会（30%）	治理（50%）
环境绩效（5%） 环境风险（7.5%） 环境状态（7.5%）	老龄化（7.5%） 人力资本（7.5%） 不平等（5%） 社会条件（5%） 社会动荡（5%）	腐败防控（10%） 全球化及创新（5%） 机制体制（10%） 个人自由（5%） 政治风险（10%） 政治稳定性（5%） 监管及金融发展（5%）

资料来源：作者根据 Robeco 官网资料整理。

2. 资产估值

分析完发行人所面临的 ESG 风险和机遇后，需要结合内部信用评级，重新调整评级结果，对债券进行估值。

企业债券方面，实证研究表明 ESG 与企业违约风险密切相关，Federico Picardi（2020）利用美国企业信用违约互换利差数据研究 ESG 对企业违约风险的影响，研究结果显示，ESG 对企业违约风险具有显著的影响，但是市场没有准确定价。张晓娟（2022）选用 2014 年至 2020 年发生违约的信用债发行人及在此期间到期兑付未发生违约的发行人为样本，分别通过统计分析及构建 Logit 模型进行回归分析，认为 ESG 因子与债券违约具有明显的负向关系，ESG 因子越高，违约风险越低；对环境、社会和治理三个因子进行单独验证，发现治理因子对违约风险的影响更大。

主权债券方面，Anllian GI 研究发现，主权债券 CDS 与宏观指标及 ESG 评分呈现显著的负相关性，与 ESG 评分的相关系数为 - 0.57，与环境评分的相关系数为 - 0.05，与社会评分的相关系数为 - 0.48，与治理评分的相关系数为 - 0.64，与 GDP 增速的相关系数为 - 0.5，与通货膨胀的相关系数为 0.54。按照国家 ESG 评分划分为 1 ~ 4 等级，不同等级环境评分的 CDS 差距并不显著，而社会评分和治理评分所对应的 CDS 更显著，特别是治理评分的 CDS 区分更为突出，ESG 评分最低发行人组的 CDS 是最高评分组的 8 倍（见图 5 - 23）。

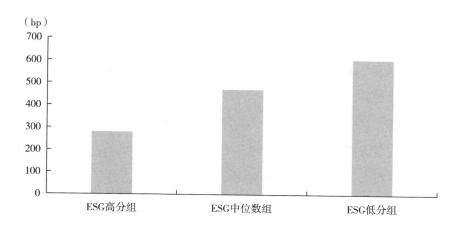

图 5 - 23　不同主权债券 ESG 评分组的 CDS 利差

（资料来源：作者根据 Morgan Stanley 官网资料整理）

在对单个债券进行估值时，需要对比利差确定相对价值。此外，还可以根据实际情况，对债券进行压力测试，了解极端情景下投资损益情况。

3. 组合管理

组合管理涉及投资决策、资产配置、风险管理等方面，金融机构通常根据 ESG 评估确定投资决策，PIMCO 根据 ESG 分析，明确投资、持有、减少及规避等投资策略（见图 5 – 24）。

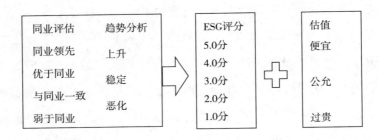

图 5 – 24　PIMCO 基于 ESG 投资决策

（资料来源：作者根据 PIMCO 官网资料整理）

组合风险管理方面，金融机构要掌握好风险头寸、集中度和流动性管理；而对于 ESG 风险来说，需要计算投资组合的加权 ESG，重点关注权重较大的发行人，其风险变化对投资组合的影响突出，要加强 ESG 风险的持续跟踪和预警。张超等（2021）对 2017 年至 2020 年违约的 52 个公募债券发行主体违约前的 ESG 情况进行分析，发现违约前发债企业的 ESG 平均得分逐年下降，其中公司治理评分恶化趋势非常明显。

资产配置方面，金融机构参考债券 ESG 变化及市场风险定价情况，持续调整持仓组合。PIMCO 每日跟踪发债企业变化情况，用不同颜色表示变化趋势，并给出交易建议，投资经理以此为基础作出交易决定。

（四）参与策略在债券领域的应用

1. 参与策略在债券领域应用的难点

参与策略在债券投资领域应用难度很大，主要在于债券投资并不是发

行人的股东，权利受限；债券有一定期限，到期后，金融机构与发行人的
关系结束。随着 ESG 投资在债券领域的深入应用，参与策略应用水平逐步
提升，通过参与策略更好地了解发行人，推动发行人改进 ESG 信息披露，
助力社会可持续发展。从全球各大洲金融机构在债券投资过程中的参与情
况看，非洲、北美洲和大洋洲参与程度最高，占比分别为 82%、71% 和
72%，而亚洲和拉丁美洲金融机构应用参与策略的比例相对较低（见图
5－25）。

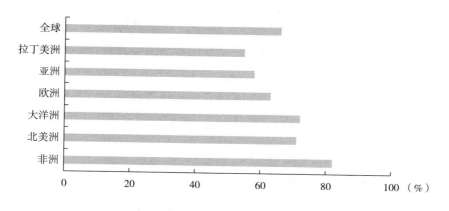

图 5－25 全球各地区金融机构参与情况

（资料来源：作者根据 UN PRI 官网资料整理）

2. 参与策略应用技巧

从参与策略的具体应用看，金融机构应制定债券发行人参与的政策和
流程，规范操作行为。金融机构需解决好关键问题，即如何选择参与对
象、何时进行参与、如何安排参与、如何跟踪参与效果及如何做好升级
应对。

选择参与对象方面，选择投资规模较大的发行人，其对投资组合影响
最大，需要通过参与策略管理好相关风险；选择 ESG 信息披露透明度低的
发行人，通过参与策略进一步获取内部信息；选择信用治理较低的发行
人，强化风险评估。澳大利亚投资管理机构 QIC 通过选择部分 ESG 实践先

进的发行人和实践落后的发行人开展参与。

选择参与时机方面，可以在路演环节等债券发行过程中，与发行人进行沟通；投资后，就关心的重点 ESG 问题，与发行人交流。

参与管理方面，金融机构应事先加强发行人 ESG 信息收集和分析，明确重点交流的 ESG 主题，事先与发行人高层或者其他负责人约谈，由投资经理和 ESG 研究员共同参会，在了解发行人相关 ESG 情况的同时，也可以借鉴先进实践，向发行人提出意见和建议。持续关注参与的进展，一般而言，参与效果取决于发行人的市场地位、ESG 的重视程度等因素。如果发行人能够接受建议，制定明确的政策制度或者提高信息披露水平，就达到参与的效果。

升级政策方面，如果参与没有达到预期效果，应该做好进一步参与的准备，升级沟通方式，诸如公开评论、减少投资规模等。

3. 金融机构参与策略应用实践

（1）企业债券参与策略实践

蒙特利尔银行明确能够为客户创造长期价值的 ESG 事项后，会与发行人深入沟通，鼓励其朝着最佳实践的方式改善内部管理。蒙特利尔银行重点参与的主题包括环境、气候变化、人权、劳动标准、商业行为、公共健康及公司治理。Glencore 是一家铁矿开采企业，蒙特利尔银行给予 1.5 的 ESG 评分，表明该企业在尼日利亚等国家开采行为破坏了环境，可能面临法律风险。为了解决此问题，自 2011 年开始，蒙特利尔银行责任投资团队制订参与计划，共计进行了 36 次参与。参与效果逐步显现，Glencore 已在人权、水资源管理和应对气候变化方面作出积极改进。同时，蒙特利尔银行认为该企业还需加强子公司合规审计，投入更多资源进行环境修复、改善工作条件及提升对当地社区的积极影响。

PIMCO 作为全球知名的债券投资管理机构，十分注重参与，重点就应对气候变化与债券发行人沟通。PIMCO 就碳排放战略与《巴黎协定》控温目标保持一致事项与 20 多家全球银行进行沟通，提出落实净零排放承诺、贷款政策要与《巴黎协定》保持一致、中期目标要与薪酬挂钩等期望和建议。多家银行已按照建议制定了碳排放战略。甲烷是导致气温变暖的第二大诱因，能源行业是仅次于农业的第二大甲烷排放行业，利用现有技术到 2030 年只能消减甲烷 50% 的排放量，PIMCO 与 50 多家能源企业保持沟通，推进甲烷减排。EQT 是美国最大的天然气生产商，未来面临美国更严格的减排要求。PIMCO 推动 EQT 设定基于科学计量的减排目标和加强信息披露，鼓励 EQT 除了使用基于密度的目标外，还要设定绝对排放目标。此外，借鉴最佳实践，PIMCO 在参与过程就可持续发展挂钩债券 KPI 设计等方面提出意见和建议。2022 年初，经外部认证，EQT 成为全球最大的负责任天然气生产商，这是应对温室气体减排挑战的重要进展，也进一步提高了减排的透明性。

（2）主权债券参与策略实践

主权债券参与难度远大于企业债券。近年来，金融机构逐步加强参与力度，致力于提升主权国家信息披露和 ESG 表现。

PIMCO 将参与视为主权信用风险分析的重要内容，持续评估 ESG 目标实现情况。PIMCO 与政府官员见面会谈，聚焦与信用评估相关的主题，诸如预算构成、外汇储备管理、与重点发展目标及环境目标相关的货币政策。PIMCO 也会见当地的商人、银行、商会、记者、非政府组织，全方位了解一个国家的发展。通过见面沟通，政府部门更新他们的进展和计划，PIMCO 向政府传递其期望、关切，实现良性互动。

以南非为例，2015 年，南非前总统祖马贪腐事件浮出水面，PIMCO 派团队到南非，重新评估南非的政治和治理风险。经过与政府的深入讨论和详细分析，在穆迪等各大评级机构对南非降级之前，PIMCO 已降低南非的内部评级。PIMCO 重新评估投资组合的南非敞口，在市场未正确定价之前，能够更早发现问题及削减敞口。同时，2015 年至 2017 年，PIMCO 继续与南非政府保持沟通，持续跟踪南非政治动态，传递投资者的关注，特别强调要提高政府和国有企业管理透明度和治理水平。西里尔·拉马福当选南非总统后，PIMCO 持续关注新政府动向，新政府在控制腐败等方面取得了积极进展，传递了积极信号。

（五）主题投资法在债券领域的应用

主题投资可以抓住可持续发展领域的债券投资机遇，既能够获得可观的投资收益，又能够支持可持续发展，产生正面效应。近年来，全球应对气候变化的压力越来越大，绿色债券发行增长较快，部分金融机构探索专注投资绿色债券，支持碳达峰碳中和。近年来，我国部分债券主题投资基金见表 5 – 18。

表 5 – 18　　　　　　　　　我国部分债券主题投资基金

债券名称	成立时间	规模	管理人	管理类型
富国绿色纯债基金	2018 年 1 月	2.53 亿元人民币	富国基金	主动管理
银华绿色低碳基金	2022 年 9 月	43.1 亿元人民币	银华基金	主动管理
申万菱信绿色主题基金 A	2018 年 9 月	0.2 亿元人民币	申万菱信基金	主动管理
永赢信利碳中和主题一年定开债	2021 年 10 月	26.08 亿元人民币	永赢信利基金	主动管理

资料来源：WIND 数据库。

以碳中和主题债券投资基金为例，2021 年，中信银行与永赢基金合作开发的永赢信利碳中和主题一年定期开放债券公募基金，这是国内首只碳中和主题公募债基。该公募基金主要投资具有碳减排效益的绿色项目的债券，包括但不限于清洁能源类项目（光伏、风电及水电等项目），清洁交通类项目（城市轨道交通、电气化货运铁路和电动公交车辆替换等项目），可持续建筑类项目（绿色建筑、超低能耗建筑及既有建筑节能改造等项目），工业低碳改造类项目（碳捕集利用与封存、工业能效提升及电气化改造等项目）及其他具有碳减排效益的项目的债券。

三、ESG 投资在另类资产领域的应用

ESG 投资在另类资产中的应用要比股票和债券滞缓，不过，有限合伙

人（LP）日渐重视 ESG 投资，有利于推动 ESG 另类投资加快发展。

（一）另类投资持续壮大

1. 另类投资特点

另类投资与传统投资相对应，主要包含对冲基金、房地产基金、私募股权投资（PE）、基础设施基金等细分资产管理领域。另类资产投资的特点主要表现为：

一是另类投资范围广泛，注重使用金融衍生工具及实物资产，流动性比传统投资低，投资期限更长，很难提前赎回。另类投资适合具有长期投资需求的保险、养老金等投资者。

二是另类投资依赖专业经验。另类资产投资聚焦房地产、基础设施等细分市场，投后管理对获取高收益的作用更大。一般而言，另类资产投资的收费结构为基础管理费 + 超额收益提成，相比传统资产管理，收费更高。

三是另类投资与传统投资相关性低。实证研究表明，另类资产与传统资产的相关性较低，这为投资者实现多元化投资目标提供更广泛的选择。因此，另类资产投资对投资组合的风险贡献更小，却可能显著提高收益水平。

四是另类投资现金流可预测性差。另类投资运行过程中，资金投出的时间不确定，而资金回收的时间取决于投资标的退出或者出售情况。因此，另类投资现金流流出和流进均具有很高的不确定性。

2. 全球另类投资现状

（1）另类投资日渐受到投资者重视

以耶鲁基金模式为代表的另类投资模式的成功，吸引了机构投资者参与配置另类投资产品，既可以分散投资组合风险，也可以应对低利率环境下优质资产不足的难题。麦肯锡统计数据显示，截至 2021 年 6 月末，全球另类资产管理规模达到 9.8 万亿美元，再创历史新高；另类资产规模已占全球资产管理总规模的 15%，这种增长趋势仍将保持下去。具体来看，PE 规模为 6.3 万亿美元，占比为 64%；房地产基金 1.25 万亿美元，占比为 13%；私人借贷 1.19 万亿美元，占比为 12%；基础设施和自然资源投资基金 1.12 万亿美元，占比为 11%。总体来看，PE 占据另类资产管理规模的绝大部分，其他类型的产品占比相对较小。根据 BCG 预测，到 2026 年，另类投资占全球资产管理总规模的 19% 左右，收入占比将达到 51%。

（2）另类资产投资收益得到投资者认可

另类投资实现的收益率未辜负投资者期望。根据睿勤（Preqin）统计数据，89% 的投资者表示 PE 业务收益率达到或者超过预期，对 PE 业绩表现的评价非常积极。然而，市场竞争激烈、估值升高等问题显现，投资者认为具有吸引力的投资机会更难寻找。67% 的风险投资（VC）实现了超过 14% 的收益率，77% 的投资者对 VC 投资表现持中性或者积极态度，预计未来 29% 的投资者会增加 VC 资产配置比例。对冲基金业绩欠佳，导致大部分投资者失去信心，49% 的投资者计划减少对冲基金投资规模。投资者对房地产、基础设施、私人信贷投资的表现相对积极，未来将增加一定资产配置比例。不同类别另类资产业绩表现存在差异性，投资者未来资产配置意愿和比例也有分化。

（3）部分另类投资业务集中度相对较高

黑石、KKR、凯雷均是国际知名另类资产管理公司，也是全球资产管理规模较高的机构。另类资产投资对资产管理机构专业性水平要求高，建立多种业务出色的投资能力需要较长时间及较高投入。此外，投资者要求有稳定的投资业绩及定制化的服务能力，这使另类投资领域市场集中性较高。从全球排名前 25 位机构的资产管理规模占比看，对冲基金方面，占比为 29%；PE 业务方面，占比为 41%；VC 业务方面，占比为 24%。

随着另类资产管理市场竞争的加剧，为了能够给客户提供多元化的资产配置选择，各机构不断拓展业务条线，提升多元化发展水平。黑石业务范围已涉及 PE、房地产、对冲基金、信贷业务四大类，各类业务均衡发展。部分机构为了能够在短期内建立相关业务条线的专业管理能力，加强机构间的兼并收购，这种趋势在美国等另类投资发达国家更为明显。

3. 另类投资加快 ESG 应用

LP 更加注重 ESG 投资，另类投资正在成为新兴的 ESG 投资发力领域。贝恩 2022 年调查数据显示，70% 的受访 LP 已经建立 ESG 投资政策，72% 的投资者认为，来自现有和潜在 LP 的压力是基金管理人积极投身 ESG 投资的最重要原因。Preqin 调研数据显示，25% 的受访 LP 曾因管理人不符合 ESG 投资标准而拒绝出资，39% 的 LP 表示将是否符合 ESG 投资标准作为遴选管理人的重要判断依据。

根据 Preqin 统计数据，截至 2021 年 10 月末，全球致力于 ESG 投资的私募基金管理规模 4.4 万亿美元，占总规模的 42%。其中，欧洲 ESG 私募投资占比为 80%，处于全球领先水平，北美为 47%，非洲为 42%，中东为 39%，亚洲为 24%。2021 年，全球私募投资者对环境因素最为关注，占比为 43%；社会因素其次，为 22%；公司治理因素最低，为 21%。

不同另类投资业务应用 ESG 方法的比例有所不同，基础设施、房地产及 PE 业务至少部分采用 ESG 整合策略的机构占比较高，均超过 70%，其中基础设施投资机构占比达到 81%；商品和对冲基金采用 ESG 策略的机构占比较低，均不到 40%，这与此类业务性质有很大关系，诸如大宗商品主要是用于对冲价格风险，在 ESG 投资管理方面，实施难度较大（见图 5 - 26）。

（二）ESG 投资在 PE 领域的应用

1. PE 业务全球发展概览

根据贝恩发布的《全球私募股权业务报告（2022）》，2021 年末，全球 PE 投资规模达到 1.1 万亿美元，为有统计数据以来最高水平，较 2020 年上涨 110%。机构资金不断加速抢占 PE 市场（见图 5 - 27）。从资金分

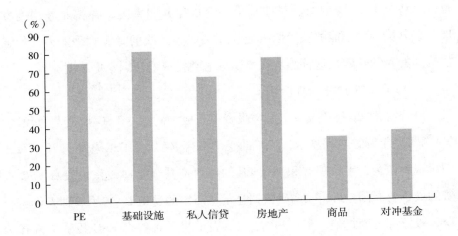

图 5 – 26　各项另类投资业务采用 ESG 策略情况

（资料来源：作者根据 Preqin 官网资料整理）

布看，北美排名第一位，亚太地区已经超越欧洲排名第二位，欧洲排名第三位。从资金投向看，科技、工业、健康及服务业是占比最高的四大行业。

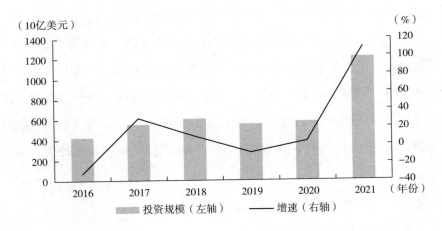

图 5 – 27　2016 年至 2021 年全球 PE 投资情况

（资料来源：作者根据相关资料整理）

　　ESG 投资是当前 PE 业务的重要投资主题，贝恩调研数据显示，52%

的受访机构已经实施 ESG 投资政策，33% 的受访机构部分实施 ESG 投资政策。对于实施 ESG 投资政策的原因，49.5% 的受访机构认为能够与利益相关者就 ESG 进行更清晰的沟通，48.5% 的受访机构希望通过 ESG 投资提升投资收益，33% 的受访机构希望能对经济社会产生积极影响。

2. ESG 整合法在 PE 投资中的应用

PE 机构探索将 ESG 融入募投管退全部流程，综合运用筛选法、整合法、参与及影响力投资等方法，强化 ESG 投资能力和水平。

根据 UN PRI 统计数据，ESG 已经较充分地纳入 PE 机构尽调、投资决策环节，占比超过 80%，组合管理和被投资企业运营方面也在积极纳入 ESG 因素，占比超过 70%，只有退出环节纳入 ESG 因素的占比较低（见图 5 - 28）。

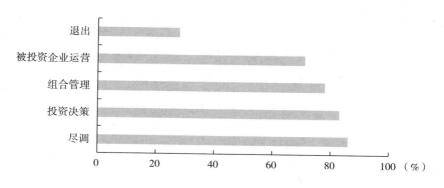

图 5 - 28 PE 机构在业务环节中融入 ESG 的情况

（资料来源：作者根据 UN PRI 官网资料整理）

（1）募集资金环节

资金募集阶段主要向投资者展示 PE 机构的 ESG 投资策略、未来投资方向及 ESG 投资报告。绿动资本募集每一只基金时，均在募资材料中明确地向 LP 申明所募集资金的每一笔投资都将追求财务回报和绿色影响力双目标，向 LP 披露绿色影响力的量化评估体系，定期向 LP 汇报在管资产的量化绿色影响力及未来绿色发展战略。

（2）投资环节

项目筛选方面，PE 机构根据 ESG 政策和主要业务方向筛选投资项目，排除部分 ESG 风险过大的项目，排除标准包括负面筛选清单、ESG 评级等。新程投资公司（NewQuest）[1] 基于世界金融公司排除清单，制定自身的投资排除清单，主要排除武器生产或交易、酒的生产或贸易、烟草的生产或贸易、赌博、制造放射性物质等领域的企业。此外，NewQuest 还根据国际金融公司环境和社会分类，基于国家、行业等维度，建立投资企业或者项目的 ESG 风险分类，明确不参与投资 A 类企业，规避与此相关的环境和社会风险（见表 5-19）。对于太盟投资（PAG）[2] 而言，业务团队主要根据内部政策准入要求，基于国家或者行业标准筛选潜在投资机遇，同时又避免落入业务负面清单。业务团队根据内部 10 分制风险模型，评价潜在投资企业的社会、环境、健康和安全风险水平；根据公司治理风险模型进一步评估潜在投资企业的治理风险。两个风险评价结果勾勒出潜在投资企业的整体风险状况，以此决定何时以何种方式进行尽职调查。

表 5-19　　　　　　　　　　　　IFC 环境和社会分类

分类	描述
A	商业活动具有显著的潜在环境或者社会风险，所产生的影响具有广泛性、显著性和不可逆转性
B	商业活动具有优先的潜在环境或者社会风险，所产生的影响不大，可以通过一定举措进行减缓
C	商业活动产生较少的或者没有环境或者社会风险
FI	商业活动涉及投资金融机构

资料来源：作者根据 IFC 官网资料整理。

尽职调查方面，PE 机构收集整理潜在投资企业 ESG 信息，分析其面临的 ESG 风险和机遇，明确具有实质性影响的因素，以及未来需要关注的

---

[1] NewQuest 成立于 2011 年，是亚太地区专注于私募股权二级市场投资策略的平台。

[2] PAG 是亚洲最大的另类资产管理公司。

ESG 风险。对于部分 ESG 风险较高的潜在投资企业，PE 机构会联合外部专业机构共同开展现场尽调，为后续投资决策提供坚实基础。博枫（Brookfield）[①] 依据 SASB 指引制定了行业层面的尽调指引，有效识别潜在投资机会中的 ESG 风险和机遇。2021 年，Brookfield 进一步完善尽调指引，重点突出气候变化、人权等方面的风险。如果认为有必要，Brookfield 会组建包括内部专家及外部咨询机构在内的团队，开展更加深入的尽职调查。为了应对气候危机，除了投资绿色企业，Brookfield 也会投资由棕色向绿色转变的企业。2009 年，英联投资（ACTIS）加入 UN PRI，重点关注环境、气候变化、健康和安全、商业诚信及社会等因素。经过初期筛选后，业务团队会对 ESG 的每类要素进行低、中和高的风险评价，评估管理上述风险的政策和流程，以及潜在投资企业的公司治理能力。在此过程中，识别出显著的 ESG 风险时，需要制订详细的应对方案及投后管理举措。ESG 风险越高，越需要内部专家团队和外部专家参与尽调。

投资决策方面，业务团队完成尽职调查后，由 PE 机构投资决策委员会集中决策。审批会议上，业务团队汇报项目信息和关键要素，就 ESG 而言，需要明确实质性 ESG 风险和机遇，针对关键风险的化解举措或者后续整改行动。一般而言，投资决策委员会会进一步评判投资风险和机会，如果 ESG 风险大于机遇，或者 ESG 风险过大，超出 PE 机构承受范围，就会否决该项目。

（3）组合管理环节

完成投资后，PE 机构需加强投后管理，监测被投资企业 ESG 表现，定期收集 ESG 关键指标，通过参与等方式，帮助被投资企业改善 ESG 表现，提高价值创造能力。

---

① Brookfield 成立于 1899 年，是一家全球另类资产管理公司，专注投资长寿命、高品质的房地产、基础设施、可再生能源和私募股权等资产领域。

熙维投资（CVC）① 会和企业管理层一同提高包括 ESG 在内的表现，这项工作通常会在项目启动后的 6 个月内开展。CVC 通过参加 ESG 委员会、开展 ESG 研讨等形式，帮助企业有效利用 ESG 机遇，强化长期可持续发展。CVC 持续跟踪被投资企业 ESG 表现，也会借助外部评级结果了解企业 ESG 状况。CVC 开展非财务信息报告项目，收集和披露 ESG 数据，鼓励被投资企业发布可持续发展报告，加强与利益相关者沟通。2021 年底开始，CVC 推动 60 多家被投资企业统计温室气体排放情况并进行对外披露，更好地应对气候危机。

安佰深（Apax）② 要求被投资企业每日跟踪 ESG 信息，投资团队也会参与被投资企业的 ESG 事项决策，每半年向 LP 报告被投资企业 ESG 表现。报告设置了 80 多个定量和定性指标，被投资企业每年向 Apax 报告。为了便利报告流程，Apax 开发了 Credit360 系统，实现 Apax 和被投资企业的联网。

Trition③ 在持有期主要采取 5 个方面的举措，加强被投资企业的 ESG 管理。第一，与被投资企业管理层见面，讨论 Trition 关注的 ESG 事项。第二，制定未来一年的 ESG 规划，被投资企业与 Trition ESG 团队每半年回顾 ESG 规划执行情况。第三，每年报送 ESG 数据信息，用于评估 ESG 政策、项目和表现。第四，通过电话或者现场面谈等方式讨论实质性 ESG 话题及已达成共识的进展情况。第五，每月召开电话会议，分享 ESG 方面的最佳实践，培训 ESG 管理人员。

（4）社会影响评估环节

PE 是影响力投资的重要力量，很多 PE 机构不仅践行 ESG 投资管理，而且希望对社会产生更多积极影响。为了实现可量化的影响力，2019 年，

---

① CVC 成立于 1981 年，总部位于英国，主营业务为全球范围内的私募股权投资。
② Apax 成立于 1977 年，是欧洲历史最悠久、规模最大的私募股权投资机构。
③ Trition 成立于 1997 年，是北欧的一家私募股权投资机构。

Trition 明确自身及被投资企业的社会发展目标，将 ESG 管理与社会发展目标匹配，聚焦未来重点关注的可量化影响力方向和领域，部分被投资企业已经开始将社会发展目标纳入可持续发展战略，在 ESG 报告中披露。黑石（Blackstone）① 高度重视业务发展对社会发展的影响，2021 年 3 月，它并购 DESOTEC，这是一家提供创新性过滤服务的企业，拥有 2700 个可移动过滤器，能够极大减少废弃物，进一步清洁水、空气和土壤。Blackstone 全资子公司 Transmission Developers Inc.（TDI）帮助在加拿大和纽约市之间建立输电网，该项目将为纽约市提供 1250 兆瓦的清洁电力，减少二氧化碳排放量 390 万吨，项目建设过程中创造了 1400 个岗位，为清洁能源岗位提供相关培训。

（5）退出环节

退出阶段，PE 机构总结被投资企业 ESG 数据和报告，明确通过 ESG 管理创造的价值，向外部机构披露相关信息。

3. 影响力投资在 PE 领域的应用

PE 机构是推进影响力投资的最核心动力，特别是 KKR、德州太平洋集团（TPG）等大型 PE 机构纷纷发起设立影响力投资基金，带动整个市场的快速发展。根据 New Private Markets 统计数据，2022 年，影响力投资规模排名靠前的机构分别为 TPG、Actis、Brookfield Asset Management 等，其中 TPG 近 5 年影响力投资募集资金规模达到 111.7 亿美元（见表 5 - 20）。

表 5 - 20　　　　　2022 年全球影响力投资 TOP10

排名	机构	所属国家	过去 5 年募集资金规模
1	TPG	美国	111.7 亿美元
2	Actis	英国	104.68 亿美元

① Blackstone 成立于 1985 年，是全球最大的另类资产管理机构，业务覆盖私募股权投资、房地产、对冲基金等领域。

165

排名	机构	所属国家	过去 5 年募集资金规模
3	Brookfield Asset Management	加拿大	98.52 亿美元
4	Meridiam	法国	88.08 亿美元
5	Goldman Sachs Asset Management	美国	62.4 亿美元
6	Summa Equity	瑞典	38.38 亿美元
7	BlueOrchard	瑞士	31.59 亿美元
8	Mirova	法国	28.6 亿美元
9	Tikehau Capital	法国	24.25 亿美元
10	LeapFrog Investments	毛里求斯	20.93 亿美元

资料来源：作者根据相关资料整理。

（1）TPG 影响力投资实践

TPG 成立于 1992 年，总部位于美国旧金山，关注创新，持续孵化、推动和规模化发展新平台和新产品。经过 30 年的发展，TPG 已投资 30 多个国家的 280 家企业，不断拓展投资策略，持续聚焦信息技术、健康和影响力投资等高增长投资领域。TPG 加强影响力投资的投入力度，期望获得丰厚投资回报的同时，能够实现可衡量的社会福利。TPG 自 2016 年开展影响力投资业务，已经建立全球最大的影响力投资平台，管理 3 只影响力投资基金，管理规模 150 亿美元。

TPG 管理的 3 只影响力投资基金分别为上善睿思基金（The Rise Fund）、TPG 气候基金（TPG Rise Climate）及 Evercare Health Fund。The Rise Fund 是 TPG、U2 乐队主唱 Bono 和加拿大慈善家 Jeff Skoll 于 2016 年发起设立，规模 68 亿美元，聚焦气候变化、教育、普惠金融、农业、医疗和影响力服务，除了提供资金支持，TPG 还提供商业技能培训、全球生态网络等服务，帮助被投资企业加快成长和增强影响力。截至 2021 年末，该基金投资了 26 个国家的 34 个公司，超过 7220 万人口获得教育机会，760 多万个低收入家庭获得金融服务。截至 2021 年末，该基金累计实现的影响力价值达到 44 亿美元，影响力回报为 85%，实现了较好的财务回报和社会回报（见图 5 – 29）。

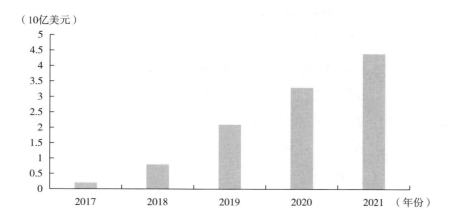

图 5 – 29　The Rise Fund 累计影响力收益

（资料来源：作者根据 TPG 官网资料整理）

以普惠金融为例，该基金投资了非洲领先的移动支付运营商 Airtel Money，其产品服务重点面向无法获得正规银行服务的人群，客户使用 Airtel Money 的金融工具可以用账户上的资金购买商品及转账。此外，普惠金融对妇女意义重大，能够帮助妇女更好地掌控财务生活，降低陷入贫困的风险。总体而言，Airtel Money 的 24 小时电子钱包服务已经覆盖非洲 13 个国家的超过 2500 万人口。2018 年，上善睿思基金投资中国的第一个项目是百度金融，即现在的度小满金融。此外，TPG 还投资了国内领先的农村小额信贷公司和助农企业中和农信、亚洲领先的植物基食品企业绿客盟（Green Monday）和中国在线素质教育领军企业美术宝。

TPG 气候基金规模达 73 亿美元，该基金投资者较多元，包括全球最负盛名的机构投资人和来自不同行业的领先跨国公司。自 2021 年成立以来，TPG 上善睿思气候基金迅速配置资金，投资成长型的创新气候解决方案。该基金近期的投资项目包括：为领先的太阳能跟踪器公司 Nextracker 提供支持；推动 Bluesource 和 Element Markets 合并，成为北美碳和环境信用市场规模最大的销售商及开发商；通过与印度汽车制造商塔塔汽车达成创新伙伴关系，推动印度电动汽车行业发展。

（2）LeapFrog 影响力投资实践

LeapFrog 投资非洲和亚洲的特殊业务，旨在通过与其领导者合作，实现增长、盈利和影响力的飞跃。LeapFrog 投资的公司提供医疗保健或金融服务，这些服务惠及 35 个国家 1.68 亿人，超过 1.36 亿人是新兴消费者，大部分首次获得优质的保险、储蓄、养老金、信贷、药物或医疗保健服务。从投资开始计算，这些获得投资的公司平均每年以近 40% 的速度增长，为超过 12.4 万人提供就业和生计。

LeapFrog 影响力投资者是全球主要的金融机构，诸如高盛、摩根士丹利、国际金融公司、欧洲投资银行等，显示出机构投资者对 LeapFrog 投资理念和业绩的认可。

在金融服务领域，LeapFrog 主要投资为贫困人群提供金融服务解决方案的企业，帮助他们减缓财务冲击及降低成本。通过促进对卫生、教育和商业的投资，普惠金融成为减少全球贫困的关键扶持工具。非洲和亚洲低收入人口的强劲增长推动了新兴消费者需求和技术采用的激增，为在全球增长市场运营的金融服务公司创造了巨大机遇。LeapFrog 所投资的金融服务类企业包括 HDBank、Softlogic Life 等。

在医疗健康方面，LeapFrog 主要投资聚焦贫困人群的关键需求，诸如初级保健、诊断、药物、预防和慢性病管理工具。这些工具为低收入人群提供了安全网，使他们能够避免或更好地应对健康冲击，健康生活帮助新兴消费者提高经济生产力和整体社会福利。LeapFrog 所投资的医疗健康企业包括 Ascent、Redcliffe Lifetech 等。

LeapFrog 基于全球最佳实践，创新地使用 FIIRM 体系衡量投资影响力。该体系包括四个方面，财务表现方面，以外部行业基准为参照，设定企业或者组织的财务 KPI；影响力方面，开发、设定和衡量非财务 KPI，测量影响力水平；创新方面，开发和设定以客户为中心、以解决方案为重点的非财务指标，诸如产品设计等；风险管理方面，确保治理到位和适当的风险管理。

LeapFrog 投资企业提供的金融和医疗健康服务触及 3.42 亿人口，其中 2.5 亿人为发展中国家消费者，这是 2006 年设定目标的 10 倍。LeapFrog 投资组合中的企业收入增速为 27%，合计达到 36 亿美元，投资收益超过行业基准收益水平。在医疗健康领域，LeapFrog 所投资企业提供诊断测试和实验室用品 220 万份，高品质药品 2280 万份；在金融服务领域，Leap-Frog 所投资企业发放 164 亿美元信贷，支持了 570 户小微企业发展。

（三）ESG 投资在私人信贷领域的应用

1. 全球私人信贷基金发展现状

国际私人信贷基金最早于 20 世纪 90 年代在美国发展起来，国际金融危机后银行受到冲击，同时，全球金融监管变革后，提高银行资本、流动性等方面的监管要求，致使银行信贷供给能力明显受限，尤其是中小企业融资面临较大困难，国际私人信贷基金获得更大的发展空间。

美国较早发展信贷基金，而且对私募基金放贷要求限制不多，因此，美国私人信贷资金规模占全球总规模的一半以上，KKR、Blackstone 等全球知名另类资产管理机构积极发展私人信贷基金业务，Blackstone 信贷业务占比达到 20%。欧洲是近年来信贷基金发展较快的另一地区，仅次于美国。一方面，欧洲国家看到了私人信贷基金在美国发展的良好作用，希望以此拓展企业融资渠道，尤其是中小企业融资渠道，增强经济发展动力；另一方面，美国信贷基金业务竞争越来越激烈，很多机构更加关注欧洲地区的业务机遇，寻求新的发展空间。

欧美金融市场发达，直接融资占比较高，加之银行体系健全，为什么私人信贷基金会有发展机会呢？私人信贷基金具有比较优势，主要表现在审批和决策速度比银行快，有利于满足短期资金需求；私人信贷基金合同条款更加灵活，能够满足融资方的各种个性化要求；信贷基金经理通常在特定行业和领域具有较高的专业技能，可以参与复杂交易模式的融资方案；私人信贷基金与直接融资及银行融资错位竞争，以中等企业为目标客户，并逐步涉足部分大型和小型企业融资项目。

国际金融危机后，金融监管进行了较大变革，监管政策有收紧趋势，但是监管部门对私人信贷基金加强了扶持和促进。美国加强监管规模较大的另类投资机构，对私人信贷业务发展没有进一步的监管要求。欧盟进行了实质性监管改革，改革前，欧盟资管行业监管政策不利于发展私人信贷基金，很多国家不允许非银行机构发放信贷。但是，为了促进私人信贷基金的发展，爱尔兰、德国、法国等国家相继制定私人信贷基金专项监管政策，鼓励发展私人信贷基金。欧盟推出了促进长期融资的信贷基金业务模式，在资本市场统一框架下推动监管政策统一化，预防监管套利。同时，为了摆脱私人信贷基金的影子银行特性，监管部门将其纳入宏观审慎监管框架体系。

一是业务运营方面，各国监管要求有所不同，多数国家私人信贷基金可以发放信贷，部分情况下还可以参与信贷资产的转让等与信贷相关的业务。鉴于信贷资产流动性较低，绝大多数私人信贷基金采用封闭式基金模式，或者提前约定好赎回日期。调查数据显示，私人信贷基金平均规模约为 1 亿美元，融资项目 10～15 个，通过资产组合的方式，分散风险。私人信贷基金投资信贷资产的方式更加多样，包括发放信贷、夹层、债务重组、债转股等形式。二是资金运用方面，各国监管部门限制基金放贷对象，主要向非金融企业融资，禁止向个人、金融机构、资管机构放贷，以此实现促进经济增长的目的。从实践看，私人信贷基金主要客户为中小企业、基础设施、房地产等领域。私人信贷基金管理公司分支机构有限，客户主要来自两个非常重要的渠道，其一是银行渠道，信贷基金可以跟银行错位竞争，一般合作方式包括银行投资优先级，信贷基金投资夹层；银行和私人信贷基金共同开展大规模融资项目；银行发放短期运营资金，信贷基金发放长期融资。其二是 PE 机构，很多私人信贷基金的发起人为 PE 机构，有利于实现股债结合和投贷联动。

开展私人信贷基金必须具有较高的风险管理水平，这也是监管部门重点审核的方面。监管部门加大信用风险管理、流动性风险管理和集中度和限额风险管理的监管。比如，开放式信贷基金需要加强流动性管理以应对投资者赎回压力，监管部门一般要求单个融资方的融资规模不超过总规模的 20%，有效分散风险。各国加强信息披露要求，基金发行期间要充分披露基金风险偏好、投资范畴、揭示风险、风险管理政策等信息，增强投资者权益保护力度。

私人信贷基金属于另类资产管理的重要种类之一，具有较高的风险性，主要针对合格个人投资者和机构投资者开放，爱尔兰规定信贷基金投资门槛为 10 万欧元。数据统计显示，全球私人信贷基金的资金来源主要为非银行机构，诸如养老金、保险资金、主权财富基金等，以及少部分高净值客户。私人信贷基金之所以吸引了大量的机构资金，主要是这部分机构自身难以获取信贷资产，信贷基金与证券投资等资产关联性较低，回报较为可观，个别项目内部报酬率超过 10%。

2. ESG 私人信贷投资得到重视

私人信贷基金机构越来越重视 ESG，将其作为重要的业务风险加以管理。根据 TMF 2022 年调研数据，43% 的受访机构将在未来 12 个月内加强 ESG 风险管理，其次为操作风险和政治风险。出于对 ESG 风险的担忧，54% 的受访机构已经将 ESG 因素纳入投资决策流程中，22% 的受访机构部分将 ESG 因素纳入投资决策流程，仅有 24% 的受访机构在投资决策时未考虑 ESG 因素（见图 5 - 30）。

根据另类信贷委员会（ACC）2021 年调研数据，75% 的受访机构在私人信贷业务中使用 ESG 整合策略，在所有 ESG 投资方法中应用水平最高；负面筛选占比接近 55%，排名第二位；应用参与方法的受访机构占

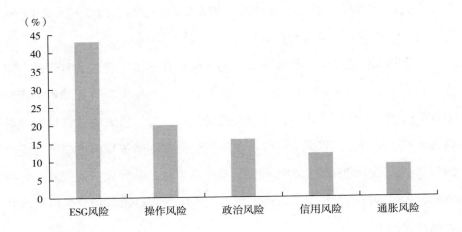

图 5 – 30   私人信贷基金机构较为关注的风险

（资料来源：作者根据 TMF 官网资料整理）

比达到 45％；应用主题投资等方法的受访机构占比较低。除此以外，私人信贷机构探索在合作协议中设定 ESG 相关法律条款，15％ 的受访机构表示这种做法已经成为内部常规操作；超过 30％ 的受访机构实践过此做法，但是并不经常使用；35％ 的受访机构虽然没有实践过此做法，但是未来计划落实。

从 ESG 方法和工具应用水平看，主要区分为三种，分别为初级阶段、中级阶段及高级阶段（见表 5 – 21）。三个阶段的核心区别在于，私人信贷基金机构参与的深度及 ESG 投资应用的颗粒度。在 ESG 内部管理方面，初级阶段主要与个人职责相关，公司管理层没有实质参与。中级阶段公司管理层积极参与其中。高级阶段在中级阶段基础上，董事会履行监督决策职能，内部治理体系更加完善。在投资流程方面，相对而言，高级阶段会比初级阶段和中级阶段更加注重运用量化工具，与可持续发展目标深度挂钩，形成更加突出的 ESG 成效。在 ESG 报告方面，随着 ESG 应用的深化，私人信贷基金机构更加深入关注各个交易对手，信息披露更加具体。

表 5－21　　　　　　　　　不同阶段的 ESG 应用

投资流程	初级阶段	中级阶段	高级阶段
ESG 管理	个人层面，具体职能	公司层面，公司高管参与	公司层面，公司高管参与，董事会监管
投前 ESG 分析	基本筛选	ESG 筛选，同时对实质性 ESG 事项进行定性分析	ESG 筛选，对实质性 ESG 事项进行定性分析及定量评价
投后 ESG 监控和参与	风险识别，聚焦监管	积极与企业管理层对话影响其商业行为	积极与企业管理层对话影响其商业行为，将可持续成效与贷款条款结合，激励实现更大的 ESG 影响力
透明性和 ESG 报告	在资产组合层面进行定性报告	在资产组合层面及个体层面进行定性报告	在资产组合层面及个体层面进行定性和定量报告

资料来源：作者根据 Arcmont Asset Management 资料整理。

3. ESG 整合法在私人信贷业务中的实践

私人信贷基金机构主要在投资前期、投资后期及退出三个阶段融入 ESG 因素。

（1）投资前期

投资前期主要涉及项目筛选、尽职调查及投资决策三个环节，每个环节都与 ESG 紧密相关。

项目筛选阶段，法通投资（LGIM）[1] 首先确认借款人的产品服务与其发展理念一致性，确认被投资企业不在排除名单中，排除名单主要包括武器制造、煤矿等领域企业。除此之外，LGIM 开展 ESG 风险和机会分析，如果认为资产存在问题或者会产生明显的负面社会影响，诸如违反温室气体排放要求等，也会排除该业务机会。分析研究后，LGIM 根据内部模型，为每个潜在项目或主体打分，该结果影响后续的投资决策。Arcmont[2] 在项目初始阶段排除一些 ESG 风险较大的项目。Arcmont 绝对排除成人娱乐、

---

① LGIM 成立于 1970 年，是一家英国保险系资产管理公司。
② Arcmont 是一家欧洲私募信贷资产管理公司。

武器制造、皮草产品、烟草等行业领域企业，不与该行业的任何企业合作；对煤炭、赌博等行业设定收入限额，以煤炭行业为例，如果来自煤炭业务的收入大于5%，将排除该企业。

尽职调查阶段，各机构进行尽职调查，部分情况下会将尽职调查外包。调查数据显示，73%的受访机构亲自进行尽调，16%的受访机构会将尽调外包，还有11%的机构计划将尽调工作外包（见图5-31）。LGIM要求交易对手提供ESG尽调问卷，充分掌握ESG信息。问卷依据SASB行业架构设计，关注的实质性问题因行业不同而有所差异，重点涉及温室气体排放、员工安全、腐败等方面。如果在尽调过程中发现部分实质性ESG风险因素没有很好地融入交易对手财务预测中，则会进一步调整交易结构，强化风险管控效果。Arcmont采用定量分析和定性分析相结合的尽调方法，由业务团队依据内外部数据信息，进行实质性评估，寻找对潜在投资项目有重要影响的风险因素、影响程度及是否能够得到有效管理。Arcmont根据实质性评估结果，对环境、社会和治理三类因素评分，形成交易对手的ESG评分，并由外部咨询机构复核该评分。

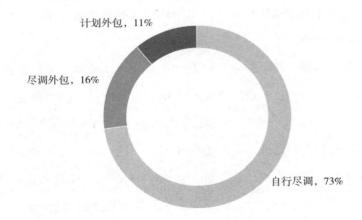

图 5-31　私人信贷基金机构开展尽调的方式

（资料来源：作者根据相关资料整理）

投资决策阶段，私人信贷机构投资决策委员会将详尽评估投资项目的

ESG 风险和机遇，特别提示拟投资项目需要关注的 ESG 风险，这将成为项目投后管理需要优化和管控的重要 ESG 事项。为了推动企业为社会可持续发展作出贡献，部分私人信贷机构会将贷款条件与 ESG 相关指标挂钩，诸如碳减排、社区建设等方面。以阿瑞斯资本（Ares）① 为例，2021 年第 3 季度，Ares 为英国环境和科技服务企业——RSK 集团提供 10 亿英镑信贷资金，支持 RSK 集团偿还到期债务及业务扩张。基于 RSK 社会责任和联合国可持续发展目标，该笔信贷业务与碳减排、健康和安全管理等指标挂钩，每年复核挂钩指标进展情况。RSK 预计每年将节省利息 50 万英镑，承诺将节省的成本至少 50% 捐赠给可持续发展倡议组织或者相关公益事业。

（2）投资后期

投资后期主要涉及交易对手 ESG 表现的跟踪和信息披露。LGIM 根据尽调过程中确认的重点 ESG 风险因素，在项目持续过程中继续加强监控，及时分析新发生的 ESG 事项。LGIM 与借款人保持持续沟通，以便了解项目的进展情况。LGIM 有专门的资产管理团队负责协调与借款人的沟通，资产管理经理与 ESG 团队沟通包括 ESG 在内的事项。Arcmont 动态监控 ESG 事件，识别正在兴起的 ESG 风险领域，确认与之相关的指标，逐步采取措施，加强 ESG 风险管控。Arcmont 坚持详细而透明的信息披露原则，每季度向投资者披露基金层面和各个交易对手层面的定量和定性报告。

（3）退出

私人信贷项目到期后，借款人通常希望继续再融资，愿意和私人信贷基金机构保持良好关系，这意味着私人信贷基金机构仍然能够在 ESG 方面对借款人产生影响。此外，私人信贷机构应该总结项目持续过程中产生的社会影响及经验，为未来业务开展奠定基础。

---

① Ares 是一家另类投资管理公司，综合经营债权、私募股权和房地产投资业务。

（四）ESG 投资在房地产领域的应用

1. 全球房地产基金发展态势

在全球量化宽松货币政策支持下，2021 年，全球房价继续攀升，成交量持续放大，房地产行业景气度保持较高水平。截至 2021 年 6 月末，全球房地产基金规模 1.25 万亿美元，其中北美房地产基金规模占比为 58%，欧洲占比为 27%，亚洲占比为 10%，其他国家和地区占比为 5%，整体来看，全球房地产基金区域分布差异较大，主要集中在北美和欧洲地区（见图 5 – 32）。

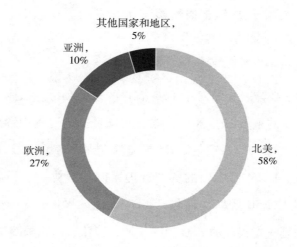

图 5 – 32　2021 年全球房地产基金

（资料来源：作者根据相关资料整理）

从募资规模走势看，2021 年房地产基金投资热度上升，全年募集资金规模达到 1760 亿美元，同比增长 18%，仅次于 2019 年的水平（见图 5 – 33）。从募资领域看，机会型房地产基金占比最高，为 35%；其次为增益型房地产基金，占比为 31%，债权型房地产基金和核心型房地产基金紧随其后。

从房地产基金交易情况看，2021 年，全球房地产基金交易量为 1.34 万亿美元，其中住宅地产交易量为 4320 亿美元，办公地产交易量为 3370

（10亿美元）

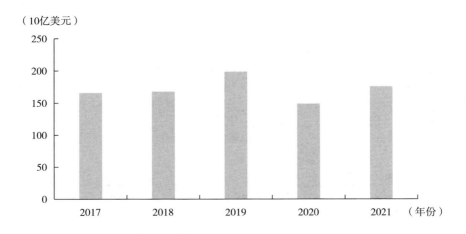

图 5 - 33 2017 年至 2021 年全球房地产基金募资情况

（资料来源：作者根据相关资料整理）

亿美元，工业地产交易量为 2790 亿美元，零售物业交易量为 1400 亿美元，酒店物业交易量为 700 亿美元。

2. 可持续房地产投资态势

房地产行业是二氧化碳排放的重要领域，也关系居民的生活质量，与社会可持续发展密切相关。国际能源研究中心测算，全球建筑行业贡献碳排放的 40%；2018 年全国建筑全过程碳排放总量占全国碳排放的 51.3%，在减碳控温过程中，建筑业需要提升绿色发展水平，推广绿色低碳建材和绿色建造方式。

在政策及市场需求推动下，2022 年，全球已有 156 家房地产企业制定科学减碳目标，全球建筑行业 2021 年能效投资达到 2370 亿美元，同比增长 16%，加快绿色不动产建设。根据世邦魏理仕统计数据，印度 2017 年至 2022 年绿色建筑增长了 37%。截至 2021 年底，我国新建绿色建筑面积达 20 亿平方米，占新建建筑的比例达到 84%，累计建成的绿色建筑面积为 85 亿平方米，截至 2019 年末，绿色建筑超过 4000 个（见图 5 - 34）。

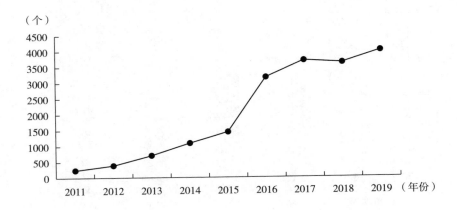

图 5 – 34   2011 年至 2019 年我国绿色建筑数量增长情况

(资料来源：作者根据相关资料整理)

绿色认证是保障绿色建筑质量的关键，通行的绿色建筑认证标准包括 LEED 认证体系、BREEAM 认证体系、DGNB 认证体系及我国绿色三星建筑认证体系。LEED 是全球较为认可的绿色建筑认证体系，针对新建建筑、既有建筑改造、室内装修及社区等不同项目类型设计了评估体系，重点考察碳排放、能源消耗、水资源利用、废弃物管理、材料使用、健康及室内环境质量等方面，获得综合分数，并与一定认证等级映射。LEED 认证分为四个等级，分别为认证级（40 ~ 49 分）、银级（50 ~ 59 分）、金级（60 ~ 79 分）、铂金级（80 分及以上）。我国《绿色建筑评价标准》主要评价维度包括节地与室外环境、节能与能源利用、节水与水资源利用、节材与材料资源利用、室内环境质量、运营管理等方面，根据评分划分为一星、二星、三星三个等级。2021 年，我国共有 1297 个项目获得二星级绿色建筑认证，215 个项目获得三星级绿色建筑认证。

3. ESG 房地产投资实践

房地产投资时间长，更可能受到 ESG 风险和机遇的影响，需要深入评估和整合 ESG，提高价值创造能力。联合国环境规划署 2019 年的调研数据显示，93% 的受访不动产投资机构已将 ESG 融入投资决策，重点考虑的

ESG 因素为能源消耗、温室气体排放、水资源利用、废弃物处理、民生福祉等。Pensions & Investments 2022 年调研结果表明，美国受访机构管理的 ESG 不动产投资规模为 3720 亿美元，占美国全部不动产投资规模的 51.2%。

UN PRI 建议房地产业务践行可持续投资，主要遵循筛选、尽职调查、投资决策、持有和出售等业务流程。

筛选阶段，初步选定潜在不动产投资目标后，需要关注是否存在重大 ESG 风险，比如负面环境影响大等问题。突出的 ESG 风险可能导致无法继续推进后续投资流程。

尽职调查阶段，该阶段对 ESG 问题进行彻底分析，评估改进潜力、发现遗留问题，以及对 ESG 趋势（如不断变化的洪水模式或能效标准）的影响开展分析。常见的尽调环境问题包括土地污染、气候变化、室内质量、能源消耗、温室气体排放等方面。

投资决策阶段，重点评估 ESG 问题对估值的影响，提高能源消耗效率将导致资本支出增大，最低能耗不符合法定标准可能影响未来收入水平，低质量建筑寿命短，提高了报废风险，这些都会影响不动产估值，需要在投资决策时重点关注。

持有阶段，金融机构可以提高不动产节能水平，进行绿色建筑认证，增强市场受欢迎程度。遴选物业管理机构时，除了关注物业管理人的专业能力和综合实力，还可以将管理费与 ESG 目标挂钩，提升不动产 ESG 表现。选择承租人时，向承租人提示 ESG 问题管理的重要性，在租赁合同中纳入 ESG 条款。

出售阶段，整理书面材料，证明不动产的 ESG 问题得到了较好管理，有利于提升不动产估值。

4. 安联 ESG 不动产投资实践

安联不动产业务板块在实施 ESG 整合策略时，主要从评估、参与及提升三个方面入手。

在评估方面，由安联不动产当地团队对项目进行技术性及环境等方面尽职调查，自 2020 年开始，会将能源消耗及二氧化碳排放纳入尽调范畴。安联不动产认为，绿色或者可持续认证是证明资产 ESG 表现的重要标志，如果没有取得相关认证，需要进行前期认证评估。一般而言，安联不动产要求办公物业、零售物业及物流物业必须具有绿色或者可持续认证，这些认证既可以是全球性认证，也可以是地区性认证。如果收购的不动产没有认证，投资团队需要在 3 年内完成认证。

在参与方面，安联不动产持续影响承租人或者商业合作伙伴，提升投资组合的 ESG 表现。安联不动产定期监测 ESG 指标，不断提升 ESG 水平和目标，也会在与承租人的合作协议中，写入绿色租赁条款。

在提升方面，安联不动产每年收集整理用电、供热、用水等方面的数据信息，努力提高资源使用效率，进行能源审计，提出节约能源消耗的应对举措和方案。

5. 纽文投资（Nuveen）ESG 不动产投资实践

Nuveen 成立于 1970 年，是美国教师退休基金会的分支，主要为机构投资者提供资产管理服务。Nuveen 管理的不动产规模达到 1510 亿美元，不动产业务员工 740 人，分布在美国、欧洲和亚太地区的 30 多个城市。

（1）业务治理体系

Nuveen 设立另类投资区域管理委员会，负责全球各区域另类投资业务的监督管理；设有不动产全球执行领导小组，统筹 Nuveen 的不动产投资业务；建立区域投资委员会和区域运营委员会，分别负责不动产投资管理和运营管理决策；投资组合管理部门、投资团队等业务部门具体负责 ESG 政策执行和落实。

（2）ESG 投资管理原则

Nuveen 责任投资主要包含 ESG 整合、尽责管理及积极影响三大原则。

Nuveen 将 ESG 融入投资流程。在项目筛选阶段，如果目标市场气候相关风险增大，战略研究小组会提供更深入的市场分析。在尽职调查阶段，收集目标资产的 ESG 表现信息，设计与基金投资策略一致的商业计划，有效控制已识别的风险因素。在决策阶段，投资委员形成投资备忘录，重点分析投资可持续风险特征及气候风险敞口。项目运行阶段，持续收集不动产 ESG 数据，每年制订包括能源消耗等 ESG 管理在内的运行计划。

（3）ESG 管理举措及效果

环境因素管理方面，Nuveen 与物业管理人及运营方共同合作，加强能源、废弃物、水、生物多样性、交通等方面的 ESG 管理，每年度设定行动目标，定期进行监控，推动更好地完成年度目标，并对外披露相关进展。就环境管理体系来看，主要包括四个环节，分别为计划阶段，设定可持续发展目标，形成具体的行动方案；行动阶段，负责任地管理物业，执行行动方案；核对阶段，收集数据信息，检验行动效果；改善阶段，寻找进一步改进和提升的机会。截至 2021 年末，Nuveen 不动产投资组合二氧化碳排放量同比下降 5%；写字楼能耗强度下降 10%，商场物业能耗强度下降 16%，工业不动产能耗强度下降 32%，预计到 2025 年能耗强度较 2015 年下降 30%。

社会因素管理方面，Nuveen 寻求解决所有利益相关者的需求，特别是那些能够影响不动产财务表现的人，让建筑的使用者满意，提升投资组合的收益表现。为此，Nuveen 建立客户满意度调查机制，探索建立移动应用程序等创新互动工具，增加能够与客户互动的 ESG 触点，雇佣专职社区管理和承租人联络专家。为了保证不动产使用者的健康和安全，Nuveen 推动所管理的更多建筑接受 Fitwel 健康建筑认证。

房屋可负担性管理方面，弱势群体和贫困人群缺乏负担得起的房屋选择，这会进一步加大社会贫富差距。Nuveen 希望支持蓝领阶层和中产阶级，让他们有多元化的租房选择机会。2021 年，Nuveen 在德国发起居住影响计划，帮助解决房地产市场供给和需求失衡的问题，房屋租金在 30 年内比市场平均价格低 33%，重点面向中低收入人群及汽车制造和信息技术等行业工人，使更多居民有能力租赁或购买房屋。Nuveen 在美国希望解决收入水平为平均收入 30% ~ 60% 人群的住房问题，大幅降低租金，使更多中低收入人群有能力支付房租，极大改善了社会福利水平。

第六章　全球 ESG 投资实践与启示

ESG 投资逐步成为主流投资策略，各国 ESG 投资实践各具特色。同时需要看到，各国政策、经济发展阶段及金融发展水平存在差异，ESG 投资发展很不均衡。

第一节　全球 ESG 投资概况

一、全球 ESG 投资发展规模

全球 ESG 投资保持较快增长，根据 Bloomberg 估算，2021 年全球 ESG 投资规模为 37.8 万亿美元，2025 年将达到 53 万亿美元，占全球资产管理规模的 1/3，是所有投资领域吸引社会资金最多、发展速度最快的领域（见图 6-1）。根据 Morningstar 统计数据，2021 年，全球 ESG 基金规模达到 2.74 万亿美元，同比增长 66%。

Morningstar 统计数据显示，2022 年上半年，全球新设立可持续基金 487 只，主要由欧美国家贡献；可持续基金净流入资金 1196 亿美元，其中第 1 季度净流入 870 亿美元，第 2 季度净流入 326 亿美元。可持续基金受到青睐。截至 2022 年 6 月末，全球可持续基金规模为 2.47 万亿美元，较第 1 季度末下降 13%，较年初下降 9.9%，主要受到货币政策收紧、经济衰退预期升高及资本市场持续回调等因素影响。从结构看，欧洲可持续基

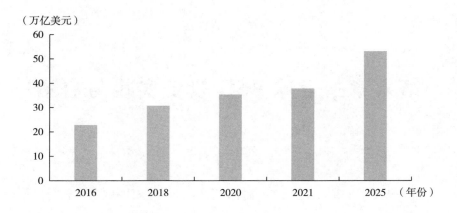

（万亿美元）

图 6-1　全球 ESG 投资发展趋势

（资料来源：作者根据相关资料整理）

金规模占比为 82%，美国占比为 12%，中国排名第三位，市场集中度较高。

二、全球 ESG 发展比较

　　横向比较看，各国可持续发展水平差异非常大。2021 年，全球可持续发展指数为 66 分，基本与 2020 年保持一致。从各地区指数看，OECD 国家平均水平最高，为 78.69 分；其次为东欧和中亚，73.98 分；东南亚和拉美地区平均值分别为 67.41 分和 67.48 分，可持续发展指数相近，略高于全球平均值；撒哈拉以南非洲可持续发展指数为 54.49 分，远低于世界平均水平，处于全球最低水平，凸显了该地区社会和环境改善的紧迫性（见图 6-2）。具体到各个国家看，全球可持续发展指数排名前十位的国家分别为芬兰、丹麦、瑞典、挪威、奥地利、德国、法国、瑞士、爱尔兰和爱沙尼亚，可持续发展指数分别为 86.51 分、85.63 分、85.19 分、82.35分、82.32 分、82.18 分、81.24 分、80.79 分、80.66 分和 80.62 分。全球可持续发展指数排名最后十位的国家分别为安哥拉、吉布提、马达加斯加、刚果、利比亚、苏丹、索马里、乍得、中非和南苏丹，可持续发展指数分别为 50.94 分、50.31 分、50.12 分、50 分、49.89 分、49.63 分、45.57 分、41.29 分、39.28 分和 39.05 分。

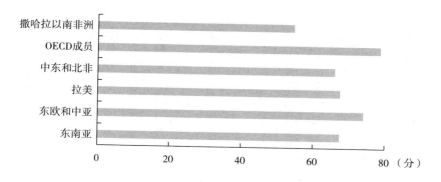

图 6－2　2021 年全球主要地区可持续发展指数

（资料来源：作者根据 Cambridge University 相关资料整理）

从各国 ESG 可持续评分看，2021 年，欧洲依然引领全球，其中荷兰评分最低，其次为芬兰、法国、比利时等国家，反映这些国家 ESG 风险管理较到位。北美表现相对较好，美国和加拿大评分略高于前述欧洲国家；亚洲、拉美等地区表现不佳，巴西、印度等国家评分较高，表明 ESG 风险管理水平还需提升（见图 6－3）。

2022 年，耶鲁大学环境法及政策中心评价了 180 多个国家和地区的环境表现，结果显示西欧和北美地区环境表现最好，平均得分为 63.3 分；东欧和拉美地区表现相对较好，得分分别为 53.24 分和 44.29 分；南亚和亚洲环境表现排名靠后，平均得分分别为 31.63 分和 36.02 分（见图 6－4）。从具体国家看，环境表现排名前十位的国家分别为丹麦、英国、芬兰、马耳他、瑞典、卢森堡、斯洛文尼亚、奥地利、瑞士和冰岛，得分分别为 77.9 分、77.7 分、76.5 分、75.2 分、72.7 分、72.3 分、67.3 分、66.5 分、65.9 分和 62.8 分；排名最后十位的国家分别为苏丹、土耳其、海地、利比亚、巴布亚新几内亚、巴基斯坦、孟加拉国、越南、缅甸和印度，得分分别为 27.6 分、26.3 分、26.1 分、24.9 分、24.8 分、24.6 分、23.1

分、20.1 分、19.4 分和 18.9 分。

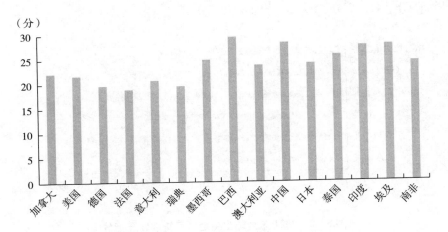

图 6 – 3 2021 年部分国家 ESG 可持续性评分①

（资料来源：作者根据相关资料整理）

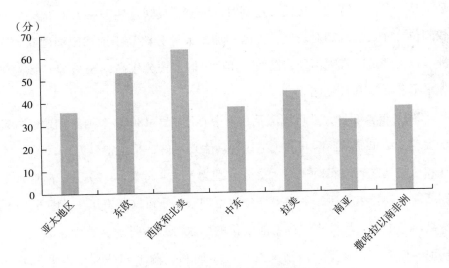

图 6 – 4 全球各地区环境表现得分

（资料来源：作者根据相关资料整理）

---

① 评分反映尚未被管理的 ESG 风险水平，评分越低代表 ESG 风险管理越到位。

　　ESG 正成为各国的核心竞争力，与国民经济、进出口等密切相关。但为什么各国 ESG 投资及可持续发展水平仍有如此大的差距呢？这与各国经济发展水平、金融市场成熟度及政府政策导向有很大关系。经济发展水平方面，一国经济发展水平越高，越能够认识到可持续发展的重要性，越有动力加大可持续发展投资，大力改善 ESG 表现。金融市场成熟度方面，一国金融市场越完善，机构投资者越自觉参与可持续发展，有利于 ESG 投资创新，强化对 ESG 因素的定价，提高 ESG 投资水平。政策导向方面，ESG 投资刚刚兴起，需要加快建立信息披露、市场监管等方面的制度建设，强化政策引导，形成相对完善的 ESG 投资生态体系。

第二节　欧洲 ESG 投资实践和启示

　　欧洲 ESG 投资起步早，监管政策完备，投资工具丰富多样，金融机构践行 ESG 投资积极性高，处于全球领先地位。

一、欧洲 ESG 投资监管政策的进展

　　欧洲 ESG 投资监管政策发展可以划分为两个阶段。第一个阶段是 2014 年之前，主要由欧洲各国推动 ESG 投资监管政策进程。英国是 ESG 投资发祥地之一，2010 年，英国财务报告委员会制定了《尽职管理守则》，要求机构投资者参与被投资企业的 ESG 事项；2001 年 5 月，法国议会通过《新经济规制法》，要求所有上市公司必须在年度报告中披露生产经营中劳工、健康与安全、环境、人权等方面的信息；2011 年 10 月，德国政府颁布《德国可持续发展守则》，为企业提供通用的可持续信息披露框架，有助于衡量企业可持续发展绩效。第二个阶段是 2014 年以后，欧盟开始制定统一的 ESG 投资监管政策，成员国政策步调更一致，这其中《可持续金融分类法》《可持续金融披露条例》《企业可持续发展报告指令》是欧洲 ESG 投

资监管体系的核心政策（见表 6-1）。

表 6-1   **欧洲 ESG 投资重点监管政策**

时间	监管政策名称	发布机构
2014 年 10 月	《非财务报告指令》	欧洲议会和欧盟理事会
2016 年 12 月	《职业退休服务机构的活动及监管》	欧盟委员会
2017 年 5 月	《股东权指令》（修订）	欧洲议会和欧盟理事会
2018 年 3 月	《可持续金融行动方案》	欧盟委员会
2019 年 12 月	《欧洲绿色协议》	欧盟委员会
2020 年 2 月	《欧洲可持续金融策略》	ESMA
2020 年 3 月	《可持续金融分类法》	欧盟委员会
2021 年 3 月	《可持续金融披露条例》	欧盟委员会
2021 年 4 月	《欧盟分类气候授权法案》	欧盟委员会
2021 年 6 月	《欧洲气候法》	欧盟理事会
2022 年 2 月	《可持续金融路线图 2022—2024》	ESMA
2022 年 2 月	《企业可持续发展报告指令》	欧盟理事会

资料来源：作者根据互联网信息综合整理。

（一）《可持续金融行动方案》主要内容

为了落实《巴黎协定》以及全球 2030 年可持续发展目标，2018 年，在高级别专家组的建议下，欧盟制定了《可持续金融行动方案》。该方案包含三大类十条行动举措。

第一类是促进资本流向具有可持续性的经济领域。此部分重点举措包括为可持续经济建立清晰而详尽的分类体系，建立欧盟绿色债券标准和绿色金融产品标签，增加可持续性项目投资，在提供财务规划建议时融入可持续性因素，制定可持续性基准。

第二类是将可持续性因素纳入风险管理范畴。此部分重点举措包括更好地将可持续性因素整合到评级和市场研究中，明确资产管理者和机构投资者的可持续性责任，欧盟银行和保险机构审慎监管政策要体现绿色支持导向。

第三类是强化透明性和长期主义。此部分重点举措包括制定可持续性会计规则和信息披露制度，提升可持续性公司治理水平，降低资本市场的短期行为。

（二）《欧洲绿色协议》主要内容

《欧洲绿色协议》涵盖所有经济领域，特别关注交通、能源、农业、建筑、钢铁、水泥、信息通信、纺织和化工产业，旨在推动欧盟向绿色经济转型，有效应对全球气候变化挑战。《欧洲绿色协议》提出，到 2030 年温室气体排放量较 1990 年减少 55%，创造就业岗位/机会，降低对外部能源的依赖，提高健康和社会福利，建设更具可持续性的经济体系。

交通方面，到 2030 年，汽车二氧化碳排放量减少 55%，货车二氧化碳排放量减少 50%；到 2035 年，汽车二氧化碳排放量为 0。

能源方面，提升新能源占比至 40%，提高能源消费效率，最终和一次能源消耗量降低 36%～39%。

建筑方面，未来 7 年提供 722 亿欧元资金，用于房屋翻新和零碳排放改造；除了家庭住房，公共建筑也需要更多使用可再生能源，降低能源消耗，到 2030 年，建筑能源消费中的 49% 为可再生能源。

（三）《可持续金融分类法》主要内容

《可持续金融分类法》是落实《可持续金融行动方案》的重要举措，有利于推动可持续经济改革，规范投融资活动，引导更多资金流向可持续行业领域。

环境目标方面，《可持续金融分类法》提出六大环境目标，分别为气候变化减缓、气候变化适应、可持续使用和保护水资源和海洋资源、向循环经济转型、防止污染、保护和修复生态多样性。

标准方面，投资活动达到环境可持续性标准，必须满足一定要求，至少为 1 个以上环境目标作出实质性贡献，不会对任何环境目标造成实质性损害，满足最低的保障要求，涵盖 OECD 跨国企业指引、联合国商业和人权指引等要求。

适用主体方面，欧盟分类法适用三类主体，第一类是包括基金公司、保险公司和投资银行机构在内的欧盟地区合格金融市场参与者，第二类是员工超过 500 人的"公共利益实体"及需要提交非财务信息报告的企业，第三类是欧盟成员国。适用主体需从现金流角度披露自身可持续发展情况。

（四）《可持续金融披露条例》主要内容

为了提高可持续金融透明性，防止洗绿行为，欧盟制定了《可持续金融披露条例》，提出更为具体的信息披露要求。

1. 适用对象

《可持续金融披露条例》适用于保险机构、投资公司、职业退休服务机构、另类投资基金管理人、欧盟个人养老金产品提供机构、创业投资机构、可转让证券集合投资计划（UCITS）管理人、信贷机构等主体，几乎涵盖了所有金融机构。

2. 对金融市场参与者的要求

《可持续金融披露条例》要求市场参与者在网站披露可持续风险融入投资决策流程的政策制度，金融产品咨询建议机构在网站披露可持续风险融入投资建议或者保险建议的政策制度。

3. 对金融产品的要求

《可持续金融披露条例》将金融产品分为主流产品（Article 6）、促进环境或社会的产品（Article 8），以及具有可持续投资目标的产品（Article 9）。

主流产品方面，金融机构需要在签署合同前披露可持续风险融入投资决策流程的方式，评估可持续风险对产品收益的可能影响。如果认为可持续风险不相关，需要解释原因。

促进环境或社会的产品方面，如果金融产品可推动环境、社会因素或者二者同时推进，需要进一步披露如何实现上述特征或者目标；如果选择某指数作为基准，需要说明该指数是否及如何与上述特征保持一致。

具有可持续投资目标的产品方面，如果金融产品明确了可持续投资目标，并且选择某指数作为参照基准，需要说明该指数如何与该目标匹配，如何与市场宽基指数相区别。如果没有指定指数作为参照基准，需要说明如何实现可持续目标。如果金融产品以减少碳排放作为目标，需要进一步披露为实现《巴黎协定》中长期气候变暖目标而减少的碳排放目标。

（五）《企业可持续发展报告指令》主要内容

《企业可持续发展报告指令》是对《非财务报告指令》的进一步改革，完善 ESG 信息披露要求，强化可持续投资。

适用范围方面，涵盖所有上市企业，以及符合以下 3 项标准中 2 项的大型企业：企业员工人数 250 人以上、净营业额 4000 万欧元以上、资产总额 2000 万欧元以上。

信息披露要求方面，披露企业的重大可持续发展主题，至少包含环境、社会、员工事务、董事会多样性、尊重人权、反腐败和贿赂问题。其他重大可持续发展主题涵盖战略、治理、政策、流程、系统、关键绩效指标、结果和可持续发展目标的实现等事项。

审计要求方面，可持续发展报告需进行强制性审计。目前，CSRD 要求公司对可持续性披露报告提供有限保证，CSRD 实施全面稳定之后，要求公司对报告提供合理保证。

实施时间方面，2024 年开始欧盟企业需要披露可持续发展报告。

二、欧洲 ESG 投资现状

（一）ESG 投资工具分析

据估算，2021—2030 年，欧洲碳中和领域的年均投资规模将达到 1 万亿欧元，绿色债券是重要的融资渠道。当前，欧洲地区是全球绿色债券发行的重要地区之一。2015 年至今，欧洲各国绿色债券发行规模持续增长，2021 年发行规模达到 2884 亿美元，创历史最高值，其中德国、英国、法国是发行量最大的欧洲国家（见图 6-5）。

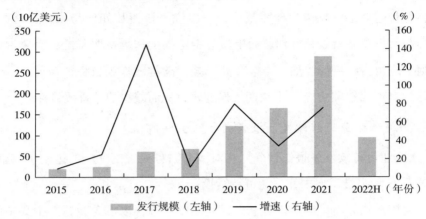

图 6-5 2015 年至 2022 年上半年欧洲国家绿色债券发行情况

（资料来源：作者根据相关资料整理）

从发行主体看，2021 年，金融机构、主权国家、非金融机构和政府支持机构发行规模最多，占比分别为 31%、27%、21% 和 14%，合计达到 93%，其他主体发行规模较小（见图 6-6）。

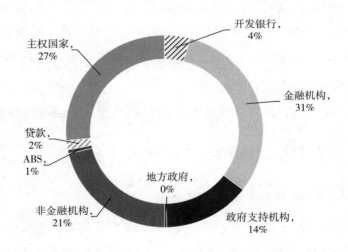

图 6-6 2021 年欧洲地区绿色债券发行主体情况

（资料来源：作者根据相关资料整理）

从绿色债券行业分布看，能源、建筑、交通是绿色债券分布规模最大的行业领域，占比分别为 37%、28% 和 18%，合计占比达到 83%，这些领域是应对气候危机挑战的核心行业，所需要的投资资金规模也相对最大（见图 6-7）。

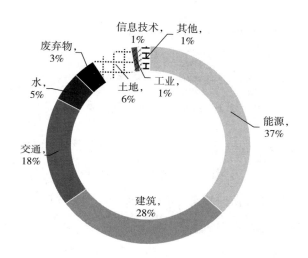

图 6-7　2021 年绿色债券行业分布

（资料来源：作者根据相关资料整理）

（二）ESG 投资产品全球领先

1. 欧洲 ESG 投资发展规模

欧洲资产管理规模排名全球第二位，仅次于北美。根据 EFAMA 统计数据，截至 2021 年第 3 季度末，欧洲资产管理达到 31.3 万亿欧元，首次突破 30 万亿欧元大关，占 GDP 的 182%，呈现持续上升态势（见图6-8）。欧洲各国资产管理规模差距较大，英国、法国、德国、瑞典和荷兰资产管理规模排名前五位，规模分别为 10.44 万亿欧元、4.58 万亿欧元、2.88 万亿欧元、2.49 万亿欧元和 1.83 万亿欧元。从资产配置情况看，债券占比为 40%，权益占比为 30%，现金及等价物占比为 7%，其他占比为 23%。

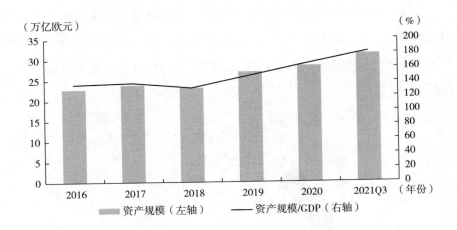

图 6 – 8　2016 年至 2021 年第 3 季度欧洲资产管理规模趋势

（资料来源：作者根据相关资料整理）

　　根据 GSIA 统计数据，截至 2020 年末，欧洲地区可持续投资规模达到
12.02 万亿美元，仅次于美国，较 2018 年下降了 14.6%，主要原因是欧洲监
管部门收紧了 ESG 投资的认定标准，进一步降低洗绿行为（见图 6 – 9）。截
至 2020 年末，欧洲管理资产规模为 28.4 万亿欧元，ESG 投资占比为 41.6%，
仅次于加拿大，居全球第二位，表明欧洲地区 ESG 投资较为发达。

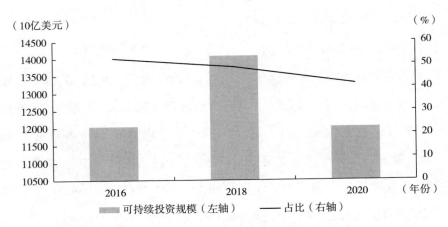

图 6 – 9　2016 年至 2020 年欧洲可持续投资规模和占比

（资料来源：作者根据相关资料整理）

从 ESG 投资策略实施情况看，根据 EFAMA 统计数据，截至 2019 年末，2.9 万亿欧元的资管产品使用了筛选策略，3.8 万亿欧元的资管产品使用了 ESG 整合策略，2 万亿欧元的资管产品为主题投资产品，影响力投资规模为 0.4 万亿欧元。

2. 可持续基金发展现状

根据 Morningstar 统计数据，截至 2021 年末，欧洲可持续基金规模为 1.97 万亿欧元，占所有基金的 16%。其中，卢森堡可持续基金规模为 6630 亿欧元，爱尔兰为 2790 亿欧元，瑞典为 2130 亿欧元，法国为 1980 亿欧元，英国为 1490 亿欧元，瑞士为 1120 亿欧元，德国和比利时均为 640 亿欧元（见图 6－10）。总体来看，欧洲可持续基金集中度较高，主要集中于卢森堡、爱尔兰、瑞典等国家，其他国家规模较小。

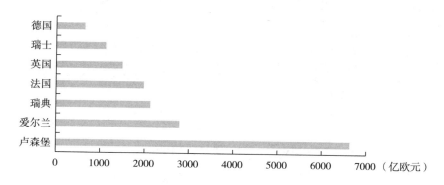

图 6－10　部分欧洲国家可持续基金管理规模

（资料来源：作者根据相关资料整理）

从可持续金融分类看，Morningstar 统计数据显示，截至 2021 年末，按照《可持续金融披露条例》进行信息披露的产品规模为 9.61 万亿欧元，其中属于 Article 8 规定的基金产品规模占比为 39%，属于 Article 9 规定的基金产品规模占比为 5%。具体来看，Article 8 规定的基金产品主要分布于法国、瑞典、荷兰和德国，占比分别为 36%、22%、17% 和 11%；属于 Article 9 规定的基金产品主要分布于法国、荷兰、意大利、瑞典和德国，占比分别为 58%、24%、6%、5% 和 5%。

从可持续基金资产配置情况看，截至 2021 年末，64% 的欧洲可持续基金配置权益资产，20% 的基金配置了固定收益资产，16% 的资金配置了其他基金产品。

3. UCITS 基金现状

截至 2021 年，欧盟可转让证券集合投资计划（UCITS）总规模达到 10.53 万亿欧元，其中可持续性 UCITS 基金占比达到 16%（见图 6-11）。

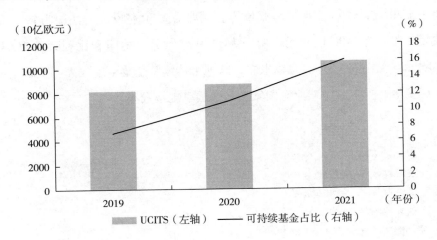

图 6-11 欧洲可持续 UCITS

（资料来源：作者根据相关资料整理）

可持续债券类 UCITS 方面，根据 EFAMA 统计数据，截至 2020 年末，可持续债券 UCITS 较 2010 年增长了 2.5 倍，达到 5460 亿欧元，在 UCITS 中的占比从 2010 年的 16.7% 上升至 20.3%。从投资债券等级看，超过 35% 的债券等级为 BBB 级，占比最高；从投资久期看，1~3 年和 3~5 年占比均超过 20%，成为主流的债券投资品种。

可持续权益类 UCITS 方面，根据 EFAMA 统计数据，截至 2020 年末，可持续权益 UCITS 规模较 2010 年增长了 3.6 倍，达到 1.2 万亿欧元，在全部 UCITS 基金中的占比从 2010 年的 22% 上升至 2020 年的 29%。从行业配置看，新能源、信息技术、消费等行业领域配置比例最高，而传统能源、房地产等行业领域配置比例较低（见图 6 - 12）。

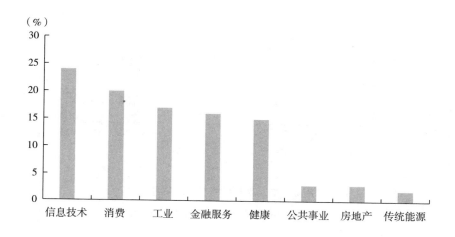

图 6 - 12　可持续权益 UCITS 行业配置

（资料来源：作者根据相关资料整理）

4. ESG 私募基金发展现状

根据普华永道（PWC）统计数据，截至 2020 年末，欧洲私募产品总体规模为 1.71 万亿欧元，其中 ESG 私募产品规模为 2529 亿欧元，占比为 14.8%。预计到 2025 年，欧洲私募产品规模达到 3.09 万亿欧元，ESG 私募产品达到 7757 亿欧元，占比提升至 25.1%（见图 6 - 13）。

从细分领域看，截至 2020 年末，ESG PE 产品规模为 983 亿欧元，ESG 房地产基金规模为 658 亿欧元，ESG 基础设施基金规模为 657 亿欧元，ESG 私人信贷基金规模为 231 亿欧元。预计到 2025 年，欧洲 ESG PE 规模将达到 2920 亿欧元，ESG 房地产基金规模将达到 1532 亿欧元，ESG 基础设施基金规模将达到 2516 亿欧元，ESG 私人信贷基金规模将达到 788 亿欧元。总体而言，未来 ESG PE 和 ESG 基础设施增长潜力较高。

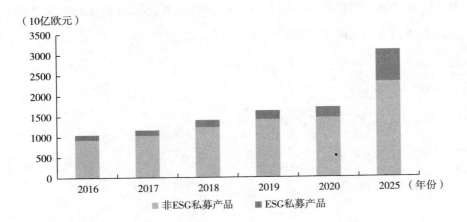

图 6 – 13　欧洲私募产品发展趋势

（资料来源：作者根据相关资料整理）

三、欧洲金融机构 ESG 投资实践

截至 2022 年 9 月，欧洲共有 2687 家金融机构加入 UN PRI，践行可持续投资，占全球签约机构总数的 52%，居世界第一位。其中，投资管理机构 1960 家，占比为 73%；资产所有者 427 家，占比为 16%；服务机构 300 家，占比为 11%。欧洲地区 ESG 投资实践全球领先，金融机构 ESG 投资实践具有较强的可借鉴性，以下主要介绍东方汇理（Amundi）、挪威养老金（GPFG）两家机构具体情况。

（一）Amundi ESG 投资实践

Amundi 母公司为法国农业信贷银行，前身为农业信贷资产管理公司。2009 年，法国农业信贷银行与法国兴业银行资产管理部合并，成立 Amundi。Amundi 是欧洲资产管理规模最大的资管机构，世界排名前十，市场竞争力突出。截至 2021 年，Amundi 资产管理规模为 2.06 万亿欧元，其中责任投资规模 8470 亿欧元，占比达到 41%（见图 6 – 14）。Amundi 主要为客户提供各类资产管理解决方案，截至 2021 年末，零售客户占比为 30%，机构客户占比为 33%，保险客户为 23%，其他为 14%。

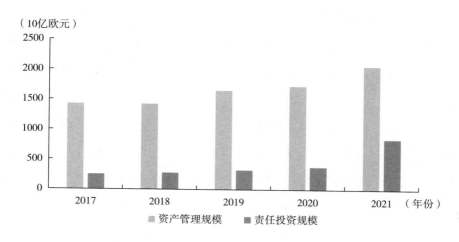

图 6 - 14　Amundi 资产管理规模

（资料来源：作者根据相关资料整理）

成立以来，Amundi 将责任投资理念融入核心战略，与卓越业绩、全面的咨询服务能力、高效运营一同作为实现战略发展的四大核心支柱。

1. ESG 业务组织架构

（1）治理体系

ESG 和气候战略委员会主席由 Amundi CEO 担任，每月召开一次会议，主要审议和制定各类 ESG 和气候战略，监督实施 2025 年愿景规划。

ESG 评级委员会主席由 Amundi 首席责任投资官担任，委员会成员包括投资、责任投资、风险合规条线的高管人员，每月召开一次会议，负责制定 ESG 评级方法和具体行业应用规则，审批与 ESG 评级相关的事项。

投票委员会主席由 Amundi 责任投资监督官担任，每月召开一次会议，或者根据需要临时召开会议，主要负责监督 Amundi 投票政策的实施和对外信息披露，为投资决策提供咨询意见。

ESG 管理委员会主要由责任投资条线的高级管理人员组成，每周召开会议，负责制定 ESG 和投票团队的工作目标和优先事项，集中全集团的

ESG 能力和资源，推动 ESG 业务发展。

（2）业务团队体系

ESG 研究、参与和投票团队分布在巴黎、都柏林、伦敦和东京，ESG 研究员持续与企业见面和沟通，提升 ESG 实践；与实施投票的专家小组合作。

ESG 方法和解决方案小组由量化分析师和金融工程师组成，负责开发、维护 ESG 评分系统和 ESG 数据管理系统；帮助分析师和投资经理将 ESG 和可持续性因素融入投资决策，协助业务团队制订创新的 ESG 解决方案；落实客户定制化筛选策略。

ESG 业务开发和宣传团队分布在巴黎、慕尼黑、东京和香港，主要负责开发符合客户需求的 ESG 产品服务，为所有 Amundi 客户提供 ESG 咨询服务，与各类责任金融倡议组织合作。

ESG COO 办公室负责责任投资业务条线与集团各部门之间的协调工作，监督管理 ESG 相关项目。

2. ESG 政策

Amundi 承诺进行责任投资，贯彻到产品服务开发、业务咨询等各项投资活动，为解决世界重大社会经济和环境挑战作出积极贡献。

排除政策方面，ESG 和气候战略委员会负责制定排除政策，ESG 评级委员会负责监督该政策的执行。依据规则性排除政策，Amundi 排除任何违反渥太华公约和奥斯陆协议、联合国全球契约等国际政策的发行人；依据行业排除政策，Amundi 排除烟草、传统化石能源等行业企业。

参与政策方面，尽责管理是 Amundi ESG 战略的重要组成部分，推动被投资企业更好地将可持续性理念融入公司治理、运营和商业模式。Amundi 围绕六大领域开展参与活动，包括转型低碳经济，自然资本保护，推动人权事业，客户、产品和社会责任，以高效的公司治理水平强化可持续发展，完善投票政策。Amundi 加强参与进展管理，考虑到推动企业深层变革是一个复杂的过程，Amundi 从长期视角出发，依据内外部情况，建立中期里程碑目标，寻求实现中短期积极变化和提升。如果参与失败，Amundi 将尝试投票选举新的董事会或者高管成员，降低发行人评级，减少投资规模，直至剔除发行人。

产品政策方面，Amundi 提供主流 ESG 投资产品，为每只基金设定相应的参照基准，确保基金加权 ESG 得分高于基准得分；部分基金产品通过主题筛选等方式，更深度地整合 ESG。Amundi 提供影响力产品，在获取投资收益的同时，实现可衡量的社会和环境影响。Amundi 建立内部影响力基金评分卡，依据目的性、可衡量性、额外性三个标准打分。只有三个维度都达到最低分数及达到目的性最低要求的基金才能分类为影响力基金。Amundi 提供净零目标产品，这些产品的碳足迹管理要求与 2050 年碳中和政策一致，而且必须满足两个最低标准，一是碳足迹削减目标高于对应的参照基准，二是对高气候影响产品保持最低敞口，激励这些行业低碳转型。

信息披露政策方面，Amundi 每月披露开放式责任投资基金的 ESG 信息，报告与基准指数 ESG 评级的比较分析、被投资发行人 ESG 表现等信息；发布主题投资的特别报告，披露影响力效果和管理情况；披露责任投资组合管理具体信息。除此之外，Amundi 每年发布尽责管理报告、气候相关财务信息报告和可持续发展报告。

3. ESG 评估

Amundi 建设与其价值观和标准相符的 ESG 分析框架和评分方法。

数据方面，Amundi 利用内外数据资源，建立 ESG 数据库，已经与 MS-CI、ISS、Sustainalytics、CDP 等 15 家数据服务商建立合作关系。

评分方面，Amundi 评分主要用于评估发行人 ESG 表现，评分方法分为两类，一类是面向一般企业，另一类是面向主权国家。

（1）ESG 企业评级方法

从环境、社会及公司治理三个维度出发，Amundi 评估企业面临的 ESG

风险和机遇，以及如何管理可持续风险等挑战。Amundi 评估企业通过减少能源消耗、降低温室气体排放等举措控制对环境直接或者间接的影响，评估指标包括温室气体排放、水资源管理、生物多样性、供应链管理等；评估企业如何管理人力资源及利益相关者，评估指标包括健康和安全、工作条件、雇佣关系、产品和客户责任、人权等；评估企业建设有效治理体系的能力，实现长期目标，评估指标包括董事会结构、审计、薪酬、税务政策、ESG 战略等（见表 6 – 2）。总体而言，Amundi 建立了 ESG 企业评估的 38 项指标，其中 17 项指标为通用指标，21 项为具体行业指标，所有指标都可在投资经理管理系统中显示出来。Amundi 综合环境、社会及公司治理指标评价情况，赋予企业 A ~ G 的评级结果，定期更新评级结果；根据外部环境和社会事件，调整 ESG 分析和评级方法。

表 6 – 2　　　　　　　　　　**Amundi ESG 企业评价指标体系**

应用范围	环境指标	社会指标	公司治理指标
通用指标	能源和排放、水资源管理、生物多样性和污染、供应链管理（环境）	健康和安全、工作条件、雇佣关系、供应链管理（社会）、产品和消费者责任、人权	董事会结构、审计和控制、薪酬、股东权利、道德行为、税收政策、ESG 战略
特定行业指标	清洁能源、绿色汽车、绿色化学、可持续建筑、负责任森林管理、纸张循环使用、绿色投融资、绿色商业、绿色保险	负责任的市场营销、健康产品、汽车安全、乘客安全、负责任的媒体、数据安全和保密、金融包容性、生物道德、烟草相关风险、药品渠道、数字设备、健康产品开发	

资料来源：作者根据相关资料整理。

（2）ESG 主权国家评级方法

环境、社会和治理因素影响主权发行人的中长期偿债能力，Amundi ESG 主权国家评级主要衡量主权国家的可持续发展表现。ESG 主权评级模型包括 3 大维度、8 个主题及 50 个指标。环境维度的主题为气候变化和自然资本，社会维度的主题为人权、社会凝聚力、人力资本和公民权利，治理维度的主题为政府效率和经济环境。每个指标打分加总得到最终评分，

Amundi 给予主权发行人 A～G 的评级结果。

4. 股东积极主义行动

2021 年，Amundi 重点开展六大领域的股东积极主义行动，能源转型和气候主题是重中之重。Amundi 推进了 1364 家企业的参与进程，总共发起 2334 次参与行动，低碳经济转型主题的参与活动数量为 547 次，自然资本保护主题的参与活动数量为 165 次，可持续发展治理主题的参与活动数量为 287 次。从地区分布看，Amundi 在欧洲地区开展了约 450 次参与活动，在北美和新兴市场地区的参与活动数量均超过 350 次。

在环境方面，Amundi 建议汇丰银行将动力煤排除政策延伸到资产管理业务，希望该建议能够在 2022 年执行或者公开进行承诺。在公司治理方面，日本企业多由家族控制，独立董事比较少，缺乏多样性。Amundi 与 22 家日本企业沟通了上述问题，有 3 家企业已经实现了独立董事占董事总人数的 50%，其他企业也有意愿积极改进。

Amundi 进行投票时，重点关注股东权利、治理机构、薪酬政策等事项。2021 年，Amundi 参加了 7309 次股东会，进行了 77631 次投票，其中治理议案投票 70037 次，社会议案投票 7398 次，环境议案投票 196 次（见图 6-15）。Amundi 投票反对的董事会选举议案比例为 20%；投票反对的薪酬议案比例为 45%，主要是高管薪酬水平过高，与可持续发展不匹配；投票反对的分红议案比例为 15.5%，主要是财务杠杆过高，无法继续高水平分红。

5. 产品体系

Amundi 作为一家综合性资产管理机构，可以为客户提供多元化的储蓄和投资解决方案，提供固定收益类产品、权益类产品、多资产类产品、新兴市场投资管理等主动管理服务；ETF、因子投资等被动管理服务；房地产、股权投资、基础设施等另类投资服务。截至 2022 年 6 月末，Amundi 主动管理业务规模占比为 54%，体现了 Amundi 的专业能力；被动管理占

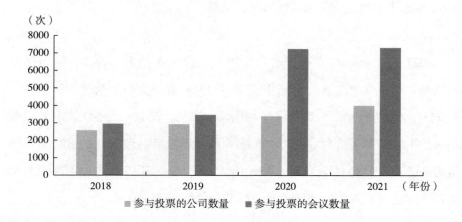

图 6 - 15　Amundi 参与投票情况

（资料来源：作者根据相关资料整理）

比为 15%，另类投资占比为 5%（见图 6 - 16）。

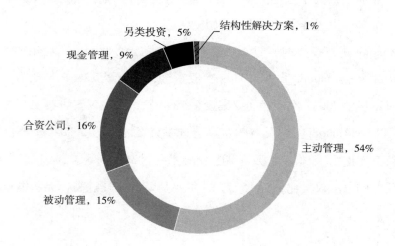

图 6 - 16　Amundi 资产管理业务构成

（资料来源：作者根据相关资料整理）

　　Amundi 责任投资产品体系分为 ESG 整合类和特定计划两类，其中，
ESG 整合类的产品分为"同类最佳"系列和 ESG 风险管理系列，特定计划
关注环境议题（低碳、绿色债券等）和社会议题（影响力投资、社会责任

股权投资）（见图 6 – 17）。

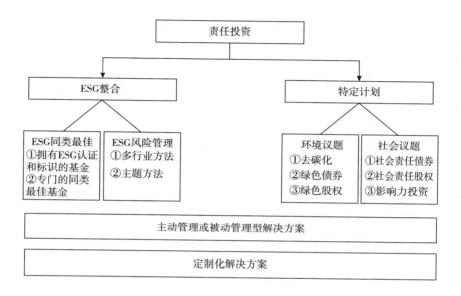

图 6 – 17　Amundi 责任投资产品体系

（资料来源：作者根据相关资料整理）

ESG 风险管理方面，Amundi 利用累积的 ESG 数据库，聚焦多因子投资和主题投资，基于 ESG 风险管理方法开发创新解决方案，增强价值创造能力。以气候行动基金为例，该基金于 2018 年成立，是一只全球股票主题基金，主要投资承诺推动能源和环境转型的上市公司，与联合国可持续发展目标保持一致。在具体投资策略上，Amundi 首先采用排除策略，结合内部评级和 CDP 气候评分剔除20% 表现不佳的企业；其次基于行业和上市个体进行筛选，选取财务和非财务评价都表现优秀的股票，构建投资组合，实现碳足迹削减规模大于所选取的基准指数。截至 2022 年 9 月 15 日，该基金规模为 299.62 亿美元，净值为 104.07 美元。截至 2022 年 8 月末，该基金投资组合含 80 只股票，其中权重较大的前 10 只股票是微软、苹果、艾伯维、信安金融、标准普尔、林德、摩根士丹利、阿斯利康、废物管理公司、派克汉尼汾（见表 6 – 3）。

205

表 6 - 3   气候行动基金前 10 大上市公司股票

股票名称	行业	占比
微软	信息技术	4.64%
苹果	信息技术	4.58%
艾伯维	健康	2.57%
信安金融	金融	2.21%
标准普尔	金融	2.07%
林德	材料	2.01%
摩根士丹利	金融	1.94%
阿斯利康	健康	1.86%
废物管理公司	工业	1.84%
派克汉尼汾	工业	1.77%

资料来源：作者根据相关资料整理。

被动责任投资方面，Amundi 通过进行投票、排除等策略，开发 ESG
指数、定制化 ESG 被动投资方案及 ESG 增强指数方案，比如 Amundi MSCI
全球气候转型基金等。Amundi 的 ESG 指数产品详细情况见表 6 - 4。

表 6 - 4   Amundi 部分 ESG 指数产品

产品名称	上市日期	跟踪指数	说明
Amundi Euro iStoxx Climate Paris A-ligned PAB	2020 年 6 月 25 日	EURO iStoxx Ambi-tion Climat PAB Index	指数为实现欧洲地区《巴黎协定》目标构建，成分股的碳排放强度至少低于基准（EURO STOXX Total Market Index）50%且实现每年减排7%的目标
Amundi MSCI Eu-rope Climate Paris Aligned PAB	2020 年 6 月 25 日	MSCI EUROPE Cli-mat Change Paris Aligned Select In-dex	指数为实现欧洲地区《巴黎协定》目标构建，成分股的碳排放强度至少低于基准（MSCI Europe Index）50%
Amundi MSCI Eu-rope Climate Trasi-tion CTB	2020 年 6 月 25 日	MSCI Europe Cli-mate Change CTB Select Index	成分股为欧洲发达国家的中大市值公司，指数为符合欧洲气候转型目标调整成分股权重
Amundi MSCI World Climate Tra-si-tion CTB	2017 年 4 月 20 日	MSCI World Cli-mate Change CTB Select Index	成分股为全球范围内发达国家的中大市值公司，指数为符合欧洲气候转型目标调整成分股权重

资料来源：作者根据相关资料整理。

（二）GPFG ESG 投资实践

1983 年，挪威央行建议用挪威政府石油收入设立主权基金。1990 年，挪威议会批准设立政府石油基金，支持政府长期管理石油收入。1998 年，挪威央行投资管理公司成立，代表财政部管理该基金。2006 年，政府石油基金更名为政府全球养老基金（GPFG）。根据《国家养老金法案》的规定，挪威财政部对 GPFG 的运营管理完全负责，制定委托管理的指导条例；制定战略投资框架，定期和在改变管理策略时更新战略投资框架，定期评估战略投资框架的实施程度；挪威央行投资管理公司负责具体投资，投资范围包含股票、债券、房地产、基础设施等资产。截至 2021 年末，GPFG 总资产为 12.34 万亿克朗（见图 6 - 18）。

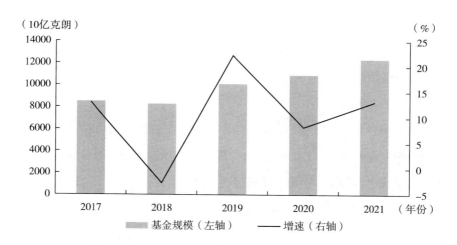

图 6 - 18　2017 年至 2021 年 GPFG 资产规模

（资料来源：作者根据相关资料整理）

截至 2021 年末，GPFG 资产配置情况为，权益投资占比为 71.95%，固定收益资产占比为 25.41%，不动产投资占比为 2.53%，基础设施投资占比为 0.11%，以权益投资为核心（见图 6 - 19）。

GPFG 更加注重 ESG 投资。早在 2001 年，挪威政府就建立排除机制，禁止 GPFG 投资违反国际法的公司；2002 年，建立道德准则，避免投资存

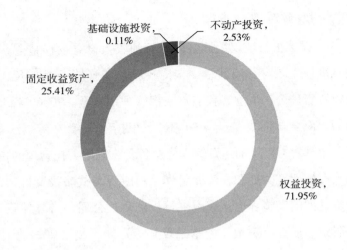

图 6 – 19 2021 年 GPFG 资产配置

（资料来源：作者根据相关资料整理）

在严重道德问题的公司；2006 年加入 UN PRI，全面践行可持续投资理念。

1. ESG 评估

（1）ESG 数据

GPFG 从三种渠道获取 ESG 数据，分别为企业披露的可持续发展报告、外部数据供应商及政府和研究机构等公共机构数据。自 2014 年开始，GPFG 收集 ESG 数据，数据规模已经由 2014 年的超过 30 万数据点增长到超过 300 万数据点。汇总这些数据信息，GPFG 能够更加全面地了解企业的可持续风险。可持续数据市场持续演进，GPFG 定期与新的数据供应商沟通联系，不断补充数据库信息。除此以外，GPFG 探索运用人工智能等金融科技收集更多可持续性数据和更高效地分析数据。

（2）ESG 分析

进行 ESG 分析时，GPFG 特别关注气候相关风险，这是全球应对气候变化的共识。投资组合面临的气候相关风险主要包括物理风险和低碳经济转型风险，资产价格对气候风险的反映将影响金融风险。GPFG 通过情景分析理解气候风险可能带来的不同结果，有助于从长期视角理解气候风险。气候情景分析没有统一的范式，情景假设与未来的温室气体排放、宏观经济条件等因素有很大关系。2021 年，GPFG 使用 MSCI 开发的模型分析股票投资组合面临的转型风险。气候变化情景到 2080 年，气温分别上升 1.5 摄氏度、2 摄氏度和 3 摄氏度，同时考虑气温上升 2 摄氏度但是政策反应滞后的情景。情景分析结果显示，股票投资组合将遭受的损失在 1%～9%（见表 6-5）。

表 6-5　　　　　　　　　气候转型风险情景分析　　　　　　单位：10 亿克朗

气候情景	资产损失
上升 1.5 摄氏度	500
上升 2 摄氏度	350
上升 2 摄氏度（政策反应滞后）	600
上升 3 摄氏度	100

资料来源：作者根据相关资料整理。

2. ESG 风险管理

GPFG 使用三种方法管理 ESG 风险，分别为筛选方法、持续监控投资企业及每年检视企业行动与可持续发展预期的差距。

筛选方面，富时罗素全球全盘指数是 GPFG 的基准指数，2021 年，GPFG 分析所有纳入该指数的企业风险情况，确认可持续风险较高的企业，有助于开展股东积极主义工作和投资决策。部分情况下，GPFG 不投资可持续风险过高的企业。2021 年，GPFG 确认了 9 家不能投资的企业，这些企业在污染、人权等方面存在重大问题，可能影响 GPFG 的中长期金融风险。

组合管理方面，2015 年，GPFG 建立内部模型，筛选出高风险行业及监管薄弱的市场，寻找可持续风险较高的企业，GPFG 持续监控高风险企业情况，通过参与等形式帮助改善企业可持续发展状况。GPFG 持续跟踪企业违反法律法规、监管要求、欺诈等可持续性事件，内部共享相关信息，这些信息将影响股东积极主义行动和投资决策。此外，GPFG 特别关注投资规模最大的企业，当持股规模超过 5% 时，需要准备专门报告，评估这些企业面临的环境、社会和公司治理风险。

年度尽调方面，GPFG 每年发布不同领域企业的期望，筛选出每个领域的高风险企业，详细评估筛选出的企业及未来优先事项，通过股东积极主义等举措，推动企业达到 GPFG 的期望。如果考虑风险因素，GPFG 有可能退出投资。该决策受到企业弥补举措、撤资规模、投资经理对企业的熟悉程度等因素影响。

3. ESG 投资成效

（1）环境投资管理

挪威财政部要求 GPFG 必须有专门的环境投资。截至 2021 年末，GPFG 环境投资规模为 1077 亿克朗，涵盖全球 86 个公司。

选择投资企业时，GPFG 将环境活动分为三类，要求被投资公司必须至少有 25% 的业务与这三类活动有关。第一，低排放能源和可再生燃料，例如开发风能、太阳能、水力、地热等可再生能源，此类投资有可再生能源巨头 EDP、太阳能公司 Solaria Energia、西班牙电气公司 Iberdrola 等。第二，清洁能源和能源效率，例如电动汽车、节能建筑、工业领域能源效率、储能技术等，此类投资有意法半导体 Eaton 伊顿公司、Denso 公司等。第三，自然资源管理，包括水资源管理、废物处理、循环利用、农业林业和土地资源管理等，这类投资有帝斯曼、加拿大废物连接公司、北美多元化环境服务商 GFL Environmental。

2021 年 GPFG 环境相关股票投资收益率为 21.6%，2010 年以来年化投资收益率为 10.4%，高于股票指数基准（见表 6 - 6）。

表 6 - 6　　　　　　　　GPFG 环境相关股票投资收益率

投资领域	2019—2021 年	2017—2021 年	2021 年
环境相关股票投资	30.4%	19.9%	21.6%
环境相关融资	15.9%	10.5%	24.0%
MSCI 全球环境指数	41.6%	26.3%	19.9%
股票指数基准	19.0%	12.8%	20.0%

资料来源：作者根据相关资料整理。

（2）不动产责任投资管理

2021 年末，GPFG 不动产投资规模占比为 2.5%，主要投资写字楼、商场及物流不动产。GPFG 负责任地管理资产组合，最大限度提高投资收益，降低长期风险。

净零碳排放方面，GPFG 持续削减不动产碳排放水平，既能够降低运营成本，也能够提升长期估值；希望承租人高效地使用能源，很多承租人建立了碳排放长期目标；将净零碳排放目标纳入不动产翻新规划，将老旧建筑转变为符合能源和环境要求的现代建筑。

可再生能源方面，GPFG 加强不动产建筑的可再生能源使用比例，可再生能源既可以外购，也可以自产。2021 年，GPFG 在物流建筑中安装了 8 兆瓦的太阳能生产设备，制造了 38 兆瓦可再生能源，相当于 6420 户家庭的用电量。同时，GPFG 在东京、伦敦和纽约等地管理的不动产采购了可再生能源。

（3）撤资

如果企业经营模式不可持续，通常基于风险的撤资是适当的，尤其是对于一些小规模投资。2021 年，GPFG 评估环境、社会及公司治理风险后，从 52 家企业撤资，2012 年以来已从 366 家企业撤资。2021 年，GPFG 重点关注人权、生物多样性、腐败及税务政策透明性，其中因气候问题从 4 家企业撤资，因生物多样性问题从 7 家企业撤资，因人权问题从 29 家企业撤资（见表 6-7）。

表 6-7　　　　　　　　　　**2021 年 GPFG 撤资情况**

主题	标准	撤资数量
煤电生产	电力生产业务结构中煤电占比，混合燃料物中煤的占比	2
热煤开采	热煤开采的相关业务分配，拥有或经营动力煤矿	2
水资源管理	水资源风险管理指标	1
生物多样性和生态系统	对相关高风险行业的敞口	7
海洋可持续发展	海洋使用相关的风险管理不足	1

主题	标准	撤资数量
反腐败	与腐败和公司治理相关的风险管理不足	4
税收透明性	税务筹划风险升高	4
人权	在人权、劳工权利、健康安全和环境方面的风险管理不足	29
其他	在环境、社会及公司治理方面存在不可接受的高风险	2

资料来源：作者根据相关资料整理。

4. 股东积极主义行动

（1）参与

GPFG 投资了全球 9000 多家企业。为了维护长期利益，GPFG 加强与被投资企业沟通，也会跟踪企业发生的 ESG 事件，降低违反法律法规或者监管政策的风险。GPFG 通常选择关心的主题进行沟通，重点关注公司治理、适当的管理激励、资本配置、气候和环境、人权、反腐败及税收等主题。2021 年，GPFG 与 1163 家企业召开了 2628 次会议，除了见面沟通，GPFG 还通过书面材料的形式与企业沟通，2021 年，向 486 家企业发送了书面沟通文件。

公司治理方面，2021 年，GPFG 与 731 家企业召开了 1365 次会议，讨论董事会的职能和构成；与汇丰银行等 184 家企业沟通了管理层薪酬问题，鼓励这些企业建立长期激励及提高激励透明性；与 BP 等 974 家企业讨论了资本结构和股息问题，确保企业的资本结构与其发展战略一致；就环境和社会问题与 712 家企业召开了 1350 次会议，了解企业的发展战略和风险管理，持续评估沟通后企业发生的变化。

气候和环境方面，与银行沟通气候风险管理问题，与水泥企业沟通低碳转型问题，与消费生产企业沟通使用自然资源存在的风险和机遇问题。

人权方面，与奶粉生产企业讨论沟通负责任的市场营销，与电信企业沟通儿童上网风险。

税务方面，鼓励企业制定和发布税收风险管理政策，提高税务透明性。

（2）投票

作为企业股东，投票是促进企业创造长期价值的重要举措。GPFG 在投票过程中坚持一致性和可预测性原则。一致性是指 GPFG 投票原则能够解释投票决策。可预测性是指 GPFG 已经发布投票政策，企业能够清晰了解 GPFG 的投票方式。

大部分要投票的议案都在 GPFG 投票指引范围内，可以容易地作出投票决策。部分情况下，议案超出指引范畴，需要对议案进行深入分析，同时通过投资经理加深对企业的了解，依据投票原则作出准确的投票决策。

2021 年开始，GPFG 在股东会前 5 天发布投票意图公告，如果投票反对董事长的正式建议，GPFG 会给出具体解释，提高投票透明性。

2021 年，GPFG 在 11601 个股东会上对 116525 个议案进行了投票，其中董事会主席选举议案在总投票中比例为 40%，董事会成员选举议案占比为 39.6%。

第三节　美国 ESG 投资实践和启示

美国是全球 ESG 投资规模最大的国家，ESG 投资监管政策虽不完善，但是发达的资产管理行业有助于依靠市场的力量，持续推动 ESG 投资加快发展。

一、美国 ESG 投资监管政策的进展

美国虽然没有像欧盟一样制定比较完善的 ESG 投资法律法规，然而美国较早就关注环境、社会和公司治理等方面风险，持续推进 ESG 监管。

（一）企业信息披露监管要求

公司治理方面，2001 年，美国安然公司申请破产保护；2002 年，世通

爆发会计丑闻事件，严重打击了美国资本市场投资者信心。为防止类似事件再次发生，美国制定了《萨班斯—奥克斯利法案》，旨在强化公司高管责任，完善公司治理结构，增强审计独立性，提高信息披露质量，加强证券市场监管，这一监管政策延续至今。2008 年，国际金融危机后，为了推进金融行业改革，美国颁布《多德—弗兰克法案》，要求上市公司报告除 CEO 以外所有员工薪酬的中位数及 CEO 年度薪酬总额。

环境方面，美国较早就重视环境保护，先后制定《垃圾法》《联邦杀虫剂法》《防止河流油污染法》《国家环境政策法案》《清洁空气法案》等一系列法律法规。与此同时，美国推动企业披露与环境相关的信息，2010 年，《关于气候变化相关信息披露的指导意见》要求公司就环境议题从财务角度披露量化指标信息，包括遵守环境法的费用、与环保有关的重大资本支出等信息，开启美国上市公司环境信息披露的新时代。此后，SEC 没有遵循欧盟等国家和地区强制披露 ESG 的做法，更多倡导按照实质性要求，由上市公司自愿披露相关信息。在机构投资者等社会公众的呼吁和推动下，SEC 更加注重 ESG 信息披露推进工作。2021 年，SEC 交易委员会任命首位气候和 ESG 高级政策顾问，在执法部门成立气候和 ESG 工作组。SEC 酝酿制定气候风险和可持续金融产品披露规则，披露内容包含对业务发展、经营管理或财务状况产生重大影响的气候相关风险信息，以及在经审计的财务报表附注中披露与气候有关的指标。未来，SEC 很有可能强制上市公司披露气候相关财务信息。

社会方面，美国矿山公司需要在季度和年度报告中，向 SEC 报告《联邦矿山安全与健康法案》下收到警告的每个矿山名称及与采矿相关的死亡人数。

（二）金融机构受托责任监管要求

ESG 投资逐步成为金融机构的重要受托责任。1974 年，美国颁布《雇员退休收入保障法案》（ERISA），作为监管雇员福利计划的方案，要求以参与者和受益人利益为根本，审慎和忠诚地履行受托责任。1998 年，就向个人养老金提供 ESG 投资产品一事，有共同基金公司咨询美国劳工部意见，得到的回应是，受托机构在评估投资机会时，可以不必排除平行利益。2015 年，美国国会参议院发布《第 185 号参议院法案》，要求美国加州公务员退休基金和加州教师退休基金停止投资煤电领域，要向清洁、无污染能源过渡。后续，美国劳工部多次以解释公告形式，鼓励受托机构在投资决策时考量 ESG 因素。

虽然美国劳工部鼓励融入 ESG 因素，但是 ERISA 法规内容并未正式修订。2021 年，美国劳工部发布规则修订建议，意图将 ESG 融入养老金投资决策，该修订将影响养老金投资咨询机构、资产管理机构。金融机构已在养老金投资产品中增加适当的 ESG 金融产品，供投资者选择。

（三）金融产品信息披露监管要求

美国 ESG 金融产品规模快速增长，但是存在突出的洗绿问题。2021 年 4 月，美国 SEC 发布 ESG 投资风险提示，指出部分金融机构将 ESG 融入投资流程，但是缺乏相关的政策制度；部分金融机构虽然制定了 ESG 投资政策和制度，但是没有认真执行；部分金融机构的合规人员专业能力不足，对信息披露、市场营销等合规性监督不到位。

为了有效防范洗绿行为及提升投资者权益保护力度，2022 年，SEC 着手修订投资顾问和投资公司信息披露制度，最新方案已公开征求社会意见。根据最新修订要求，美国将 ESG 基金分为三类，分别为 ESG 整合基金、ESG 聚焦基金及 ESG 影响力基金，不同 ESG 基金信息披露要求不同。ESG 整合基金需要投资公司披露如何将 ESG 融入投资流程；ESG 聚焦基金需要披露 ESG 投资策略；ESG 影响力基金需要披露衡量实现目标进展的方法。除此以外，ESG 聚焦基金还需披露要实现的影响力及衡量进展的指标，如果将投票或者参与作为 ESG 策略，还需披露投票或参与信息。对于考虑环境因素的 ESG 聚焦基金，投资公司要披露与投资相关的温室气体排放信息。

二、美国 ESG 投资现状

（一）ESG 投资工具发展态势

2021 年，美国绿色债券发行规模为 1020 亿美元，达到历史最高水平。
近年来，北美地区绿色债券发行规模呈现持续上升态势（见图 6-20）。

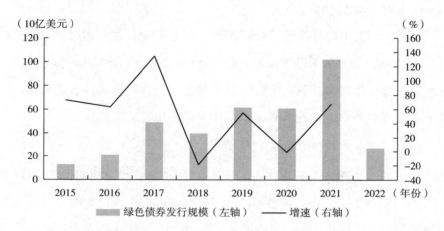

图 6-20　美国绿色债券发行规模

（资料来源：作者根据相关资料整理）

从绿色债券发行主体看，资产证券化占比最高，为 36%；其次为非金
融机构，占比为 20%，金融机构、地方政府和政府支持机构占比分别为
15%、15% 和 10%（见图 6-21）。这与欧洲地区形成鲜明的对比，欧洲
地区发行主体主要为金融机构，绿色资产证券化占比非常小。

从绿色债券行业配置方面看，建筑、能源、水资源管理、交通占比最
高，分别为 41%、25%、15% 和 14%，合计占比为 95%（见图 6-22）。

（二）ESG 投资产品现状及趋势

1. ESG 投资概览

美国是全球资产管理中心和资产管理规模最大的国家，ESG 投资领先

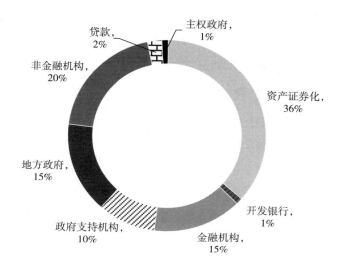

图 6 – 21　美国地区绿色债券发行主体

（资料来源：作者根据相关资料整理）

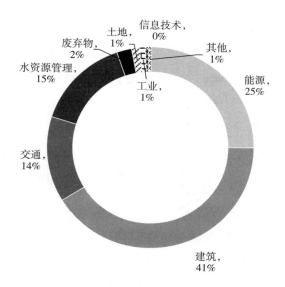

图 6 – 22　美国绿色债券行业分布

（资料来源：作者根据相关资料整理）

全球。根据 USSIF 统计数据，截至 2020 年末，美国 ESG 投资规模为 17.08 万亿美元，占全部资产管理规模的 33.2%。其中，ESG 整合策略投资规模为 16.56 万亿美元，占 ESG 投资规模的 97%，是重要的 ESG 投资方向（见图 6-23）。ESG 整合资产关注的各因素中，关注社会因素的资产规模为 16.13 万亿美元，关注公司治理的资产规模为 15.98 万亿美元，关注环境因素的资产规模为 15.97 万亿美元[①]。

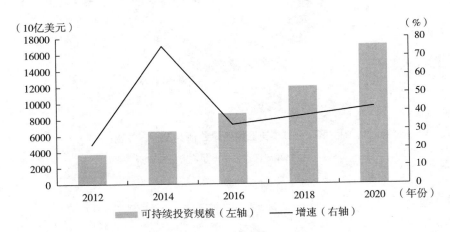

图 6-23　美国 ESG 投资规模

（资料来源：作者根据相关资料整理）

从调研情况看，ESG 整合策略使用的最为广泛，使用机构占比为 74%；负面排除策略其次，占比为 69%；使用正面筛选、影响力投资和主题投资的金融机构占比分别为 50%、59% 和 48%，相较而言，开展主题投资的金融机构占比明显低于 ESG 其他策略（见图 6-24）。从股东积极主义策略看，2020 年，公平就业机会提案数量最多，其次为气候行动议案；气候行动表决率最高，为 34.5%，体现了金融机构对于气候变化问题的重视，而可持续报告事项表决率最低（见表 6-8）。

---

① 资管产品可能同时关注多个因素，导致三者相加大于总规模。

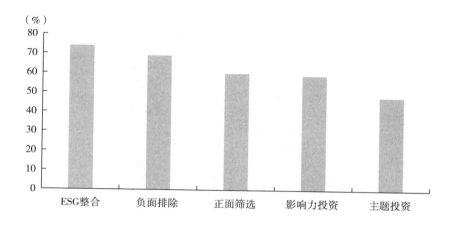

图 6 - 24　美国金融机构 ESG 策略使用情况

（资料来源：作者根据相关资料整理）

表 6 - 8　　　　　　　　　　**2020 年美国社会和环境议案情况**

主题	议题数量（个）	议题表决数量（个）	表决率（%）
气候行动	64	16	34.5
其他环境事项	22	6	26.4
人权	43	18	25.3
公平就业机会	88	32	23.5
可持续报告	18	7	14.1

资料来源：作者根据相关资料整理。

2. ESG 另类投资发展态势

2018 年，另类资产应用 ESG 策略的规模快速增长，特别是不动产投资增长较为明显。截至 2020 年末，ESG 股权投资规模为 4381 亿美元，是 2012 年的 7.66 倍，占比为 61%；ESG 不动产投资规模为 2420 亿美元，是 2012 年的 3.47 倍，占比为 34%；ESG 对冲基金规模为 354 亿美元，是 2012 年的 6.68 倍，占比为 5%（见图 6 - 25）。

3. ESG 共同基金发展现状

美国投资公司主要经营共同基金、ETF、封闭式基金及单位投资信托等基金业务。根据 ICI 统计数据，截至 2021 年，美国投资公司资产管理规

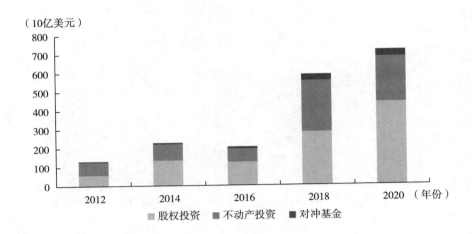

图 6 – 25　美国 ESG 另类投资情况

（资料来源：作者根据相关资料整理）

模达到 34.56 万亿美元，同比增长 16.9%（见图 6 – 26）。其中，共同基金规模为 26.94 万亿美元，占比为 78.0%；ETF 规模为 7.19 万亿美元，占比为 20.8%；封闭式基金规模为 3090 亿美元，占比为 0.9%；单位投资信托规模为 950 亿美元，占比为 0.3%。

图 6 – 26　美国投资公司资产管理规模

（资料来源：作者根据相关资料整理）

根据 Morningstar 统计数据，2021 年，美国新成立 121 只可持续基金，是近年来新成立数量最多的年份，其中主动管理可持续基金新成立 81 只，被动管理可持续基金新成立 40 只。可持续基金净流入 700 亿美元，同比增长 35%。新成立的前五大规模可持续基金分别为美国低碳转型 ETF、全球低碳转型 ETF、引擎 No. 1 转型 500ETF、ESG 核心增强债券 ETF 和可持续主题信贷基金，规模分别为 16. 38 亿美元、5. 82 亿美元、2. 82 亿美元、1. 95 亿美元和 1. 84 亿美元。

从各类基金资金流入情况看，2021 年，可持续权益基金净流入资金 575. 06 亿美元，其中流入规模最大的三只可持续基金分别为 ESG 意识 MS-CI USA ETF、ESG 意识 MSCI EAFE ETF、全球清洁能源 ETF，流入规模分别为 82. 20 亿美元、32. 48 亿美元和 28. 26 亿美元。可持续债券基金流入资金 111. 24 亿美元，其中流入规模最大的三只可持续债券基金分别为 Invesco 浮动利率 ESG 基金、TIAA – CREF 核心影响力债券基金和 ESG 美国债券 ETF，流入规模分别为 12. 03 亿美元、11. 10 亿美元和 10. 59 亿美元。

截至 2021 年末，美国共有 534 只可持续基金，同比增长 32%。其中，主动管理可持续基金数量为 375 只，占比为 70. 2%；被动管理可持续基金数量为 159 只，占比为 29. 8%，整体以主动管理可持续基金为主（见图 6 – 27）。截至 2021 年末，美国可持续基金规模达到 3570 亿美元，其中主动管理可持续基金规模占比为 60%，被动管理可持续基金规模占比为 40%。2021 年末，美国最大的五只主动管理可持续基金分别为 Parnassus 核心权益基金、Parnassus 中等市值基金、先锋基金、TIAA – CREF 社会选择权益基金和布朗咨询可持续基金，规模分别为 322. 65 亿美元、86. 64 亿美元、83. 56 亿美元、77. 52 亿美元和 73. 80 亿美元。管理可持续基金最大的十家金融机构分别为 BlackRock、Parnassus、Calvert、Vanguard、TIAA、Invesco、Dimensional、Eventide Funds、Amundi US、Pax World，管理规模分别为 715. 25 亿美元、479. 28 亿美元、345. 21 亿美元、274. 0 亿美元、

229.51 亿美元、118.78 亿美元、115.82 亿美元、88.42 亿美元、88.15 亿美元和 87.07 亿美元。

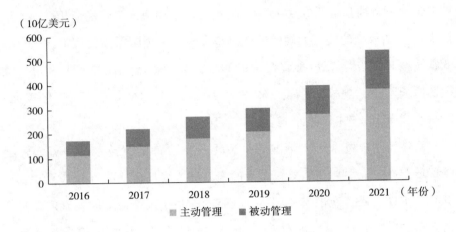

（10亿美元）

图 6-27　美国可持续基金数量

（资料来源：作者根据相关资料整理）

三、美国金融机构 ESG 投资实践

美国金融机构积极参与各类可持续投资国际组织和倡议，提升自身可持续投资水平。截至 2022 年 9 月 11 日，加入 UN PRI 的美国金融机构数量为 1069 家，仅次于欧洲地区，其中资产管理机构 901 家，占比为 84.3%；资产所有者 80 家，占比为 7.5%；服务机构 88 家，占比为 8.2%。在众多的金融机构中，贝莱德是突出代表。

贝莱德的前身是黑石集团金融资产管理部，由公司内部的按揭债券交易员拉里·芬克于 1988 年创立。1992 年，黑石集团金融资产管理部管理资产规模达到 170 亿美元，从黑石集团独立，并更名为贝莱德。1995 年，贝莱德与其第一大股东 PNC 金融服务集团的资产管理部门合并。1998 年，开始以 Blackrock 名义发行股票、债券，以及开展共同基金业务。1999 年，Blackrock 在纽交所上市，公开募集资金约 1.26 亿美元，当年资产管理规

模为 1650 亿美元, 自成立之初的年复合增长率为 25%。2009 年, Black-
rock 收购巴克莱银行资产管理部门, 使资产管理规模大幅增长至原来的三
倍, 公司一跃成为全球资管行业的龙头。同期, Blackrock 被动指数基金
ETF 业务的全球市场份额占比一举跃升至 45.7%。此后, Blackrock 通过分
别收购 Claymore Investments、瑞信 ETF 业务、Future Advisor、eFront 完成
相关业务的拓展。截至 2021 年末, Blackrock 管理资产规模为 10.01 万亿
美元, 是全球管理资产规模最大的资管机构 (见图 6 - 28)。

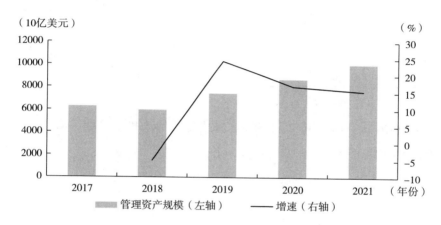

图 6 - 28 2017 年至 2021 年 Blackrock 资产管理规模

(资料来源: 作者根据相关资料整理)

Blackrock 产品体系主要按三大维度进行划分: 根据基金类型, 分为共
同基金和 ETF; 根据投资管理风格, 分为积极管理型和指数型基金; 根据
投资市场, 划分为发达市场类、新型市场类和前沿市场类基金。在此基础
上, 根据基金产品投资类型将产品划分为六大类, 包括权益类、固定收益
类、策略类、现金管理类、商品类、不动产类, 其中投资股票、债券和现
金以外的资产, 如基础设施、房地产和私募股权被贝莱德划分为另类资产
类投资。最后根据底层资产的实际投向, 再对产品进一步细分 (见
表6 - 9)。

表 6 – 9 贝莱德六大类产品体系分类

一级分类	二级细分	一级分类	二级细分
权益类	全盘股	策略类	多元资产策略
	大盘股		风险分散增长策略
	大中盘股		因子策略
	中小盘股		收益策略
	小盘股		复合策略
固收类	国债		风险分级策略
	信用债		波动控制策略
	地方债	不动产标品类	OTHRReal Estate
	灵活配置		不动产权益类
	通货膨胀	大宗商品类	混合商品
	多因子		贵金属
	其他因子	现金类	货币市场工具

资料来源：作者根据相关资料整理。

自 2020 年开始，Blackrock 将可持续发展纳入投资策略，多次在致股东的信中呼吁加强可持续发展，推动 ESG 投资。

（一）ESG 投资组织架构

Blackrock 投资委员会下设全球执行委员会，委员为权益、固定收益、多资产策略等投资平台的负责人，该委员会监督各业务条线投资流程一致性。

可持续投资小组与各投资平台的专家合作，全面协调将 ESG 融入投资流程，确保 ESG 投资产品和解决方案的质量。该小组至少每年要向全球执行委员会报告 ESG 整合进展。

风险和量化分析部门（RQA）是风险管理的第二道防线，主要负责包括 ESG 风险在内的全面风险管理。RQA 要确保投资决策已经充分考虑相关风险，投资组合面临的 ESG 风险等不显著。

Blackrock 可持续投资小组、RQA、投资责任管理小组及信息技术部门共同合作，推进 ESG 研究和工具开发，支持 ESG 整合。

（二）ESG 投资政策和方法

Blackrock 致力于帮助客户实现长期投资目标，ESG 整合投资组合能够为投资者提供稳健的长期风险调整收益，ESG 相关数据帮助识别未定价的风险和收益。

1. 主动投资方面

Blackrock 从投资流程、实质性研究和透明性三个维度推动 ESG 整合。

ESG 整合是投资流程的核心部分，这是投资团队应尽的责任。主动管理和咨询策略应进行 ESG 整合，这意味着每个投资策略都要描述如何将 ESG 融入投资流程，投资经理负责管理实质性 ESG 风险敞口，投资团队要证明他们已经将 ESG 融入投资流程。RQA 与投资团队合作定期检查投资组合的 ESG 风险和各类传统风险状况。

实质性研究方面，Blackrock 阿拉丁平台为投资团队和投资者提供高质量的 ESG 数据及内部评级，投资者能识别出具有实质性的 ESG 数据。阿拉丁平台还提供分析工具，帮助评估可持续性和气候相关的风险和机遇。阿拉丁气候模块提供情景分析工具，投资者可以了解不同物理风险和转型风险情景下，气候相关风险和机遇如何演变。此外，投资经理、投资研究小组和投资尽责管理专家在阿拉丁研究平台上分享 ESG 研究和尽责管理观点，深化对发行人的了解。私募投资可获取的数据和指标相较公开市场资产少很多，除了从第三方数据供应商获取数据，Blackrock 通过向企业发放调研问卷、开发技术更好地分析数据等方式，收集和整合另类投资 ESG 数据。Blackrock ESG 风险分析主要评估发行人气候风险、生物多样性等环境因素，劳动力管理、健康和安全等社会因素，以及公司治理结构、商业诚信等治理因素（见表 6 - 10）。

表 6 - 10　　　　　　　**Blackrock ESG 风险评估因素**

环境	社会	公司治理
地区环境、污染风险、气候风险、能源使用和供给、水资源使用和供给、废弃物管理、生物多样性	劳动力管理、健康和安全、当地社区、基础设施	公司治理结构、商业诚信、监管和合规、公司治理

资料来源：作者根据相关资料整理。

透明性方面，Blackrock 从企业层面和产品层面披露各类 ESG 投资报告和信息。企业层面，Blackrock 主要披露社会责任报告、TCFD 报告、可持续投资政策报告等；产品层面，定期披露投资组合 ESG 评分和碳足迹数据。

2. 指数投资方面

Blackrock 持续扩大可持续或者 ESG 指数，相关指数可进一步区分为具有明确可持续目标的可持续系列及没有明确可持续目标的 ESG 整合系列。

可持续系列指数具有明确的投资目标，主要策略是回避某些发行人，或者增大 ESG 评分较高的发行人投资比例，以期产生更大的社会或者环境影响，在复制指数和实施投资策略时，可以同时应用上述方法。

ESG 整合系列指数没有明确的可持续投资目标，ESG 整合主要通过三种方式实现。其一，设计指数时将 ESG 因素考虑进去。其二，披露指数构建方法和与可持续相关的特征，诸如碳足迹、ESG 指标等。其三，开展投资尽责管理行动，推动上市公司建设良好的公司治理和商业行为，帮助企业获得优良的长期经营业绩。

（三）ESG 投资产品服务

Blackrock 主要为客户提供排除、主题投资、影响力投资、ESG 整合等策略的产品服务。截至 2021 年末，Blackrock 可持续投资规模达到 5090 亿美元，同比增长 1.6 倍（见图 6－29）。其中，主动管理 ESG 投资 660 亿美元，被动管理 ESG 投资 3470 亿美元，ESG 多资产投资 140 亿美元，ESG 另类投资 90 亿美元，ESG 现金管理投资 173 亿美元。总体来看，Blackrock 被动管理 ESG 投资是其 ESG 投资的重中之重，占比达到 68%。

Blackrock 的网站展示了 ESG 权益投资基金 11 只，主要为指数基金；ESG 债券投资基金 4 只，均为指数基金；影响力投资基金 3 只。

以可持续优势大盘股核心基金为例介绍 Blackrock 产品特点，该基金成立于 2015 年 10 月，截至 2022 年 9 月 19 日，规模为 6.76 亿美元。该基金

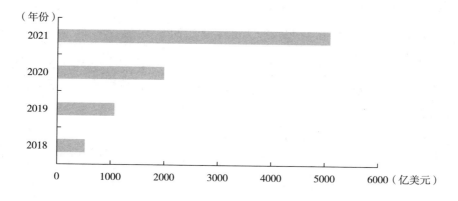

图 6-29 Blackrock ESG 投资规模

（资料来源：作者根据相关资料整理）

以罗素 1000 指数为基准，相比基准能够获得更好的 ESG 评分、更低的碳排放及更大的气候投资优势。为了实现此目标，Blackrock 首先采用排除方法，剔除部分不符合要求的上市公司，主要筛选标准包括生产争议性武器、烟草产品的企业，主要收入来自动力煤的企业，但是如果承诺降低对气候的影响或者来自其他能源收入大于动力煤收入，则不在排除范围之内。其次，Blackrock 基于 ESG 因素、交易成本、销售收入等因素，系统预测和分析企业收益情况，识别因错误定价带来的投资机会。最后，Blackrock 建立投资组合，基于模型平衡投资组合权重，重点考虑企业突出的成长性、企业风险缓释特征、与社会问题紧密相关、与环境相关的转型价值等因素。Blackrock 考虑企业的所有 ESG 特征，也会不断挖掘重点 ESG 特征。

截至 2022 年 6 月末，该基金行业分布为信息技术 27.2%、健康 15.8%、金融 12%、可选消费 9.6%、工业 8.4%、通信 7.4%、必选消费 7.2%、能源 4.2%、不动产 3.6%、材料 2.3%、公用事业 2.1% 及其他 0.2%，相比基准指数，提升了信息技术、健康和金融行业的配置比重。其中前十大持股上市公司分别为微软 6.33%、苹果公司 6.17%、字母控股

3.67%、亚马逊 2.24%、特斯拉 2.02%、强生 1.99%、百事可乐 1.75%、雪佛龙 1.69%、英伟达 1.43% 和美国运通 1.34%。

从近 5 年业绩情况看，除 2018 年外，该基金收益跑赢基准指数，近 5 年该基金获得高于 Morningstar 同类基金平均收益。整体来看，该基金投资业绩表现较好（见表 6-11）。

表 6-11　　2017 年至 2021 年可持续优势大盘股核心基金业绩

业绩指标	2017 年	2018 年	2019 年	2020 年	2021 年
总收入	21.62%	-5.51%	31.18%	22.41%	28.58%
基准指数收益	21.13%	-5.24%	31.02%	20.96%	26.45%
Morningstar 同类基金平均收益	20.44%	-6.27%	28.78%	15.83%	26.07%

资料来源：作者根据相关资料整理。

（四）积极所有权行动

参与方面，参与是 Blackrock 尽责管理的重要内容，也会影响投票决策。Blackrock 持续与被投资企业高管和董事会成员沟通和对话，推动建设良好的公司治理和可持续的商业模式。Blackrock 定期重检和更新公司治理和可持续商业模式的参与优先事项，反映被投资企业和客户关注事项。2022 年，Blackrock 参与的重点事项为，董事会质量和有效性主题，包括董事会构成、多元化和诚信度；战略和财务韧性主题，包括具有长期性战略及良好的资本管理；与价值相匹配的激励主题，包括以适当的方式激励经营层创造具有可持续性的价值；气候和自然资本主题，包括推动向低碳经济转型，通过可持续性的商业活动管理对自然资本的影响和使用；公司对人的影响主题，包括可持续业务活动为员工、客户、供应商和社区等利益相关者创造可持续的价值。2022 年上半年，Blackrock 共进行环境方面的参与 467 次，社会方面的参与 282 次，公司治理方面的参与 1036 次。

投票方面，Blackrock 制定了每个地区或者国家的投票指引，总结投票方法和理念，但是指引无法穷尽所有情形，很多时候会一事一议。Blackrock 保持尽责管理和投票透明性，定期发布投票结果和统计数据。2022 年上半年，Blackrock 参加了 9946 家企业的 10420 次投票会议，对 115112 个议案进行了表决。

第四节 澳大利亚 ESG 投资实践和启示

澳大利亚作为南半球经济最发达的国家，不断完善 ESG 投资监管政策法规，可持续投资规模稳步上升，成为仅次于美国和欧洲的 ESG 投资国家。

一、澳大利亚 ESG 投资监管政策的发展

澳大利亚较早关注可持续发展，2001 年的《公司法》规定澳大利亚证券交易委员会（ASIC）要对投资决策中的 ESG 考量行为制定相关规则。2010 年以来，澳大利亚 ESG 投资监管政策持续健全和完善。

（一）可持续金融发展路线图主要内容

为了应对可持续发展和气候变化挑战，2020 年，澳大利亚可持续金融倡议组织（ASFI）发布《澳大利亚可持续金融发展路线图》，推动所有澳大利亚人拥有可持续、有韧性及繁荣的未来。该路线图主要分为三大部分，分别为将可持续性融入领导力、增强所有澳大利亚人的韧性、建设可持续金融市场，共计 37 条建议。

关于将可持续性融入领导力，该报告提出 21 条建议，包括将可持续性融入金融机构的战略、风险管理和企业文化，建立国际间合作，建设澳大利亚可持续金融分类标准，年收入超过 1 亿澳元的金融机构自 2023 年开始披露 TCFD 报告，参与自然相关信息披露框架设计，金融机构开展情景分析和压力测试，分析面临的气候物理风险和转型风险，将 ESG 融入金融产品服务，制定尽责管理守则，强化尽责管理力度。

关于增强所有澳大利亚人的韧性，该报告提出 9 条建议，包括金融机

229

构开发基于收入和或有收入的信贷服务，支持个人和社区应对外部冲击及来自气候和健康方面的长期威胁；建立金融普惠行动计划，检视现有产品服务设计，确保具有普惠性；金融机构与监管部门一同支持建立个人和社区金融能力的项目或者倡议；建设金融产品服务设计、销售和信息披露的最佳实践原则。

关于建设可持续金融市场，该报告提出 7 条建议，包括金融机构建立科学的减碳目标，支持澳大利亚到 2050 年实现净零排放目标；支持发展可持续性金融市场；定期评估金融市场运行有效性，是否支持 2050 年净零排放目标的实现；推动气候风险减缓努力，确保建筑物具有抗灾能力；为基础设施和不动产建设及翻新提供融资支持。

澳大利亚可持续金融倡议组织将 37 条建议分为短期、中期和长期工作并加以推动，定期回顾实施进展。

（二）ESG 信息披露要求

2011 年，澳大利亚金融服务委员会（FSC）发布《澳大利亚公司 ESG 报告指南》，并于 2015 年进行了修订。该指南致力于建立 ESG 报告的统一标准，有效披露 ESG 信息。该指南建议环境方面主要披露违反环境法律法规的处罚、安全事故报告流程、生物多样性影响管理、水资源管理、有害废弃物管理、碳排放、能源消耗、水消耗和废弃物等指标。社会方面主要披露自愿离职率、职业培训、男女员工薪酬水平、供应链管理、生产安全、腐败、犯罪活动、税务政策等指标。公司治理方面主要披露公司治理结构、治理有效性、高管薪酬等指标。

澳大利亚未强制披露 ESG 信息，不过部分法律法规要求企业加强信息披露。根据《国家温室气体和能源报告法案》，温室气体排放超过一定规模的企业要报告能源消耗、减排举措等信息。根据《联邦现代奴隶法（2018）》，营业收入超过 1 亿澳元的企业需要披露生产运营和供应链中存在的现代奴隶风险及风险管理措施。根据《联邦性别平等法案 2012》，雇员达到 100 人以上的非公共部门需要披露推动性别平等的政策和举措。

针对气候问题日渐突出，澳大利亚承诺 2050 年前实现净零碳排放。顺应此趋势，2020 年，澳大利亚证券交易所（ASX）发布《气候风险披露指南》，结合 TCFD 架构，制定了上市公司气候变化信息披露框架。2022 年 8月，FSC 发布《投资管理气候风险披露指南》，建议投资管理机构披露投资组合碳排放水平，设定投资组合碳排放目标，投资方法与净零排放目标相结合，进行尽责管理。澳大利亚监管部门考虑强制上市公司披露气候风险信息，预计 2023 年实施。

总体来看，澳大利亚上市企业 ESG 信息披露水平不断提升，2021 年未披露 ESG 报告的数量降为个位数，详细披露 ESG 报告的数量已经上升到 142 家，呈现明显的上升态势（见表 6 – 12）。

表 6 – 12　　　　澳大利亚 ASX200 企业 ESG 报告披露情况

披露状态	2016 年	2017 年	2018 年	2019 年	2020 年	2021 年
基本披露	83	76	77	71	67	49
详细披露	101	104	107	109	120	142
不披露	16	20	16	20	13	9

资料来源：作者根据相关资料整理。

（三）可持续投资产品信息披露和分类要求

2011 年，ASIC 发布《披露：产品披露声明（及其他披露义务）》要求金融产品发行人披露 ESG 信息。

为了打击洗绿行为，2022 年 7 月，ASIC 发布监管指引，要求金融机构设计和发行可持续相关金融产品时，确保产品标签真实可信，使用清晰的可持续术语，产品营销不能误导投资者，要明确可持续相关因素已经融入投资决策和尽责管理，解释如何使用可持续相关指标。

澳大利亚没有明确的可持续金融分类，澳大利亚责任投资协会（RIAA）可以对金融产品服务进行认证，需要发行人提供投资决策、产品设计等相关信息。然而，此认证仍不足以抑制洗绿行为。根据可持续金融发展路线图，澳大利亚正探索建立适合自身情况的可持续金融分类标准。

（四）受托责任监管

养老金是澳大利亚重要的投资资金来源，为了提升养老金管理水平，监管部门要求养老金的投资决策考量 ESG 因素。2013 年，FSC 发布《FSC 标准第 20 号：退休金政策》，要求养老金考虑、管理和披露与 ESG 因素相关的风险和机遇。2019 年，退休金投资者理事会发布《更强的投资尽责管理》，建议制定相关标准和指南，进一步突出 ESG 因素在投资决策中的重要性。2022 年，FSC 发布《投资顾问 ESG 指引》，指导咨询顾问了解和熟知 ESG 投资，在为投资者提供咨询服务时，将 ESG 因素融入其中。

二、澳大利亚 ESG 投资现状

（一）ESG 投资需求旺盛

澳大利亚居民比较认可可持续发展，RIAA 调查显示，2021 年 36% 的被访问者熟悉并了解责任投资内涵，比 2020 年提高 18 个百分点，而不熟悉责任投资的人群占比比 2020 年大幅降低至 27%，这说明相关金融教育工作取得了成效。

从现实投资情况看，83% 的被访问者希望他们的银行账户和养老金能够负责任地被投资管理；73% 的人表示如果发现基金投资与他们的价值观不相符，会选择投资其他基金产品。从具体行动上看，17% 的人群已经配置责任投资产品，26% 的受访者考虑未来一年开始配置责任投资产品。

从可持续发展主题看，澳大利亚居民投资时最关注可再生能源、公共健康、水资源可持续管理、可持续海洋、循环经济，占比分别为 53%、48%、41%、38% 和 37%；最回避的主题是虐待动物、侵犯人权、非医目的的动物实验、色情及环境破坏，占比分别为 58%、52%、50%、50% 和 50%。

（二）ESG 投资工具发展现状

加拿大皇家银行调研数据显示，澳大利亚投资者积极购买或者考虑购买可持续债务产品，70% 的受访者会积极投资绿色债券、社会债券及可持续债券，这有利于推动澳大利亚可持续创新工具加快发展。

根据 UBS 统计数据，截至 2021 年末，澳大利亚 ESG 债券规模达到 199.45 亿澳元，同比增长了 2.25 倍，增速加快（见图 6 - 30）。截至 2022 年 8 月末，澳大利亚发行绿色债券 32 亿美元，全年发行规模有望超过 2021 年的 41 亿美元。

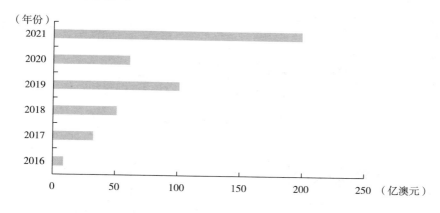

图 6 - 30 2016 年至 2021 年澳大利亚 ESG 债券发行规模

（资料来源：作者根据相关资料整理）

2017 年以来，澳大利亚绿色贷款和可持续发展挂钩贷款增长显著，主要得益于政策推动，比如为鼓励居民安装太阳能发电系统，政府推出名为"绿色贷款"的无息贷款计划。澳大利亚各银行均推出绿色贷款产品服务，澳大利亚银行推出旨在鼓励对节能住宅进行投资的突破性绿色住房贷款计划；MECU 银行推出 goGreen 汽车贷款产品，根据私家车能效和排放水平评估和分级，将评估结果与利率挂钩。此外，澳新银行承诺到 2025 年提供 500 亿澳元资金助力提升环境可持续性；麦格理集团加大可再生能源、有效利用能源、水资源管理及绿色建筑等方面的绿色贷款支持力度。

（三）ESG 投资产品发展态势

截至 2021 年末，澳大利亚责任投资规模 1.54 万亿澳元，占管理资产总规模的 43%。虽然责任投资规模有所波动，但是在总体规模中的占比呈现稳定上升态势，体现了市场需求的持续释放（见图 6-31）。在所有责任投资中，经过 RIAA 认证的数量为 158 只，投资者对经认证的责任投资产品更加青睐。根据 Morningstar 统计数据，2022 年第 1 季度，澳大利亚责任投资继续实现净流入 11.22 亿澳元，但是流入规模有所下降，与全球资本市场波动加大有很大关系。相比较而言，主动管理责任投资产品净流入资金规模要远大于被动管理责任投资产品。

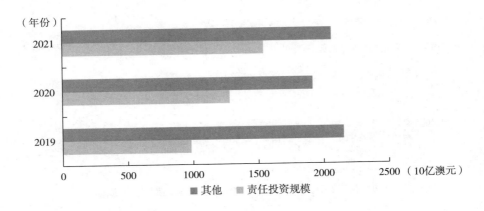

图 6-31　2019 年至 2021 年澳大利亚责任投资规模

（资料来源：作者根据相关资料整理）

从投资策略看，ESG 整合、参与和股东行动及负面筛选是主流策略，规模分别为 7520 亿澳元、7260 亿澳元和 7050 亿澳元，其他策略的责任投资产品规模较小（见图 6-32）。与 2020 年相比，主题投资、参与和股东行动及正面筛选增速最快，均超过 40%，规则筛选责任投资规模明显下滑，降幅为 37%。具体来看，负面筛选主要排除的事项为烟草、争议性武器、成人娱乐、赌博及核能。澳大利亚主题投资主要聚焦气候变化，占比为 40%；循环经济主题占比为 39%，土地可持续管理主题占比为 29%，医疗健康主题占比为 27% , 可持续水资源管理主题占比为 27% 。

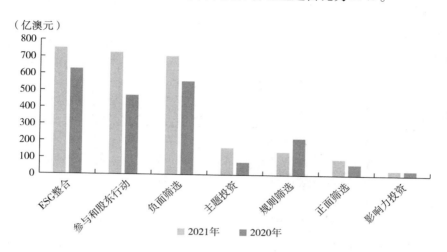

图 6-32　澳大利亚责任投资策略

（资料来源：作者根据相关资料整理）

从大类资产配置情况看, 多元资产占比为 34% ; 股票投资占比为 48% , 其中海外股票占比为 28% , 澳大利亚国内股票占比为 20% ; 固定收益资产占比为 9% ; 另类资产占比为 3% , 现金及现金等价物占比为 4% , 其他资产为 2% 。

RIAA 每年检验责任投资收益率, 2021 年, 责任投资基金中的多产业成长基金实现 16.1% 的收益, 全球股票基金实现 18.1% 的收益, 澳大利亚股票基金实现 18.3% 的收益（见表 6-13）。与基准指数比较来看, 除了责任投资全球股票基金相较基准有明显的差距外, 其他两类责任投资基金收益率优于基准指数。

表 6-13　　　　　　　　　　澳大利亚责任投资收益率

基金	2021 年	2019—2021 年	2017—2021 年	2012—2021 年
责任投资基金（多产业成长基金）	16.1%	14%	10.6%	10.9%
晨星澳大利亚多产业成长基金	14.1%	10.9%	7.9%	8.8%
责任投资基金（全球股票基金）	18.1%	17.3%	12.3%	11.3%

续表

基金	2021 年	2019—2021 年	2017—2021 年	2012—2021 年
晨星澳大利亚全球大市值股票混合基金	24.6%	18.1%	13.4%	15.1%
责任投资基金（澳大利亚股票基金）	18.3%	13.7%	9.3%	10.1%
晨星澳大利亚股票混合基金	17.5%	14.0%	9.9%	10.8%

资料来源：作者根据相关资料整理。

三、澳大利亚金融机构 ESG 投资实践

（一）澳大利亚金融机构 ESG 投资实践概述

截至 2022 年 9 月 18 日，澳大利亚有 267 家机构加入 UN PRI，其中投资管理人 203 家，占比为 76%；资产所有者 41 家，占比为 15%；服务机构 23 家，占比为 9%。澳大利亚金融机构逐步意识到 ESG 对投资管理的重要影响，但是，ESG 整合在权益投资和固定收益投资领域的应用仍有较大差别。

在权益投资领域，澳大利亚金融机构已较深度地将 ESG 整合到投资决策流程，一般是建立 ESG 评分模型，ESG 会影响企业现金流，需要根据 ESG 评分调整企业估值；非客户定制的股票指数较少进行 ESG 整合，客户定制的指数一般要求排除烟草等行业企业。

在固定收益投资领域，考虑到 ESG 因素对债券投资影响不大，很多金融机构还没有完全将 ESG 整合到投资流程中，部分金融机构将 ESG 融入债券投资研究中，主要从风险视角分析 ESG 风险。

澳大利亚金融机构的可持续投资信息数据主要来自于被投资企业、企业年报和可持续发展报告、ESG 数据供应商。整体而言，数据来源相对较窄，仍需要企业加强信息披露。

（二）麦格理资产管理公司 ESG 投资实践

澳大利亚麦格理资产管理公司（MAM）是麦格理集团的资产管理子公

司，是全球性的专业资产管理公司，在澳大利亚、美洲、欧洲和亚洲的 24
个市场拥有 2400 多名员工，主要为客户提供基础设施和可再生能源、房地
产、农业和自然资产、资产融资、私人信贷、股票、固收和多资产解决方
案。截至 2022 年 3 月 31 日，MAM 管理资产总额达 5789 亿美元。其中，
公开市场投资业务规模为 3575 亿美元，涵盖权益投资、固定收益投资及多
资产投资，主要客户为保险机构、公共养老金管理机构、主权财富基金及
企业。私募市场投资业务规模为 1768 亿美元，涵盖私人信贷、不动产及基
建投资等业务领域，主要客户包括养老金管理机构、各类机构及政府部
门等。

MAM 致力于成为全球可持续投资管理领导者，持续改进投资方法，开
发投资工具，加强内部文化和组织建设，完善计量和报告系统。

1. ESG 投资治理架构

MAM 执行委员会负责审批 ESG 整体体系和架构，包括重要的 ESG 政
策。2022 年 6 月，MAM 设立首席可持续发展官，也是执行委员会委员。

可持续小组负责建设 ESG 策略和框架，提供环境和社会方面的专家，
支持资产管理团队有效管理 ESG 风险和机遇。该小组与投资绩效、技术创
新、人力资本工作组及其他 ESG 相关委员会和工作组密切合作。此外，该
小组也与风险管理部门密切合作，后者负责识别和管理包括 ESG 风险在内
的所有风险。

麦格理集团的环境和社会风险工作组会为 MAM 提供一系列专家支持，
为管理 ESG 风险提供指导。

2. ESG 整合方法

MAM 开展各类投资活动时，关注很多 ESG 因素。环境方面主要关注
气候变化、温室气体排放、生物多样性、资源使用效能、水资源利用、土
地资源利用、废弃物和污染。社会方面主要关注健康和安全、社区参与、
平等和多样性、文化传承、供应链管理。公司治理方面主要关注商业道

德、监管和政府关系、信息安全、人权、反腐败和反欺诈、处罚、高管薪酬。

MAM 将 ESG 融入所有主动管理投资活动，加大主题投资和影响力投资，2022 年提供 530 亿美元支持各类可持续活动。MAM 根据不同业务特点进行 ESG 整合。

公开市场投资方面，投资团队基于实质性方法分析 ESG 风险，借助 MAM 内部各种工具和资源，识别、衡量和监控与被投资企业相关的 ESG 因素，将分析结论纳入投资决策。投资后，投资团队持续监控被投资企业的实质性可持续风险。通过参与和行使投票权，MAM 鼓励被投资企业提高信息披露水平，在可持续发展方面采取积极行动。如果企业或者发行人发生严重的可持续风险，投资团队可能选择撤资。

私募市场投资方面，ESG 的主要投资流程包括以下几个方面：筛选，MAM 排除一些 ESG 风险较高领域；尽职调查，独立确认 ESG 投资风险和机遇，将其纳入财务分析；投资决策，投资委员会详细评估 ESG 风险和机遇及与之相对应的风险缓释举措，作为投资决策的重要部分；由内部专家持续监控被投资企业的可持续发展和 ESG 风险；退出，ESG 优势和机遇融入投资成果，确保达到最优的估值。

为有效整合 ESG，MAM 建立多种工具和数据资源，包括联合国可持续发展目标数据库、ESG 参与跟踪系统、ESG 数据库、固定收益打分卡、外部 ESG 数据资源、MAM 影响力原则等。

3. ESG 投资的积极影响

环境方面，MAM 在气候变化、开发面向未来的建筑、绿色能源转型及推进可持续农场等方面不断探索，取得积极成效。以助力生物多样性为例，2015 年，MAM 并购 AGS 机场（运营 Aberdeen, Glasgow 和 Southampton 三个机场）。为了与 MAM 可持续发展理念保持一致，AGS 将生物多样性作为五个环境优先事项之一，每个机场均制订了支持生物多样性的详细规划。2021 年，AGS 作出生物多样性方面的多项承诺，力争 2022 年底前不会对生物多样性产生净伤害。

社会方面，MAM 在助力当地社区、提高数字化普惠性、职场健康和安全等方面作出努力。以提高数字化普惠性为例，KCOM 成立于 1904 年，是英国最悠久的电信服务商，主要提供宽带服务。2019 年，MAM 收购 KCOM，支持高管团队继续扩大宽带网络覆盖范围。MAM 帮助建立 2 亿英镑投资计划，使 KCOM 宽带服务新扩展了 20 多个城镇和农村，使 12000 多户家庭能够享受光纤宽带，网速提升到千兆比特每秒。这些数字化网络提高了数字普惠性，特别是在新冠疫情之下，支持更多人远程购物和工作。

参与和行使投票权方面，MAM 全球投票委员会监督投票过程。投票时，MAM 要确保客户利益最大化，同时也要符合内部投票政策和一般受托责任。MAM 制定了投票指引，指导各种投票事项的方向及如何进行表决。同时，MAM 也会与 ISS 等第三方机构合作，获取外部投票建议。2021 年，MAM 共进行 77442 次投票，其中赞成票 66628 次，占比为 86%。从具体投票领域看，高管相关事项占比为 55.8%，商业计划占比为 20%，非工资薪酬占比为 10.7%，资本分配占比为 8.2%，兼并收购占比为 3.4%，反收购相关事项占比为 0.7%，其他方面占比为 1.2%。

第五节　日本 ESG 投资实践和启示

20 世纪 90 年代，日本开始向生态型经济转型，将 ESG 投资概念引入国内。1999 年，日本设立首只 ESG 投资基金——日兴生态基金。近年来，在监管政策推动下，日本 ESG 投资发展速度加快，成为亚洲地区突出的代表。

一、日本 ESG 投资监管政策的发展

相较欧美国家，日本 ESG 投资监管政策起步较晚。2007 年，日本开始

为环境类融资贷款贴息，激励金融机构支持可持续发展。2020 年，日本发布《绿色增长战略》，明确 14 个领域降低碳排放路线图，到 2050 年实现净零碳排放，每年创造近 2 万亿美元的绿色经济增长；提供税收优惠和其他支持，设立 2 万亿日元绿色基金，鼓励绿色技术投资；制定指导政策，吸引更多 ESG 投资资金，支持绿色转型。2021 年，日本经济产业省印发循环经济信息披露指导意见，要求提高循环经济透明性，吸引更多可持续金融和投资者的资金支持。

（一）《21 世纪金融行动原则》的要求

2011 年，日本环境省发布《21 世纪金融行动原则》，提出金融业应为日本转变成可持续社会作出贡献，制定 7 条具体行动原则，建立相应的组织机构，2022 年 6 月进行了修订，这是日本发展可持续投资的政策纲领（见表 6 – 14）。截至 2022 年 8 月，日本共有 304 家机构承诺履行该原则。

表 6 – 14　　　　　　　《21 世纪金融行动原则》主要内容

序号	原则内容
1	我们认识到作为金融机构在创建可持续发展社会中所发挥的责任和作用，我们的目标是对环境、社会和经济产生积极影响，并减轻负面影响
2	通过开发和提供金融产品和服务来引领可持续的全球社会的形成，这些产品和服务通过创新为行业和企业的创造和发展作出贡献，实现社会稳定和公平的转变
3	我们根据区域特点解决环境、社会和经济问题，通过提高区域包容性和韧性引领可持续社区的形成
4	我们认识到人力资本在金融机构中的重要性，培养能够在环境和社会问题上独立思考和行动的人力资源
5	我们认识到包括金融机构在内的各种利益相关者之间合作的重要性，以创建一个可持续发展的社会
6	积极应对气候变化和生物多样性等环境问题，以及人权等社会问题，通过与投资和贷款合作伙伴等商业伙伴的建设性接触，构建可持续的供应链
7	认识到提高社会可持续性的活动是一个管理问题，我们将向广泛的利益相关者披露我们的举措信息，根据国内外趋势不断改进披露框架

资料来源：作者根据相关资料整理。

（二）《日本尽责管理守则》的要求

2014 年，日本金融厅发布《日本尽责管理守则》，包含七大原则，分别为机构投资者应制定和披露尽责管理政策；机构投资者应监督被投资企业，使其能够以可持续发展为导向适当地履行管理责任；机构投资者应寻求与被投资企业达成共识，通过建设性的沟通解决问题；机构投资者要披露投票和投资活动政策，投资政策不止包括一份"机械的"检查清单，政策设计应有助于被投资企业的可持续增长；机构投资者需定期向客户和受益人报告如何履行投票等管理职责；为了对被投资企业可持续发展作出积极贡献，机构投资者应深入了解企业经营环境，增强与企业合作所需的技能和资源，履行尽责管理时作出正确判断。2017 年，日本金融厅修订了该守则，突出强调 ESG 因素的重要性；2020 年再次修订该守则，明确要求机构投资者制定投资策略时考量与中长期投资回报相关的可持续因素及 ESG 因素，将守则的适用范围从股票扩大到符合资产管理者"尽职管理"职责的所有资产类别，成为金融机构开展可持续投资的重要指南。截至 2022 年 8 月末，322 家日本金融机构遵守该守则，成为负责任的机构投资者。

（三）《日本公司治理守则》的要求

另一个重要的政策是 2014 年制定的《日本公司治理守则》，该守则于 2021 年重新修订，目标是推动企业实现中长期可持续增长。该守则要求日本公司保护股东权益、与利益相关者合作、进行适当的信息披露、履行董事会的责任及与股东沟通，特别强调要积极披露金融和非金融信息，诸如环境、社会和公司治理方面的信息；董事会有责任推动公司可持续成长，管理层应认真倾听股东的观点和诉求，向股东讲解业务政策，获得股东的理解。

（四）日本 ESG 信息披露和服务的监管要求

信息披露方面，2021 年，东京交易所要求部分上市公司按照气候相关财务信息倡议规则，加强气候风险信息披露。为了进一步提升上市公司对气候风险的重视，日本金融厅要求约 4000 家上市公司自 2023 年开始披露气候非财务信息，强化信息披露。

加强 ESG 市场监管方面，2022 年初，日本金融厅成立 ESG 评估和数据供应商技术委员会，成员包括学者、业界人士等，主要讨论与 ESG 评估和数据供应商相关的事项。2022 年 6 月，日本金融厅发布《通过提升 ESG 评估和数据质量推动市场发展》报告，分析 ESG 评估和数据市场的现状和相关问题。为了防止洗绿，该报告特别提出 ESG 评级和数据供应商行为守则，倡议 ESG 评级和数据供应商保证数据质量，配备专业人才，提高专业能力；建立政策流程，有效解决利益冲突问题；披露基本理念、评级方法等信息，提高透明度；建立政策流程，对非公开信息保密；改进和提升数据信息，提高对企业和金融机构的有用性。该守则征求社会意见后将正式实施。

二、日本 ESG 投资现状

（一）可持续投资工具日渐丰富

日本注重发展可持续投资工具，2017 年，日本环境省发布《绿色债券指引》。该指引涵盖绿色项目债券、绿色收益债券及绿色资产证券化，募集资金主要用于对环境具有积极影响的绿色工程。发行人需要披露项目的具体情况、要实现的可持续目标，以及选择绿色项目的标准；发行人定期检查绿色债券募集的资金是否全部用于绿色项目，或者尚未使用资金的管理计划；如果客观地验证绿色债券发行架构，建议选择外部第三方进行检查和复核。

2021 年，为了规范社会债券发展，日本金融厅发布《社会债券指引》，在资金使用方面，募集资金要用于能够产生积极社会影响的项目，诸如 2030 年社会发展目标等；在项目筛选管理方面，发行人需要披露所要实现的社会目标，以及如何选择社会项目实现该目标；在资金管理方面，发行人要定期检查所募集资金是否与用于社会项目的资金相同，建议使用审计机构或者第三方机构审核；在信息披露方面，每年披露所投资社会项目的情况、每个社会项目所要实现的目标等信息。

2021 年 5 月，日本金融厅等部门联合发布《气候转型金融基本指引》，依据 CMA 的相关准则，进一步明确日本气候金融要求，包括气候转型战略和治理、商业模式、气候转型路径、独立第三方验证。

在政策支持下，日本 ESG 债券市场呈现较快发展态势，在绿色债券基础上，社会债券和可持续债券都有显著发展。根据日本证券交易商协会统计数据，2021 年，日本绿色债券发行规模为 1.1 万亿日元，社会债券发行规模为 1.16 万亿日元，可持续债券发行规模为 5210 亿日元，转型债券等其他 ESG 债券发行规模为 1460 亿日元（见图 6 - 33）。

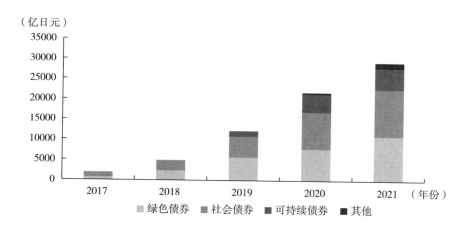

图 6 - 33　2017 年至 2021 年日本 ESG 债券发行规模情况

（资料来源：作者根据相关资料整理）

绿色贷款和可持续发展挂钩贷款规模较快增长。2021 年，日本发放绿色贷款 1628 亿日元，是 2019 年的 2.5 倍；发放可持续发展挂钩贷款 3573.9 亿日元，是 2019 年的 6.5 倍（见图 6 - 34）。

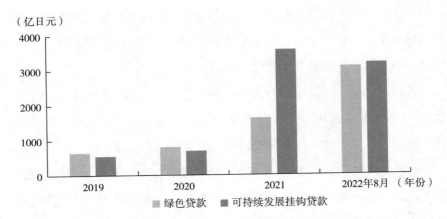

图 6 – 34　2019 年至 2022 年 8 月日本绿色贷款和可持续发展挂钩贷款发行规模

（资料来源：作者根据相关资料整理）

（二）ESG 投资快速增长

1. ESG 投资市场现状

截至 2021 年末，日本 ESG 投资规模达到 514.05 万亿日元，同比增长 66%，较 2018 年和 2020 年有明显上升，显示出可持续投资市场日渐活跃（见图 6 – 35）。截至 2021 年末，日本 ESG 投资占全部资产管理规模的 61.5%，超过全球平均水平。

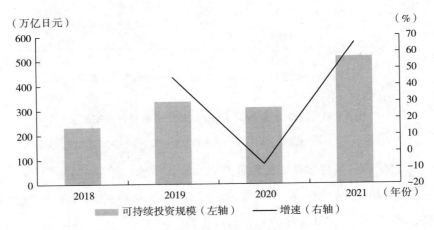

图 6 – 35　日本可持续投资规模

（资料来源：作者根据相关资料整理）

从 ESG 投资方法看，截至 2021 年末，ESG 整合规模为 422.12 万亿日元，规模最大；参与和负面筛选规模相近，分别为 261.50 万亿日元和 261.04 万亿日元；影响力投资、主题投资及正面筛选规模都较小（见表 6-15）。日本金融机构逐步将 ESG 融合到投资决策过程，ESG 投资方法应用相对深化。

表 6-15　　　　　　　　　日本 ESG 投资方法　　　　　单位：百万日元

策略	2021 年	2020 年	2019 年
ESG 整合	422115459	204958018	177544149
正面筛选	24867183	14643189	11685122
主题投资	10665994	7988505	3454089
影响力投资	706280	140363	
投票	239487347	167597095	187435331
参与	261495512	187170342	218614475
负面筛选	261039802	135263369	132232671
基于规则的筛选	59648963	28308180	25560889

资料来源：作者根据相关资料整理。

从 ESG 投资资产配置方面看，债券配置规模最高，为 302.97 万亿日元，占比为 54.3%，其中日本债券占比为 24.4%，海外债券占比为 29.9%，海外债券配置比例高于本国债券比例；股票配置规模为 212.47 万亿日元，占比为 38%，其中本国股票占比为 23.9%，海外股票占比为 14.1%，与债券配置相反，本国股票配置比例高于海外配置比例；另类资产配置比例较低，占比为 7.6%，以不动产和贷款为主（见表 6-16）。

表 6-16　　　　　　　　　日本 ESG 投资资产配置　　　　　单位：百万日元

资产	2021 年	2020 年	2019 年
日本股票	133542411	97844264	127883665
非日本股票	78931336	50166491	81545344
日本债券	135985817	180123263	146178377
非日本债券	166982310		

续表

资产	2021 年	2020 年	2019 年
PE	4123135	1129313	1732175
不动产	11998553	8162100	6775910
贷款	14465072	10421862	10455582
其他	12046656	10401896	6321161

资料来源：作者根据相关资料整理。

2. ESG 基金以主动管理为主

根据 FSA 统计分析，截至 2021 年 10 月末，日本存续 225 只 ESG 基金，其中 172 只 ESG 基金由本国基金公司发行，53 只 ESG 基金由海外基金公司发行。

从新发行基金数量看，2019 年发行 22 只，2020 年发行 41 只，2021年发行 96 只，较 2020 年增长 1.34 倍，显示出 ESG 基金的强劲增长态势。从主动管理结构看，2021 年 96 只新发行基金中，主动管理基金占比为77%，被动管理基金占比为 23%，整体以主动管理基金为驱动（见图6 - 36）。

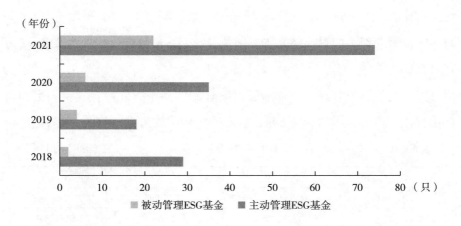

图 6 - 36 **2018 年至 2021 年日本 ESG 基金发行情况**

（资料来源：作者根据相关资料整理）

从市场结构看，主动管理基金规模占比将近 80%，占据核心地位，其中有 7 只基金规模超过 1000 亿日元。7 只最大规模基金总规模占全部基金规模的 50% 左右，市场集中度较高。

从 ESG 基金费率情况看，主动管理 ESG 基金平均费率约为 1.6%，略高于其他主动管理基金费率；被动管理 ESG 基金费率约为 0.4%，略低于其他被动管理基金费率。从中可以看出，主动管理 ESG 基金投入资源更多，费率要更高。

三、日本金融机构 ESG 投资实践

（一）日本金融机构积极发展 ESG 投资

日本金融机构积极加入各类可持续发展组织，截至 2022 年 9 月 18 日，日本 119 家机构加入 UN PRI，其中，投资机构 82 家，占比为 69%；资产所有者 25 家，占比为 21%；服务供应商 12 家，占比为 10%。除此以外，也有较多金融机构加入 TCFD、CDP 和气候行动 100 + 等可持续金融组织。

日本金融机构高度重视 ESG 投资的发展。从战略层面加强顶层设计，根据日本环境省 2022 年的调研数据，94% 的金融机构将 SDG 或 ESG 因素纳入业务发展，将 ESG 或者 SDG 理念深入贯彻到各个经营网点，加强员工培训和认知。日本金融机构对环境、社会及公司治理因素的关注重点有所不同，根据日本 QUICK 公司 ESG 研究所 2021 年调研数据，金融机构对气候变化的关注度最高，占比为 92%，关注人权、生物多样性和包容性的金融机构占比为 59%，其中对生物多样性的关注明显提升，较上年升高 50 个百分点。

从组织架构看，日本金融机构建立与 ESG 投资相关的组织或者部门，FSA 调研数据显示，70% 的受访机构建立了专门的 ESG 部门或者团队，有的是建立 ESG 投资办公室，负责整体推动 ESG 业务发展；有的是建立 ESG 研究团队，支持 ESG 投资。总体来看，不管什么形式的组织架构，主要发

挥 ESG 流程建设、研究、开发 ESG 解决方案、尽责管理、监测 ESG 投资等职能。从人员配置看，拥有 10 人以上 ESG 专家的机构占比为 16%，拥有 5~9 人 ESG 专家的机构占比为 14%，多数机构拥有 1~4 名 ESG 专家，占比为 32%，部分机构将非核心 ESG 功能外包。

从投资策略应用看，根据日本 QUICK 公司 ESG 研究所 2021 年调研数据，87% 的受访机构使用 ESG 整合策略，各机构 ESG 整合的程度有所不同，有的机构贯穿投资决策全流程，有的机构只融入部分环节；筛选策略占比为 83%，行使表决权占比为 78%。根据 FSA 调研数据，70% 的机构努力识别影响企业价值的实质性 ESG 因素，主要参照 SASB 实质性地图；80% 的机构使用自研模型进行 ESG 评分，用于筛选资产和优化投资组合。此外，日本金融机构建立统一的信息系统，用于 ESG 数据分析和信息共享。ESG 数据多来源外部机构，最经常合作的供应商为 MSCI、Sustainalytics 和 ISS，通常与 1~10 家供应商合作。

ESG 产品信息披露方面，部分机构在 ESG 产品募资说明书中披露要从 ESG 角度选择投资企业或者为 SDG 作出贡献，但是很少披露具体标准和方法。此外，日本金融机构为实现 ESG 目标进行参与活动和行使投票权，但是尽责管理政策及具体实践仍有待深化。

（二）日本政府养老金投资基金 ESG 投资实践

日本政府养老金投资基金（GPIF）创立于 2006 年，资金来源为适龄人员的强制和自愿缴纳、雇主缴纳养老金。厚生劳动省负责顶层制度设计和安排，GPIF 负责设定资产配置目标和外部管理人绩效评估，外部管理人按照合同约定进行市场化投资。目前 GPIF 采取以委托投资为主、直接投资为辅的运营模式，增强公共养老金投资的市场化程度。

GPIF 是全球最大规模的养老金，非常注重可持续投资，投资原则主要为在不同资产类别和地区之间进行多元化投资，在资产组合、资产类别及投资经理层面管理风险，寻找未开发的投资机会；资本市场和企业可持续发展对强化长期投资至关重要，推动将 ESG 融入投资流程；履行尽责管理责任，推动企业和资本市场的长期主义和可持续发展。

截至 2021 年末，GPIF 管理资产规模为 196.59 万亿日元（见图 6 - 37）。从资产配置情况看，截至 2022 年第 1 季度末，GPIF 国内债券配置比例为 25.65%，海外债券配置比例为 25.7%；国内股票配置比例为 24.53%，海外股票配置比例为 24.12%。从投资收益率看，2017 年至 2021 年投资收益率分别为 6.9%、1.52%、-5.2%、25.15% 和 5.42%。

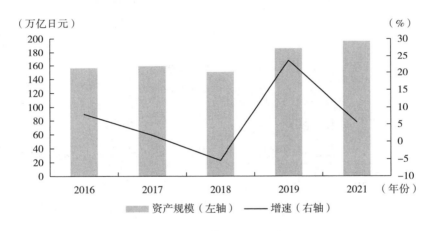

图 6 - 37　2016 年至 2021 年 GPIF 资产规模

（资料来源：作者根据相关资料整理）

1. GPIF ESG 治理架构

董事会主要负责讨论和监督 ESG 的推进和 ESG 投资方法。执行办公室协调公开市场投资部、投资策略部、私募市场投资部及其他资产管理部门落实 ESG 政策和战略。投资委员会具体负责 ESG 事项及投资事项决策，准备 ESG 报告，重大事项要向董事会汇报（见图 6 - 38）。就具体执行部门来看，公开市场投资部主要负责遴选和评估外部资产管理人，ESG 整合和尽责管理是重要评估内容；投资策略部主要负责制定 ESG 指数遴选政策等 ESG 投资策略；私募市场投资部主要负责筛选另类资产管理人，将 ESG 要素纳入评选流程。

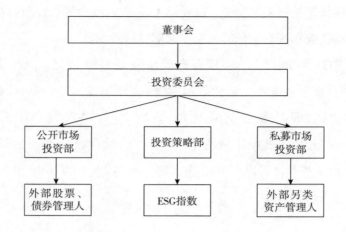

图 6 – 38　GPIF ESG 治理结构

（资料来源：作者根据相关资料整理）

2. GPIF ESG 整合实践

GPIF 将 ESG 整合到所有投资活动中，主要包括 ESG 指数投资、公开市场投资和另类资产投资。

从 ESG 指数投资看，ESG 指数投资成为 GPIF 重要的投资策略，认为被动投资不仅可以提升投资组合的长期收益，而且有利于强化企业可持续发展。2017 年，GPIF 董事会通过 ESG 指数遴选原则，为投资 ESG 指数提供指导。GPIF 选择指数的标准是：ESG 评级发挥重大作用；指数鼓励 ESG 信息披露；评估方法公开披露，指数编制方积极与发行人沟通和对话；被评级发行人足够广泛；利益冲突管理机制健全。

自 2017 年以来，GPIF 一共投资了 8 只 ESG 指数，投资规模从最初的 1 万亿日元增长至 2020 年末的 10.6 万亿日元。具体来看，这 8 只指数分别为富时 Blossom 日本指数（FTSE Blossom Japan Index）、MSCI 日本 ESG 精选领导者指数（MSCI Japan ESG Select Leaders Index）、MSCI 日本妇女赋权指数（MSCI Japan Empowering Women Index）、标普/JPX 碳效率指数（S&P/JPX Carbon Efficient Index）、标普全球（除日本）大中型碳效率指数

（S&P Global Ex – Japan Large Mid Carbon Efficient Index）、MSCI ACWI ESG 环球指数（MSCI ACWI ESG Universal Index）、晨星性别多样性指数（Morningstar Gender Diversity Index）、富时 Blossom 日本板块相对指数（FTSE Blossom Japan Sector Relative Index）。其中，5 只是日本国内指数，3 只是海外指数。

从公开市场投资看，GPIF 投资管理主要由外部管理人管理。2019 年，GPIF 建立 ESG 整合评估标准，全面评估外部管理人。GPIF 推动将 ESG 融入固定收益投资中，已与 10 家多边开发银行及 6 家政府性金融机构建立投资平台，为外部管理人提供投资多边开发银行和政府性金融机构发行的绿色债券、社会债券及可持续债券的机会。

从另类资产投资看，另类资产投资期限较长，有必要将 ESG 融入投资决策，在选择外部另类投资管理人时，GPIF 评估管理人不同投资阶段 ESG 风险和机遇的管理方法。一方面，GPIF 审查管理人筛选标准，通过调查问卷、面谈及第三方咨询等方式开展筛选。GPIF 还审查管理人的 ESG 政策、ESG 融入投资管理流程及对投资者的 ESG 报告等方面，要求管理人加入 UN PRI。另一方面，GPIF 监测管理人 ESG 相关组织架构的调整、ESG 管理状态，以及提供报告说明 ESG 投资能力。

3. 积极所有者责任

2015 年，GPIF 建立履行尽责管理职责的制度政策；2017 年，GPIF 建立尽责管理原则和投票原则，根据监管要求和 ESG 投资发展趋势不断修订尽责管理原则和投资原则。

尽责管理方面，GPIF 要求外部资产管理人遵守其制定的尽责管理原则，如果不遵守，需要作出合理解释。GPIF 的尽责管理原则主要内容为：①外部管理人遵守日本尽责管理守则，建立有效的公司治理结构，配置足够的资源履行尽责管理。②将受益人利益放在首位，建立高度独立性的第三方委员会等机构管理利益冲突问题。③外部管理人建立并披露尽责管理政策，形成参与目标和计划，更有效地支持尽责管理；将尽责管理和投资相结合；与被投资企业沟通时，要考虑非财务信息。④加入 UN PRI，ESG 融入投资决策流程，推动被投资企业可持续发展，增强长期投资收益。⑤以 GPIF 和受益人的利益最大化为出发点，履行投票权利；投票时应遵循 GPIF 的投票原则；当使用投票顾问时，应开展尽职调查。

GPIF 投票原则主要内容为：①外部资产管理人应建立投票政策和指引，实现股东利益最大化。②投票决策要深思熟虑，及时将投资决策告知被投资企业。③投票时仔细考虑环境、社会和公司治理因素，增强被投资企业中长期价值。④投票前做详细的尽职调查。⑤如果使用投票顾问，不能机械地接受顾问建议，管理人仍有责任以 GPIF 和受益人利益进行投票。⑥管理人需要定期复查投票记录，进行自我评估。2021 年 4 月至 6 月，GPIF 外部管理人共进行了 165866 次投票，其中管理议案的投票为 164135 次，股东议案的投票为 1731 次。

4. ESG 投资表现

从 ESG 指数表现看，GPIF 选择的指数在 2017 年 4 月到 2021 年 3 月跑赢基准指数。以标普/JPX 碳效率指数为例，这年的年化收益率为 9.23%，而基准指数年化收益率为 9.07%。

从投资组合 ESG 评分看，截至 2021 年 3 月，国内股票组合 MSCI 评分为 5.92 分，基准指数评分为 5.85 分；国外股票组合 MSCI 评分为 6.04 分，基准指数评分为 5.95 分。整体来看，股票投资组合 ESG 评分高于基准指数组合，体现了 ESG 整合的有效性。

第六节　我国 ESG 投资实践和启示

我国发展 ESG 投资，有利于落实新发展理念要求，具有巨大的现实意义。我国 ESG 投资发展刚起步，政策体系不断完善，产品服务日渐丰富，第三方服务机构壮大。

一、我国发展 ESG 投资的现实意义

（一）落实新发展理念的重要举措

我国经济社会进入新发展阶段，由粗放式发展向高质量发展、由高速增长向中高速增长转变，在此过程中要落实新发展理念。习近平总书记指出，构建新发展格局，要坚持创新、协调、绿色、开放和共享的新发展理念。创新是引领发展的第一动力协调是持续健康发展的内在要求，绿色是永续发展的必要条件和人民对美好生活追求的重要体现，开放是国家繁荣发展的必由之路，共享是中国特色社会主义的本质要求。可持续投资的核心理念是注重将长期投资收益和短期投资收益相结合，促进社会更加美好。

（二）实现碳达峰碳中和的必要保障

全球温室气体浓度在 2020 年达到新高，2015—2021 年是全球有记录以来最热的几年。近年来，全球增强温室气体排放控制力度，2020 年，我国宣布在 2030 年前实现碳达峰，努力争取在 2060 年前实现碳中和。实现碳达峰碳中和需要投入大量资金，可持续投资环境因素包括气候因素，气候投融资已经成为可持续投资的重要组成部分。发展可持续投资，有利于强化全社会关注气候变化的意识，形成更大规模气候投融资。

（三）推动金融行业供给侧改革的关键措施

2018 年 4 月，中国人民银行等部门联合发布资管新规，统一资管行业监管标准和要求，禁止通道业务和资金池业务，限制非标投资，推动净值化管理和打破刚兑，提高资管行业发展质量。实际上，我国金融业正处于关键的供给侧改革阶段，需要进一步适应宏观经济结构和产业结构调整要求。金融行业回归本源，服务实体经济，重点在于落实新发展理念，助力碳达峰碳中和落地，形成高质量发展新格局；满足居民参与社会可持续发

展的需求，在获取投资收益的同时，形成推动社会进步的影响力。

（四）金融机构转型发展的重要突破口

我国银行、信托公司等金融机构正处于转型发展关键时期，需要塑造新发展模式。可持续投资是当前世界乃至国内日渐兴起的投资模式，与我国新发展理念相契合，也能够满足居民美好生活需求。金融机构可以充分立足可持续投资战略，创新产品服务，寻找新的发展突破口，提高专业水平，走差异化、特色化发展道路。

二、我国 ESG 投资监管政策的要求

ESG 投资的发展离不开国家政策的推动，我国相关政策体系日臻完善，具体来看，主要包括顶层设计政策和信息披露政策两方面。

（一）顶层设计政策体系

我国日益重视可持续发展，落实新发展理念，在国家发展规划等政策层面注重做好可持续投资工作安排。

2012 年，银监会发布《绿色信贷指引》，促进银行业金融机构发展绿色信贷，规范内部管理操作。2016 年 8 月，中国人民银行等七部门联合发布《关于构建绿色金融体系的指导意见》，构建全面的绿色金融政策体系。2020 年，生态环境部等五部门印发《关于促进应对气候变化投融资的指导意见》，聚焦气候变化，提升气候投融资便利化，推动能源结构、产业结构和生产生活方式转变，有效控制温室气体排放。2021 年，《中共中央国务院关于完整准确全面贯彻新发展理念做好碳达峰碳中和工作的意见》发布，明确我国实现碳达峰碳中和的绿色低碳循环发展目标、路径和组织实施等政策安排，特别提出要有序推进绿色低碳金融产品和服务开发。

除了中央和各部门制定的可持续投资发展政策，四川省、上海市及重庆市等地都已制定"十四五"时期的绿色金融发展规划，结合中央要求和本地实际情况，加强具有本地特色的绿色金融体系建设。

总体来看，我国基本形成自上而下的绿色金融发展政策体系，通过开发各种金融工具动员社会力量支持绿色低碳产业发展，推进双碳战略实施进程。

（二）信息披露政策要求

信息披露是 ESG 投资的重要前提，我国逐步推动企业提升 ESG 信息披露水平。

2014 年，我国发布《中华人民共和国环境保护法》，要求重点排污单位如实向社会公开主要污染物的名称、排放方式、排放浓度和总量等情况。2016 年，国资委下发《关于国有企业更好履行社会责任的指导意见》，要求国有企业增强社会责任意识，明确社会责任核心议题，加强社会责任日常信息披露。2018 年，中国证监会修订《上市公司治理准则》，确立了 ESG 信息披露的基本标准体系。2021 年，中国人民银行发布《金融机构环境信息披露指南》，有利于引导金融机构重视环境信息披露，提高绿色金融资源配置效率，助力社会低碳发展。部分金融机构已经开始按照中国人民银行要求披露环境信息报告。2022 年，国资委制订《提高央企控股上市公司质量工作方案》，要求央企控股上市公司披露 ESG 专项报告，力争到 2023 年相关专项报告披露"全覆盖"。

我国 ESG 信息披露机制日臻完善，对央企、上市公司、金融机构等重点领域企业提出明确的信息披露要求，起到较好的社会引领作用。

三、我国金融机构 ESG 投资实践

我国金融机构重视 ESG 投资，不仅将其纳入发展战略，而且持续完善内部管理，创新 ESG 投资产品服务，主动加强信息披露，助力我国 ESG 投资水平加快提升。

（一）我国金融机构 ESG 实践概述

1. 高度重视 ESG 投资

为了满足客户需求，我国金融机构实施 ESG 投资的热情不断升高。根

据《2021 年度中国资管行业 ESG 投资发展研究报告》调研数据，23% 的受访机构已经实践 ESG 投资，较 2020 年提升 17 个百分点，有明显增长；29% 的受访机构将在两年内实施 ESG 投资。

我国各类机构积极加入 UN PRI。截至 2022 年 7 月 17 日，我国共有 103 家机构成为签署方，其中金融类机构 78 家，包括资产所有者 4 家，投资管理机构 74 家。

为了全面部署可持续投资，金融机构将 ESG 投资上升到战略层面。北京银行、兴业银行、中国人保等将绿色金融纳入整体战略规划，既体现绿色发展新理念，也全面布局绿色金融服务。农业银行、中国平安及博时基金等专门制定了绿色金融发展规划或者碳达峰碳中和行动，明确中长期举措和发展路径。

2. 建立组织和管理流程

金融机构落实可持续投资职能，明确内部管理职责，建设专门的部门或者团队，提供研究和政策建议和支持。根据《中国基金业 ESG 投资专题调查报告（2019）》，实施 ESG 投资的机构中，58% 的机构由总经理或者首席投资官负责领导 ESG 投资整体工作，个别外资机构建立绿色投资委员会或者 ESG 责任投资委员会，形成自上而下的治理体系。

为 ESG 投资建立专门的投资管理流程，制定相关政策制度，开展内部培训，将可持续投资有效嵌入内控体系。以华夏基金为例，其制定了"六位一体"的 ESG 投资流程，包括策略制定、基本面分析、组合管理、风险管理、上市公司沟通和定期跟踪，形成全流程闭环管理。

3. 投资方法多样

《2021 年度中国资管行业 ESG 投资发展研究报告》数据显示，我国有近 80% 的机构在开展 ESG 投资时采用负面筛选策略，58% 的机构使用正面筛选策略，55% 的机构使用主题投资策略，44% 的机构运用 ESG 整合策略，31% 的机构选择股东参与策略。我国金融机构更加偏好负面排除、正面筛选及主题投资策略，这三种策略相对简单，与我国可持续投资发展时间短有很大关系，投资策略选择遵循先易后难的顺序。ESG 整合、股东参与及影响力投资策略实施难度更大，对专业水平、数据支撑等方面要求较高，但是所产生的可持续发展社会效应更佳。随着我国金融机构专业能力的持续提升，未来 ESG 整合策略会更受欢迎。

4. 产品服务快速增长

可持续投资既包括自有资金的投资，也包括各类资管机构投资，本书主要聚焦各类资管机构的可持续投资行为。

公募基金和银行理财是我国可持续投资的核心力量。公募基金方面，2008 年，我国发行首只 ESG 主题公募基金，《2021—2022 年 ESG 资管产品研究报告》数据显示，截至 2022 年 1 月末，我国 ESG 可持续投资公募基金数量为 110 只，规模为 2410.49 亿元人民币，2020 年以来我国 ESG 可持续投资公募基金快速发展。这其中主动管理型公募基金占比近 77%，被动管理型基金占比为 23%。从配置方向看，71% 投向权益资产，13.2% 投向债券，其他为银行存款等。我国部分 ESG 股票投资基金见表 6 - 17。

表 6 - 17　　　　　　　　　我国部分 ESG 股票投资基金

基金名称	成立日期	基金管理人	投资类型	ESG 策略应用
浦银安盛 ESG 责任投资 A	2021 年 3 月 16 日	浦银安盛基金	偏股混合型基金	负面筛选、动量策略
汇添富 ESG 可持续成长 A	2021 年 6 月 10 日	汇添富基金	普通股票型基金	负面筛选、正面筛选、ESG 整合
南方 ESG 主题 A	2019 年 12 月 19 日	南方基金	普通股票型基金	负面筛选、正面筛选、ESG 整合
易方达 ESG 责任投资	2019 年 9 月 2 日	易方达基金	普通股票型基金	负面筛选、ESG 整合
财通可持续发展主题	2013 年 3 月 27 日	财通基金	偏股混合型基金	负面筛选、正面筛选
博时可持续发展 100ETF	2020 年 1 月 19 日	博时基金	被动指数型基金	正面筛选、ESG 整合
富国中证 ESG120 策略 ETF	2021 年 6 月 16 日	富国基金	被动指数型基金	正面筛选、ESG 整合

资料来源：作者根据相关资料整理。

银行理财方面，根据《中国银行业理财市场年度报告（2021 年）》，截至 2021 年末，我国累计发行 ESG 银行理财产品 49 只，合计募集资金超 600 亿元人民币，存续余额达 962 亿元人民币，华夏理财管理规模较高，为 263.38 亿元人民币（见图 6 - 39）。

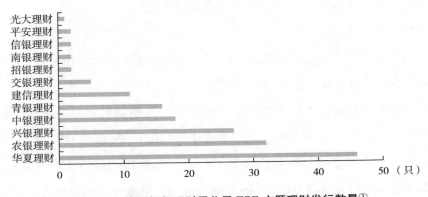

图 6 - 39　我国银行理财子公司 ESG 主题理财发行数量①

（资料来源：作者根据相关资料整理）

其他领域相对滞后或者缺乏统计数据，但是都在积极开展创新转型，保险资管机构 2022 年推出面向个人客户的 ESG 产品；私募基金机构加快落地 ESG 投资策略，更深程度参与绿色投资；信托公司以绿色信托为突破推动创新转型。截至 2021 年，绿色信托数量为 665 个，规模为 3318 亿元人民币，但是缺乏完善的可持续投资管理机制。

5. 信息披露持续完善

响应监管政策导向，金融机构推进信息披露，在原有社会责任年报告基础上，南方基金、平安集团等 UN PRI 成员已披露 ESG 年度报告，主要介绍 ESG 投资管理体系、投资策略、产品服务、客户服务、公司治理等方面的内容。上海银行等金融机构探索披露环境信息，主要介绍环境相关治理结构、政策制度、产品和服务、风险管理等信息。此外，我国金融机构

---

① 数据截至 2022 年 8 月中旬。

逐步探索按照气候相关财务信息披露等国际准则披露气候相关信息。

（二）南方基金 ESG 投资实践

南方基金管理股份有限公司（简称南方基金）成立于 1998 年 3 月，拥有全国社保基金投资管理人、人社部企业年金投资管理人、保险资金投资管理人等资质。截至 2022 年 9 月 30 日，南方基金公募基金规模 10269 亿元人民币，管理公募基金共 304 只，产品涵盖股票型、混合型、债券型、货币型、指数型、QDII 型、FOF 型等（见图 6-40）。

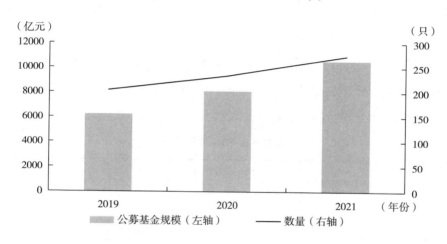

图 6-40　2019 年至 2021 年南方基金公募基金数量和规模

（资料来源：作者根据相关资料整理）

1. ESG 投资治理架构

南方基金建立双层的 ESG 投资治理架构。

第一层组织是 ESG 领导小组，组长为南方基金总经理，首席投资官、首席产品官及督察长为组员。领导小组负责统筹协调公司 ESG 工作建设，牵头落实 ESG 领导小组的各项工作部署，定期审核 ESG 业务进度并制定下一阶段工作重点。

第二层组织是工作小组，包括固定收益 ESG 融合、权益 ESG 融合、风险管理 ESG 融合、ESG 产品四个工作组，由各资产类别及业务部门组成，由 ESG 领导小组统筹工作，明确各小组的工作职能，制定相应实施细则，推进 ESG 整合在各资产类别、业务条线和职能部门有效落地。2021 年，南方基金还专门设立了可持续发展部门，作为南方基金 ESG 工作的牵头方和推动方。

2. ESG 风险评价

南方基金自主研发既符合国际标准，又具备中国特色的 ESG 评级体系和数据库。南方基金 ESG 评级系统包括 17 个主题、39 个子主题、115 个子类评选指标，有效支持了 A 股市场和发债主体 ESG 投资理念的落地（见表 6 - 18）。ESG 评分与投资标的的 ESG 争议项事件评分相结合，得到投资标的 ESG 综合评分。通过全面综合的考量，南方基金将投资标的发生的 ESG 争议项事件影响划分为不同等级，针对影响的程度采取相应的措施，例如将影响非常恶劣的投资标的的加入禁投池。

表 6 - 18 南方基金 ESG 评级体系

ESG 综合评分			
ESG 评分			ESG 争议事项评分
环境	社会	治理	新闻负面信息
环境管理、环境治理、碳排放数据、气候风险评估、生物多样性等	社会贡献、员工责任、产品责任、客户责任、供应链责任等	管理层、董事会、内部审计与控制、薪酬及激励、会计操纵等	环境责任负面信息、社会责任负面信息、公司治理负面信息

资料来源：作者根据相关资料整理。

截至 2021 年底，南方基金 ESG 评级体系覆盖 4500 多家 A 股上市公司与 6364 个发债主体。

3. 参与和投票策略

参与方面，调研上市公司时，如果发现不利于被投企业长期可持续发展的因素，南方基金通过研究员调研、电话会议、电子邮件、信函和询问等方式与被投企业的董事会、管理层和相关部门沟通，提出疑虑和看法，提升被投企业对 ESG 的关注程度，促使在 ESG 方面作出积极改变，为利益相关方带来可持续的长期价值。例如，在调研石墨电极行业上市公司时，发现该公司主营业务产生空气、水资源污染，而且近两年发生 11 起气候风险关联事件，被当地政府要求提供环境影响评价报告。南方基金建议该公司通过技术研发，利用相关排污技术对排放废弃物过滤加以控制，降低对生态环境和周边社区的影响。

投票方面，南方基金积极参与持有人会议并行使代理投票权，在系统自动发起的持有人会议投票流程中，如投票内容包含 ESG 相关内容，基金经理需要积极参与投票，并在投票中贯彻 ESG 投资理念。截至 2021 年底，共参与 2010 个持有人会议投票，其中赞成票数为 1969 票，反对票为 24 票，弃权票为 17 票。

4. ESG 投资产品服务

南方基金积极提供固收类和权益类 ESG 投资产品，既包含主动管理产品，也包含被动管理指数产品，满足客户多元资产配置需求。以南方新能源产业趋势基金为例，该基金在有效控制组合风险并保持良好流动性的前提下，重点投资新能源主题相关的优质上市公司，力争实现基金资产的长期稳定增值。截至 2022 年 9 月末，该基金主要配置了制造业、信息技术、采矿业、材料等行业，占比分别为 82.88%、3.71%、2.16% 和 1.54%；重点持有的上市公司为东方电缆、天顺风能、亿纬锂能、禾迈股份、恩捷股份等。

第七章　ESG 投资社会影响的
机制与效果

推进可持续发展，ESG 投资被寄予厚望。UN PRI 提出与可持续发展目标相匹配的 ESG 投资框架，包括确定成效、制定投资政策和目标、投资者塑造成效、金融体系塑造成效及全球投资者联合实现与 SDGs 相一致的成效五部分。ESG 投资如何实现积极的社会影响及是否真正实现了投资初衷呢？实际情况并不乐观，仍要强化 ESG 投资对环境和社会的积极效应。

第一节　ESG 投资效应的机制和评价方法

一、ESG 投资影响机制

ESG 投资通过影响企业 ESG 表现推动可持续发展。金融机构借助什么渠道或者机制影响企业呢？Julian F. Kolbel 等（2018）认为主要有三种机制，分别为参与、资本配置及间接影响；Ben Caldecott 等（2022）提出另外三种机制，分别为资本成本、资本可获得性及股东活动，认为 PE、股票是能够产生较高影响力的金融资产。下文主要围绕股东积极主义、资本配置和社会声誉三个机制，讨论 ESG 投资对企业的影响。

（一）股东积极主义机制

股东积极主义机制主要包括参与和投票，这是 ESG 投资的重要方法。

投资者通过股东积极主义行动，促进被投资企业改善 ESG 表现，提高可持续发展水平。近年来，股东积极主义行动已从股票投资逐步扩展到债券投资和另类投资，成为投资者与被投资企业沟通和实现影响的重要渠道。监管部门也高度重视投资者股东积极主义行为，强化尽责管理，要求金融机构制定参与和投票政策，及时披露参与和投票情况。

股东积极主义包含多种举措，能够对企业董事会和管理层施加外部压力，影响企业治理和经营管理行为。股东积极主义实现成功，取决于多种因素，诸如投资规模越大，影响力会越大；企业越重视与投资者沟通，参与成功的概率越大；参与事项越困难，成功的概率越低。从相关实证研究看，不同时期参与成功率为 18%～60%，平均为 36%，成功率不高（见表 7－1）。

表 7－1　　　　　　　　　　　参与成功率实证研究结果

研究作者	参与数量（次）	样本期间（年）	成功率（%）
Dimson 等（2015）	2152	1999—2009	18
Hoepner 等（2016）	682	2005—2014	28
Barko 等（2017）	847	2005—2014	60
Dimson 等（2018）	1671	2007—2017	42
Dyck 等（2019）	147	2004—2013	33

资料来源：作者根据相关资料整理。

（二）资本配置机制

资本配置包含资本供给和资本成本两个方面，优化资源配置，推动企业不断提高 ESG 表现。

资本供给方面，ESG 投资的兴起将引发社会资本重新配置，重点流向对可持续发展更为有益的绿色、新能源、可持续管理技术等领域，缓解这些领域的资本约束；同时，推动降低对高碳行业的投入和资源配置，特别是煤炭、石油等行业，限制这些领域的扩张。为了积极支持部分高碳行业向低碳发展转型，各国除了大力发展绿色金融工具外，也逐步发展转型金融。波士顿大学的追踪调查显示，中国向全球燃煤电厂投入了516亿美元，其中投入亚洲的超过344亿美元。2021年，我国承诺"不再新建境外煤电项目"，这是加速绿色转型的重要一步。2021年，波兰政府与煤炭企业和工会签署协议，决定到2049年关闭所有煤矿。El Ghoul 等（2017）发现良好的 ESG 表现与企业外部融资约束存在负相关关系，而且市场环境中的相关政策越不完善，经济越不景气，二者之间的效应越强。IEEFA（2019）实证研究表明，因缺少资金支持，印度尼西亚煤炭开采行业扩张速度明显放缓。

资本成本方面，资本成本对投资决策具有重要影响。ESG 投资综合考虑环境、社会和治理因素，对企业可持续发展机遇和风险进行定价，导致不同 ESG 表现的企业融资成本出现分化。可持续风险较高的行业将承受更高的资本成本，而 ESG 表现较好的企业能够获得成本更低的资金。从实证研究看，Younkyung 和 Jungmu（2019）分别考虑 ESG 的三个维度，研究发现企业社会责任管理和公司治理能降低股权融资成本，而环境管理与股权融资成本的关系不显著；Yea B 等（2019）研究发现，贷款机构重视 ESG 绩效和披露：ESG 绩效较强的公司债务成本较低，ESG 披露对债务成本的影响与 ESG 绩效相同；刘梦瑶（2021）认为企业 ESG 评分与企业债务融资成本之间呈负相关关系，ESG 表现对融资成本的影响更多通过信用风险传导，该效应对高资产负债率企业更加显著。赵雪岩（2019）研究认为股权融资成本与 ESG 表现呈现负相关关系，但是债务融资成本与 ESG 表现呈正相关关系。从现有研究结论看，ESG 表现与资本成本紧密相关，与股权融资成本的关系较明确，但是与债务融资成本的关系还有分歧。

（三）社会声誉机制

社会普遍关注可持续发展，投资者将 ESG 表现作为重要的投资标准，消费者将 ESG 表现作为重要的商品服务选择依据，基于 ESG 表现的社会声誉成为企业发展的重要制约因素。

从信号理论看，企业提升 ESG 表现，对外披露 ESG 信息，展示在 ESG 方面取得的成绩，有利于强化社会声誉，赢得更多社会利益相关者的信赖。曾珍香等（2017）研究结果显示，企业社会责任表现正向作用企业声誉，相较社会责任管理，社会责任实践的正向作用更强；企业社会责任报告质量在二者关系中具有调节效应，对环境责任的调节效应最为明显，能够进一步提升企业声誉。刘艺（2021）对沪深两市医药上市公司的研究发现，企业履行社会责任的积极表现影响利益相关者对企业的看法，从而影响企业声誉和经营业绩。

多数研究结论支持 ESG 表现影响企业社会声誉，形成外部约束，推动企业不断改善 ESG 表现。

二、ESG 投资效果评价方法

发展 ESG 投资不仅是为了获取投资回报，更重要的是能够产生积极的社会效应，而且需要用定量指标展现出来。ESG 投资社会贡献评估较复杂，当前还没有成熟的模型或者技术，S&P Global、MSCI、Inrate、ISS 等机构探索形成了 ESG 投资社会贡献评价方法。

（一）S&P Global 投资组合可持续发展评估方法

S&P Global 基于营业收入分析企业对 SDGs 的积极影响，主要分为两个步骤（见图 7－1）。第一个步骤是依据 S&P Global 建立的产品服务和特定可持续发展目标一致性数据，评估为 SDGs 作出贡献的产品、服务和技术的收入。第二个步骤是依据企业所在市场对 SDGs 的需求程度，对与可持续发展相匹配的收入（SDG－aligned revenue）赋予权重，S&P Global 使用 SDGs 影响权重反映社会福利增进程度，越是在需求强烈的地方生产和销售产品服务，相对应的影响权重越高。

S&P Global ESG 投资评估还包括两个工具，分别为投资热力地图及 SDGs 风险敞口。可持续发展投资热力地图主要展示投资组合已覆盖区域与

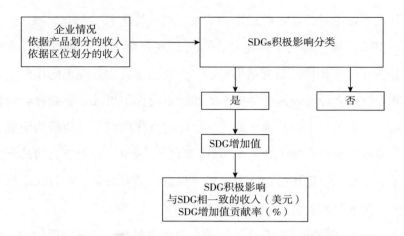

图 7-1 标普企业 SDGs 积极影响评估流程

（资料来源：作者根据相关资料整理）

SDGs 投资最需要区域的重合度，SDGs 投资需求度主要根据 SDG 指数确定。S&P Global 的 SDG 跨区域投入—产出模型（SDGI-O）主要分析全球国家和产业层面的资金流向和 SDG 相关的风险。S&P Global 基于与 SDGs 相关的直接风险或者间接风险评估企业风险敞口（诸如温室气体排放等），或者企业对与 SDGs 相冲突的实践或活动的依赖程度（诸如童工等）。S&P Global 确定了与 SDGs 相关的 45 个指标，代表企业与各个 SDGs 相关的风险敞口（见表 7-2）。

表 7-2 **标普的部分 SDGs 风险敞口指标**

SDG1：无贫困	贫困、公平薪酬
SDG2：零饥饿	营养不足、农业行为
SDG3：良好健康和福利	空气污染、医疗可获得性、土地和水污染
SDG4：高质量教育	教育可获得性
SDG5：性别平等	性别公平性
SDG6：清洁水资源	水消耗、水污染
SDG7：可负担的清洁能源	能源可获得性、能源消费、可再生能源可获得性

资料来源：作者根据相关资料整理。

　　最后，将上述单个企业的分析整合成为投资组合层面的指标和分析。

积极影响方面，投资组合层面的主要指标为与 SDGs 相一致的收入比例
（%）、投资组合促进 SDGs 实现的增量贡献率（%）等。风险敞口方面，
投资组合层面的主要指标为 SDGs 风险敞口排序、SDGs 风险密集度贡献率
（%）、与直接供应商相关的 SDGs 风险敞口等。热力地图方面，主要从国
家和区域维度展示投资组合为 SDGs 作出的贡献。

（二）Inrate 的 ESG 影响力评级方法

Inrate 是一家瑞士可持续性评级机构，1990 年开始对外提供可持续发
展研究服务。Inrate 的企业 ESG 影响力评级主要评估企业经营活动对环境
和社会产生的可持续性影响，反映企业是促进还是阻碍了社会可持续发
展，主要包括产品评价、企业社会责任评价和争议事项评价三部分。

产品评价主要反映企业产品服务对环境和社会的可持续影响，诸如产
品服务具体影响在哪些方面、是否比其他企业以更加可持续的方式满足社
会基本需求。Inrate 依据内部产品服务分类表，明确企业产品服务所属类
别。在具体评价阶段，Inrate 使用内部影响评价矩阵评估企业产品服务全
生命周期所体现的可持续性影响，评价指标包括气候影响、其他环境影
响、直接社会影响、间接社会影响。依据实证研究和专家经验，影响力评
估矩阵对每项活动或者子活动的每个影响指标给予 0 ~ 1 的得分，获得每项
指标的一般得分。如果一般得分不能很好地反映企业实际活动影响，Inrate
将修正影响因子，调整打分，准确反映企业经营活动的特定影响。与营养
相关的社会影响得分情况见表 7 - 3。

表 7 - 3　　　　　　　　　　与营养相关的社会影响得分

活动	一般影响得分			
	温室气体排放影响分数	其他环境影响分数	直接社会影响分数	间接社会影响分数
畜牧业和农业	0.36	0.27	0.55	0.55
冷冻食品生产	0.27	0.55	0.64	0.64
蔬菜种植	0.64	0.64	0.73	0.82

资料来源：作者根据相关资料整理。

企业社会责任评价重点分析企业是否系统地提升其可持续性影响，评

估主要基于 147 个通用和行业特定标准，评分区间为 0~1 分。评估主要分为环境、社会和治理三个维度。环境责任评估包括环境政策、降低环境影响的量化目标、将环境因素融入经营活动流程、产品具有的额外环境价值、环境影响数据等方面。社会责任评估包括商业道德、劳动力资质认证、客户及员工满意度、产品具有的额外社会价值、社会影响数据等方面。治理责任评估包括治理政策、CSR 报告、高管薪酬等方面。

Inrate 争议事项评价涵盖 38 个主题。当企业涉及争议事项时，Inrate 使用 9 个指标定量分析争议事项的起因及对企业的影响。

Inrate 使用 A、B、C、D 表示影响力评级结果。其中，A 级最高，代表企业是可持续发展的，具有高度的净积极影响；D 级最低，代表企业是不可持续发展的，具有较高的净负面影响（见表 7-4）。

表 7-4 　　　　　　　　　　　**Inrate 影响力评级结果内涵**

A	B	C	D
可持续发展，具有高度的净积极影响	正在变得可持续发展，具有较低的净积极影响	不可持续发展，具有较低的净负面影响	不可持续发展，具有较高的净负面影响

资料来源：作者根据相关资料整理。

（三）Sustainalytics 的影响力评价方法

Sustainalytics 有三种企业影响力评价方法，可以用于投资组合评估。

可持续活动参与指标方面，了解企业哪些活动对可持续发展作出贡献及获得收入情况，基于行业发展规则、市场标准及广泛接受的标准，Sustainalytics 形成企业可持续活动的标准，划分企业哪些活动具有可持续性，比如为低收入群体、弱势群体及低碳企业提供信贷属于可持续行为。

运营指标方面，主要评价企业运营和治理是积极的行为还是消极的行为。

ESG 影响力评估方面，Sustainalytics ESG 评估框架覆盖基本需求、资源安全、健康生态体系、气候行动、人的发展等六大方面，与可持续发展目标保持一致。以人的发展影响力评估为例，评价指标主要包括劳动力中妇女的占比、高管中妇女的占比、人的发展相关支出等。

Sustainalytics 已覆盖了 12000 多家发行人及 138 个子行业，评价指标达到 119 个。

第二节　ESG 投资对宏观经济的影响

ESG 投资重塑企业发展，促进宏观经济增长和可持续发展，对金融稳定和货币政策也有突出影响。现有研究文献较少研究 ESG 投资与宏观经济之间的关系，未来有必要进一步深入此领域的研究。

一、ESG 投资对经济发展的影响

过去，研究学者关注到环境与宏观经济的关系，库兹尼茨认为经济增长与环境之间呈倒"U"形关系。经济发展初期，为了加快 GDP 增速，经济活动对环境的影响逐步增大；当经济发展达到一定阶段，经济活动对环境的影响逐步减少。

近年，研究 ESG 投资与经济增长的相关文献增多，Jiazhen Wang 等（2019）利用 109 个国家的主权 ESG 评级及经济增速等宏观指标，检验 ESG 表现与经济增长之间的关系。实证结果表明，国家 ESG 表现与经济增长具有显著的正向关系，特别是环境保护因素和治理因素作用更突出；发达国家及高排放国家受益于 ESG 表现提升的影响更大。郭子豪等（2021）利用 OECD 国家主权 ESG 数据研究了 ESG 因素对各国国际贸易的影响，研究表明主权 ESG 表现的提高对进出口贸易具有正向影响，但是，只有治理因素的影响显著为正；欧洲地区 ESG 表现对进出口贸易的影响比非欧洲国家更显著；2008 年国际金融危机发生后，主权 ESG 表现对进口贸易的正向影响相较金融危机之前变弱。Xiaoyan Zhou 等（2020）从企业 ESG 表现出

269

发，分析 2002 年至 2017 年全球 30 个国家的上市企业数据，认为一国企业
ESG 表现与一国人均 GDP 增速具有正向关系，环境因素和公司治理因素对
发展中国家具有积极的正向影响，对发达国家的影响不显著。总体来看，
环境、社会和治理因素评分每上升 1 单位将推动人均 GDP 增速分别上升
0.06%、0.10% 和 0.19%（见表 7-5）。

表 7-5   企业 ESG 表现对人均 GDP 增速的影响

ESG 主题	全球	发达国家	发展中国家
环境表现	0.06%	-0.01%	0.12%
社会表现	0.10%	0.07%	0.11%
公司治理表现	0.19%	0.03%	0.26%

资料来源：作者根据相关资料整理。

除了研究 ESG 投资对经济增长的影响，部分学者也关注到 ESG 投资
对可持续发展的影响。陈骁和张明（2022）认为 ESG 投资能够保护低收
入人群权益，限制高收入人群收入，促进企业参与三次分配，有利于缓
解收入分配问题。Elisabeth Steyn 和 Jose M Lopez Sanz（2021）分析美国
共同基金发现，可持续基金在几乎所有的 2030 年可持续发展目标方面都
表现较好，不过与传统基金相比改善程度不大，可持续基金主要对经济
增长、创新、健康和福利、教育质量等 12 个可持续发展目标有积极影
响，对气候行动、负责任的消费、清洁水源等 5 个可持续发展目标有负
面影响（见图 7-2）。

二、ESG 投资对金融稳定和货币政策的影响

ESG 投资除了对宏观经济有显著影响外，也与金融稳定和货币政策有
密切关系，特别是气候变化对金融稳定和货币政策的影响日渐突出，部分
国家已将气候变化风险纳入宏观审慎监管。环境对金融稳定的影响表现为
物理风险和转型风险，进一步转化为信用风险、市场风险、声誉风险等重
点风险。以转型风险为例，政府加大低碳绿色发展，更多地使用非化石能

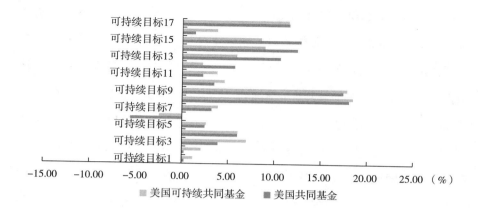

图7-2 美国共同基金和美国可持续共同基金对可持续发展目标的影响

（资料来源：作者根据相关资料整理）

源，煤炭、石油等化石能源企业可能面临现有资源贬值风险，市场需求萎缩，经营成本上升，偿债能力下降，增大违约风险（见图7-3）。

图7-3 气候变化风险传导路径

ESG 表现对银行业稳健发展具有积极影响（Vasile Dedu 等，2021），Laura Chiaramonte 等（2021）研究了金融危机期间欧洲银行业 ESG 的作用，发现 ESG 评分与金融危机期间银行业稳定性具有正向关系，评分越高，银行脆弱性越低；ESG 报告披露时间越长，对金融稳定的作用越大。除了研究 ESG 对银行业稳定性的作用，业界和学者将更多精力放在研究气候变化对金融稳定的影响上。美国、欧盟及英国等国家监管部门深入研究气候变化风险对金融稳定性的影响，欧盟央行情景分析显示，欧盟投资基金中 1.2% 的股票和企业债券投资将在未来 15 年内遭受损失。法国央行分析了该国银行、保险公司等金融机构的转型风险敞口，结论是：第一，法国银行及保险公司对碳密集度最高行业的转型风险敞口高达 8620 亿欧元；第二，2017 年，碳密集度最高的行业占银行信贷风险敞口的 12.2%；第三，2017 年，法国保险公司投资中约 10% 的资金流入转型风险敏感行业。英国保险集团英华杰（AVIVA）支持的一项研究采用量化方法分析了气候风险对经济和资产价值的影响，该项研究基于多种气候情景假设，认为如果全球气温上升 4 摄氏度，全球资产损失达 4.2 万亿美元；如果上升 5 摄氏度，全球资产损失达 7 万亿美元；如果上升 6 摄氏度，全球资产损失达 43 万亿美元，相当于全球 30% 的资产总量。

鉴于气候变化风险的重要性，全球监管机构逐步将其纳入审慎监管体系。IMF 在评估各国经济和金融稳定性时已考虑气候变化风险；FSB 制定了应对气候相关风险的中长期路线图，重点解决信息披露、数据、脆弱性分析、监管部门实践和工具应用等问题；NGFS 提供了评估气候风险的三大情景，分别是有序升温、失序升温及高温情景，以此评估气候变化风险的金融冲击。在全球经济金融组织和协会的推动下，欧盟、英国、德国、法国、澳大利亚等国家的监管部门评估气候变化风险对金融稳定性的影响，涉及银行、保险、资管行业等主要金融机构，评估采用宏观、中观和微观相结合的方式，主要使用气候经济一体化模式、投入产出模型、DSGE 模型等。2021 年，欧洲证券和市场管理委员会针对投资基金的转型风险进行了综合评估，发现可能发生的损失达到基金总资产的 9% 左右，集中投资高碳资产的基金对损失的贡献非常大。英国审慎监管局要求英国保险公司评估在不同气候物理和转型风险情景中受到的影响；巴西央行要求商业银行将环境风险纳入治理框架，如果银行不能证明有足够的能力管理环境风险，将提高该银行的资本要求；中国人民银行已经明确将绿色信贷与绿色债券纳入货币政策操作的合格担保品范围，包括绿色金融债券、AA +、AA 级公司信用类债券（优先接受涉及小微企业、绿色经济的债券）及优质的绿色贷款。

气候变化及 ESG 投资对金融稳定和货币政策影响的研究仍在持续，未来央行和金融机构监管部门将进一步探索更多应对监管工具和方法，提高金融系统韧性和抗风险能力。

第三节　ESG 投资对资金端的影响

ESG 投资收益表现直接影响投资者的积极性，已有研究结果表明，ESG 投资收益并不低于传统投资收益，而且还能更好地控制投资回撤。

一、ESG 股票投资收益分析

ESG 股票投资起步早，业界和学者对 ESG 股票投资业绩表现的研究成果相对丰富，研究结论趋向一致。

发达国家方面，Francesco Cesarone（2022）研究认为 2014 年以前欧美 ESG 投资业绩表现并不突出；2014 年以来，美国可持续投资基金业绩表现优于传统共同基金，而欧洲市场可持续基金与传统基金差异不大。Camille Baily 和 Jean – Yves Gnabo（2022）研究了 2042 只美国股票基金，认为 ESG 高评级基金投资业绩低于传统股票基金，但前者能够更好地应对气候变化风险。Lars Kaiser（2017）认为欧美国家投资者提高投资组合可持续性表现，不会影响投资业绩。

新兴市场国家方面，Matthew 等（2018）根据新兴市场 ESG 指数及基准指数数据，计算得出二者的历史回报率、β 系数值、夏普比率、索提诺比率等指标。新兴市场 ESG 投资可以为投资者带来更高的回报和更低的损失风险。

我国 ESG 投资刚刚起步，ESG 股票基金相对较少。深圳证券信息有限公司（2022）认为 ESG 因子是股票收益的重要来源，2018 年 7 月初至 2022 年 7 月末，创业板 ESG 优选 100 指数相对创业板指数的超额收益为 18.6%；深市 ESG 优选 100 指数相对深证 100 的超额收益为 8.2%；深沪 ESG 优选 300 指数相对沪深 300 的超额收益为 12.8%。李瑾（2021）采用因子模型检验了市场 ESG 风险溢价与额外收益，研究结果表明未获评级公司相对获评级公司的股票平均收益率更高，即市场存在 ESG 风险溢价；高评级公司相对低评级公司其股票平均收益率更高，即前者可以获得 ESG 额外收益；市场行情不好时，ESG 风险溢价和额外收益增加；新冠疫情期间，二者均减少。黄连蓉（2021）研究显示，如果投资者投资拥有较好 ESG 表现的上市企业，会承担更小的风险，赢得超越市场的收益；当期企业 ESG 的变好对中短期股票收益具有一定预测能力，如果企业当期 ESG 表现变好，中短期股票收益表现显著上升。

除上述针对单个或者多个国家的研究外，部分学者进行了大量文献综述研究，系统梳理一段时期内的研究结论，全面总结 ESG 股票投资业绩表现趋势和总体结论。纽约大学商学院可持续商业研究中心进行的文献综述表明，59% 的研究发现 ESG 因素对投资表现（组合 alpha 和夏普比率）的影响是正面或中性的。摩根斯坦利研究 2014 年至 2018 年 11000 只共同基金，认为 ESG 股票投资表现与传统基金相比没有显著差异，但是 ESG 股票投资市场风险更小，下行风险平均比传统基金低 20%。Von Wallis 等（2015）回顾了 1986 年至 2012 年的 53 篇实证研究论文，其中 35 篇文献比较了 ESG 基金与传统基金的业绩表现，14 篇文献认为 ESG 基金优于传统基金，15 篇文献认为 ESG 基金与传统基金相同，6 篇文献认为 ESG 基金逊于传统基金（见图 7-4）。Ulrich Atz 等（2022）研究了 2015 年至 2020 年的 1000 余篇相关文献，认为 ESG 股票投资没有显著区别于传统投资，但是在社会或者经济危机期间，ESG 股票投资表现更好。

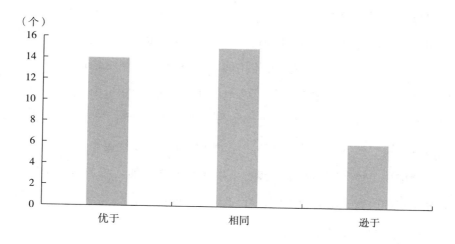

图 7 - 4 ESG 股票基金与传统股票基金的比较

（资料来源：作者根据相关资料整理）

总体来看，大量研究文献基本证实了 ESG 股票投资基金至少与传统基金业绩表现相似，而且风险要略低，体现了 ESG 投资的优越性，有利于增强投资者信心。当然，有必要进一步关注 ESG 股票投资在不同国家地区、不同市场状态中的表现异质性。

二、ESG 债券投资收益分析

（一）ESG 与可持续债券定价的关系

ESG 表现影响债券定价，从理论上看，ESG 表现越好，债券定价越高，形成绿色溢价。

从实证研究看，刘璐（2021）将发行人按照 ESG 评价分为低、中、高三组，低 ESG 组利差为 3.04%，中 ESG 组利差为 2.49%，高 ESG 组利差为 2.26%，利差与 ESG 表现呈反向关系。张丽宏等（2021）使用绿色债券与普通债券匹配的方法，研究我国绿色债券溢价问题，结果表明绿色债券收益率利差较匹配的普通债券收益率利差平均低 17 个基点；Hachenberg、Schiereck（2018）和 Zerbib（2019）使用匹配方法，将每一只绿色债券和与它具有相同发行人、发行币种、债项评级、债券结构、利率类型且到期日相差在两年以内的普通债券配对，形成研究样本，结果显示绿色债券的二级市场收益率利差比与其相似的普通债券二级市场收益率利差低1~2个基点。不过，也存在相反结论的研究文献，Bachelet 等（2019）从发行人特征及第三方认证的角度探索绿色债券溢价之谜，研究表明相对棕色债券，绿色债券的收益率更高、流动性更强，波动性更小。

全球绿色债券市场刚刚起步，市场还不成熟，加之相关研究所使用的研究样本和研究方法有所不同，导致出现不同的结论。

（二）ESG 债券基金收益分析

ESG 债券投资处于探索阶段，投资业绩表现研究文献数量不多，研究结论有一定分歧。

2010 年以前，关于债券投资业绩表现的研究非常少，且结论差异较大。Goldreyer 等（1999）认为美国社会责任投资债券基金表现显著低于传统债券基金；Derwall 和 Koedijk（2009）利用美国 15 只社会责任投资债券基金 1987 年至 2003 年数据进行了分析，与传统债券基金相比，社会责任投资债券基金表现相似。

2010 年以来，关于债券投资业绩表现的研究文献数量明显增多，而且肯定 ESG 债券投资业绩的研究上升。Henke（2016）研究了欧元区和美国的 103 只社会责任投资债券基金，结果表明 2001 年至 2014 年社会责任投资债券基金业绩要高于传统债券基金 0.5%，社会责任投资债券基金在经济衰退时期表现更佳。Leite 和 Céu Cortez（2016）分析了法国、英国和德国的 63 只社会责任投资债券基金，认为德国社会责任投资债券基金略好于传统债券基金，英国的社会责任投资债券显著逊于传统债券基金，法国的社会责任投资债券与传统债券基金表现无差别。Fátima de Lima Serrano（2018）利用正面筛选方法构建欧洲社会责任投资债券基金，比较分析看，社会责任投资债券基金经济下行期的表现要逊于传统债券基金，经济上升期的表现与传统债券基金没有差异。

上述研究样本相对较小，Morgan Stanley（2019）收集了 2004 年至 2018 年 10723 只 ESG 基金数据，表明平均收益率基本相同，差异不大，不过从下行风险标准差来看，ESG 债券投资基金下行风险明显小于传统债券，ESG 债券投资在不影响传统债券收益的情况下可以有效降低下行风险（见表 7 － 6）。

表 7 － 6　　　　　　　2004 年至 2018 年 ESG 债券基金表现

年份	收益率中位数（%）		波动率中位数（%）	
	ESG 债券基金	传统债券基金	ESG 债券基金	传统债券基金
2004	3.80	4.09	－ 3.86	－ 4.29
2005	2.14	2.17	－ 3.52	－ 4.16
2006	4.50	4.40	－ 4.14	－ 4.82
2007	5.67	5.42	－ 3.66	－ 4.12
2008	－ 2.28	－ 2.88	－ 5.83	－ 6.43
2009	11.25	11.49	－ 5.03	－ 5.87
2010	6.37	7.31	－ 4.44	－ 4.79
2011	5.2	4.51	－ 6.66	－ 6.88
2012	7.06	6.86	－ 4.80	－ 5.02
2013	－ 1.64	－ 0.32	－ 5.32	－ 5.66
2014	3.74	2.38	－ 5.80	－ 6.30
2015	－ 0.50	－ 0.35	－ 5.14	－ 6.96
2016	3.97	4.07	－ 6.15	－ 6.96
2017	3.85	4.10	－ 3.47	－ 4.59
2018	－ 0.44	－ 0.66	－ 6.24	－ 7.56

资料来源：作者根据相关资料整理。

2020 年，摩根大通研究表明，债券投资策略纳入重要的 ESG 因素可以降低投资组合的波动性，投资级债券可以提高组合的风险调整收益；投资 ESG 表现较好的公司可以在不牺牲预期收益率的情况下控制债券投资下行风险（见表 7 － 7）。Andrew Clare 等（2022）认为 ESG 债券投资不会损害债券基金的风险调整收益。

表 7 – 7　　　　　　　ESG 债券投资与基准收益比较

券种	超额回报	波动率	夏普比率	回撤
投资级美元债券	改善	改善	改善	不变
投资级欧元债券	改善	略高	改善	不变
高收益美元债券	改善	改善	改善	改善
高收益欧元债券	不变	不变	不变	不变
新兴市场美元债券	改善	改善	改善	改善

资料来源：作者根据相关资料整理。

除了 Henke（2016）等个别研究支持债券可持续投资收益表现优于传统债券基金，其他研究更多倾向认为与传统基金无显著差异，有利于降低基金的下行风险，增强业绩稳健性。

三、ESG 另类投资收益分析

ESG 在另类资产中的应用更晚，正处于加快融合阶段。因此，投资收益表现可得数据资料非常有限。

Elena（2021）利用 3057 只 PE 基金样本，其中 1179 只为 ESG 基金，占比为 38.6%，通过对比分析，OLS 回归模型下 ESG PE 基金收益率高于非 ESG PE 基金，以净内部收益率衡量，平均高出 4.04%。Avis Devine（2021）使用 GRESB 平台数据，研究不动产私募股权投资基金收益表现，发现 ESG 不动产基金表现要好于非 ESG 基金。

部分已有研究文献均认为 ESG 另类资产投资表现突出，但是相关研究数量有限，解读上述研究成果时仍需审慎，有必要进一步深入跟踪和研究 ESG 另类资产投资业绩表现。

第四节　ESG 投资对企业端的影响

ESG 投资致力于提升企业 ESG 表现，进而提高企业价值和业绩，那么企业 ESG 表现通过什么机制影响企业价值呢？ESG 投资是否真正影响了企业 ESG 行为？这些问题的答案对于评价 ESG 成效很重要。

一、ESG 表现影响企业价值的机制

ESG 表现通过多种渠道提升企业价值，包括风险管控、利益相关者满意度、技术创新、经营效率、解决融资约束等机制。

技术创新机制方面，ESG 作为一种绿色发展理念融入企业发展战略，将推动技术创新和应用，向绿色低碳方式转型发展，重新塑造市场竞争力。李井林等（2021）认为企业创新在企业 ESG 表现及其 3 个维度与企业绩效之间存在中介效应；Salim Chouaibi 等（2014）收集了 532 家西欧和北美地区上市公司的数据，通过广义矩估计法证明 ESG 在绿色创新调节效应下增加了企业价值，随着时间的推移，企业价值将不断上升。

风险管理机制方面，可持续风险是企业发展过程中的重要风险，提高 ESG 表现有利于减少行政处罚罚单、治理结构不健全等负面因素导致的经营失败和声誉受损。王琳璐等（2022）以 2009 年第 1 季度至 2020 年第 4 季度我国沪深 A 股上市公司季度数据为样本，研究表明良好的 ESG 表现有利于降低财务风险，进而提升企业价值。Remmer Sassen 等（2016）利用 2002 年至 2014 年欧洲企业数据验证 ESG 对企业风险的影响，认为 ESG 与企业风险状况具有负向关系。

利益相关者机制方面，ESG 充分考虑利益相关者的利益，认真对待员工，加强员工职业培养，注重多元性和包容性；认真对待客户，为客户提供高质量产品服务；注重参与社区建设，提高社区活力。这有利于提高利益相关者满意度，强化社会声誉和品牌影响力，增加产品销售，提高企业价值。Mo Sujin（2019）研究发现，企业以适当的价格为客户提供优秀的产品服务，客户会更加信赖企业。

解决融资约束机制方面，企业面临融资约束，ESG 表现成为金融机构

评判企业的重要方面。ESG 表现较好的企业会赢得金融机构的青睐，降低企业的融资约束和融资成本，支持开发新技术和创新产品。El Ghoul 等（2017）研究发现，良好的 ESG 表现与企业外部融资约束存在负向关系；史敏等（2017）以沪深 A 股市场 2010 年至 2013 年制造业民营上市企业为样本，研究认为在动态环境下企业社会责任表现与制造业民营企业的债务融资成本呈显著的负相关关系。

二、ESG 表现对企业价值影响的验证

对于 ESG 表现与企业价值的关系，文献研究结果并不统一，主要包括相关、无关及负相关。总结各类研究文献发现，ESG 表现与企业价值提升具有正相关的研究占据多数。

（一）ESG 表现与企业价值正相关

就我国而言，任紫娴等（2021）、王琳璘等（2022）、唐玮等（2022）均认为 ESG 表现与我国企业价值呈现正相关关系，ESG 评分越高，企业价值越高，而且对非国有企业、所处制度环境较好和信息传递效率较高的企业而言，ESG 表现对价值的提升效应更明显。不过环境、社会及公司治理因素对企业价值的影响不同，顾佳莹（2022）认为环境因素与企业价值呈现负相关关系，社会因素和治理因素与企业价值呈现正相关关系。

就发达国家而言，Velte P（2017）分析德国上市公司财务数据后，发现 ESG 表现对净资产收益率有正向影响，环境表现对企业价值影响最大。Kaisa Olli（2021）分析欧洲 20 国 900 多家企业数据，认为 ESG 表现与企业财务表现具有正相关关系，ESG 活动有利于增强利益相关者的沟通和信任。Frank J. Fabozzi 等（2021）研究认为 ESG 表现对日本企业以股票市场指标衡量的价值具有一定正面影响。

就新兴市场国家而言，Mita Kurnia Yawika1 和 Susi Handayani（2019）认为 ESG 表现对印度尼西亚企业财务表现具有积极影响，治理因素的影响

效应更为显著。Ghosh Arpita（2013）研究表明出众的可持续性表现有助于印度企业财务绩效的优秀表现。

（二）ESG 表现与企业价值负相关

Barnea 和 Rubin（2010）从代理问题视角出发，探讨 CSR 与企业价值的相关关系，发现 CSR 与企业绩效间存在负相关关系。李伟（2012）以交通运输业为研究对象，选取 2009 年我国上市公司的相关数据进行实证研究，结果表明在不考虑可持续增长的前提下，我国交通运输行业履行社会责任不利于企业财务绩效的有效增长。

（三）ESG 表现与企业价值无关

Milind Kumar Jha 等（2020）对印度 500 强企业的研究表明，ESG 表现与企业财务绩效没有相关性。Ruheya Atan（2018）以马来西亚上市公司为样本，发现 ESG 三因素作为单独指标时与企业价值之间没有显著关系。Nau C 和 Breuer N（2014）分析了 2009—2012 年 100 家美国科技制造业上市公司，研究认为企业 ESG 表现和企业价值间没有明显因果关系。孙东（2019）实证分析了 12 家 A 股电力公司 2007—2016 年数据后，发现电力上市公司的 ESG 表现与企业价值无直接关系。

研究 ESG 表现与企业价值的文献日渐丰富，研究结果存在一定分歧。因此，一些学者系统回顾和整理各类研究文献，Peloza（2009）回顾了 1972 年至 2009 年的研究文献，统计分析显示，63% 的文献认为 ESG 表现与企业财务表现呈正相关关系，22% 的研究结论为中性或者混合关系，14% 为负相关关系。Friede 等（2015）研究了 2200 多篇文献，统计数据显示，90% 以上的研究认为 ESG 行为与企业财务表现为非负向关系。Tensie Whelan 等（2021）分析了 2015—2020 年的 1000 多篇研究论文，统计数据显示，超过半数的研究发现 ESG 因素对财务表现的影响是正面或中性的，其中，71% 的研究发现，ESG 因素对企业财务表现（ROA、ROE、股价）的影响是正面或中性的（见图 7-5）。

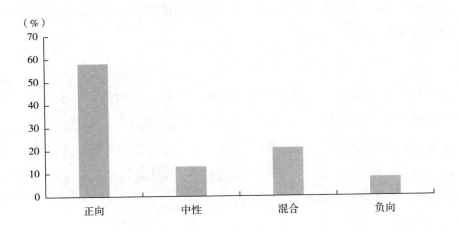

图 7 – 5 ESG 表现与企业财务绩效的关系研究结论分布

(资料来源：作者根据相关资料整理)

通过系统分析现有研究文献，可以看到，ESG 表现对企业价值提升具有积极影响，但是不同 ESG 因素、不同行业、不同性质企业及不同区域企业的上述关系可能略有差别。以 ESG 三因素为例，认为治理因素对企业财务绩效有正面影响的文献占比最高，其次为环境因素，社会因素最低，后续要进一步挖掘来自企业、区域等内外部环境异质性的影响和表现（见图 7 -6）。

三、ESG 投资对企业 ESG 表现影响的验证

当前研究较多的是 ESG 投资对企业价值及投资收益的影响，但是 ESG 投资是否影响企业 ESG 行为的研究较少，已有研究结论显示企业 ESG 行为受到的影响还不够显著。

从 ESG 投资影响企业 ESG 行为方面看，Frank A. J. 等（2013）回顾了社会责任投资效果的相关文献，结论是社会责任投资具有一定直接或者间接的作用，但作用相对有限，主要原因是，投资者对社会责任投资了解

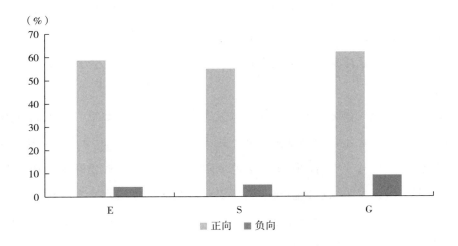

图 7-6　不同 ESG 因素与企业财务绩效的关系

(资料来源：作者根据相关资料整理)

不足；相比其他投资，社会责任投资占比较小；投资者更多关注短期利益；股东在实践社会责任投资方面的合作较少。Martin Oehmke 和 Marcus Opp（2021）分析了社会责任投资发挥作用的基础，即提高绿色产能融资力度，有利于平衡财务资本和社会资本，而且提出用社会盈利指数作为重要的评判标准。不过也有反例，Davidson Heath 等（2022）利用 2010 年至 2019 年美国开放式共同基金研究发现，社会责任投资基金所投资的企业要比非社会责任投资基金在 ESG 方面表现更好，但是社会责任投资基金没有改变企业 ESG 表现，可能是基金经理认为干预行为的成本大于收益。

外部评级影响方面，ESG 评级是 ESG 投资的重要一环，成为评价企业 ESG 表现的重要指标。通常情况下，为了证明自身 ESG 的良好表现，企业会根据 ESG 评级逐步调整和改进 ESG 实践，力图提升评级水平。Ester Clementino 和 Richard Perkins（2020）研究了意大利企业对 ESG 评级调整的反应，发现部分企业对 ESG 评级作出了反馈，主要是加强信息披露，改进内部政策和流程；但是也有部分企业未对 ESG 评级调整作出反馈。Chatterji 和 Toffel（2010）研究了美国企业的情况，结论表明企业获得了较低环境评估结果后，要比没有评级或者评级结果较高的企业改进更多。Sharkey 和 Bromley 研究发现，获得 ESG 评级的企业要比没有评级的企业污染排放削减力度更大。总体来看，实证研究基本证实了 ESG 评级对企业 ESG 表现的积极影响。

　　ESG 投资政策影响方面，各国积极建设可持续投资政策，相关制度体系不断完善，企业将受到更多约束。吴培（2020）使用 2012 年至 2017 年 A 股上市公司财务数据，构建了绿色金融政策对绿色企业投资水平和效率的模型，研究表明绿色金融政策提高了绿色企业的投资水平，在提高非国有企业的绿色投资方面表现更佳。不过，伊凌雪等（2022）研究认为 ESG 实践对企业价值的影响有限，外部压力无法转化为良好的内部治理机制。总体来看，ESG 政策已逐步影响到企业经营行为，但是这种影响水平还有待提升。

参 考 文 献

［1］巴曙松，彭魏倬加．英国绿色金融实践：演变历程与比较研究［J］．行政管理改革，2022（4）．

［2］步晓炫．社会责任关系研究——以我国制造业上市公司为例［D］．陕西：西安科技大学，2020．

［3］曾珍香，张早春，王梦雅．企业社会责任表现、报告质量与企业声誉——基于中国上市公司的实证研究［J］．工业技术经济，2017（6）．

［4］陈静．ESG 与企业财务绩效的相关性研究［D］．北京：对外经济贸易大学，2019．

［5］陈骁，张明．通过 ESG 投资助推经济结构转型：国际经验与中国实践［J］．学术研究，2022（8）．

［6］程泉．公司治理、制度压力与环境绩效——基于重污染行业上市公司数据［D］．荆州：长江大学，2020．

［7］崔晨．环境、社会责任和公司治理（ESG）对企业价值评估的影响分析［J］．中国资产评估，2022（7）．

［8］方琦，钱立华，鲁政委．货币政策、审慎监管与气候变化：文献综述［J］．金融发展，2020（1）．

［9］高鸿业．西方经济学（微观部分．第七版）［M］．北京：中国人民大学，2018．

［10］顾佳莹．环境、社会责任和公司治理（ESG）对企业价值的影

响［D］. 北京：商务部国际贸易经济合作研究院，2022.

［11］郭子豪，蔡银辉，周琦. 主权 ESG 对国际贸易的影响——来自 OECD 国家的证据［J］. 济宁学院学报，2021（5）.

［12］胡豪. 上市公司 ESG 评级提高会给投资者带来超额收益吗？——来自沪深两市 A 股上市公司的经验证据［J］. 金融经济，2021（8）.

［13］黄晴宜. 股权激励、薪酬差距与企业创新绩效的关系研究［D］. 武汉：武汉轻工大学，2022.

［14］黄娅萍. 环境言行作用下公司治理结构对环境绩效的影响［D］. 秦皇岛：燕山大学，2020.

［15］教育部高教司. 西方经济学（微观部分）［M］. 北京：中国人民大学出版社，2018.

［16］李虹，袁颖超，王娜. 区域绿色金融与生态环境耦合协调发展评价［J］. 统计与决策，2019（8）.

［17］李瑾. 我国 A 股市场 ESG 风险溢价与额外收益研究［J］. 证券市场导报，2021（6）.

［18］李井林，阳镇，陈劲，崔文清. ESG 促进企业绩效的机制研究——基于企业创新的视角［J］. 科学学与科学技术管理，2021（9）.

［19］李平，黄嘉慧，王玉乾. 公司治理影响环境绩效的实证研究［J］. 管理现代化，2015，35（2）.

［20］李婷. 民营企业公司治理与企业绩效关系研究［D］. 延边：延边大学，2022.

［21］李彤彤. 上市公司 ESG 表现与财务绩效的交互跨期影响校验［D］. 济南：山东财经大学，2021.

［22］李晓灿. 可持续发展理论概述与其主要流派［J］. 环境与发展，2018（30）.

［23］李秀娟，蔡瑰宇．董事会性别多元化与企业社会责任［J］．家族企业，2022（3）.

［24］李学武．欧盟可持续金融发展框架［J］．中国金融，2019（7）.

［25］李雪麟．中国绿色金融发展水平、机制及其实现路径研究［D］.昆明：云南财经大学，2022.

［26］联合国环境署．全球生物多样性展望（第五版）［EB/OL］．https：//www. unenvironment. org/，2022 – 08 – 01.

［27］刘冰欣．日本绿色金融实践与启示［J］．河北金融，2016（10）.

［28］刘晨，左嫣然．我国可持续发展挂钩债券发展分析［J］．金融纵横，2022（5）.

［29］刘建平，白宇昕．域外 ESG 信息披露制度的回顾及启示［J］.财会月刊，2022（12）.

［30］刘景允，仲昭一，吉秋红，陈金龙．我国蓝色债券市场发展现状及展望［J］．债券，2022（6）.

［31］刘璐．我国债券市场 ESG 投资实践有效性研究［J］．债券，2021（10）.

［32］刘梦瑶．ESG 表现对债务融资成本的影响［D］．上海：上海财经大学，2021.

［33］刘艺．企业社会责任、企业声誉与企业绩效关系研究——以我国沪深两市医药制造上市公司为例［D］．南昌：江西师范大学，2021.

［34］鲁桐．追求 ESG 企业可持续发展战略［J］．清华金融评论，2020（3）.

［35］马传栋．可持续发展经济学［M］．北京：中国社会科学出版社，2015.

［36］马骏. 金融机构环境风险分析的意义、方法和推广［J］. 清华金融评论，2020（9）.

［37］孟科学，严清华. 绿色金融与企业生态创新投入结构优化［J］. 科学学研究，2017，35（12）.

［38］南方基金. ESG 投资报告［EB/OL］. http：//www. nffund. com/main/files/2022/06/16/esg2021. pdf，2022－06－16.

［39］任霞. 我国绿色债券存在溢价吗？［D］. 武汉：中南财经政法大学，2021.

［40］任紫娴，顾书畅，杨雨竹，李婧雯. ESG 表现与企业财务绩效关系实证研究［J］. 经营与管理，2021（11）.

［41］施懿宸，赵龙图，朱一木. ESG 因素在企业估值的运用［J］. 金融纵横，2021（7）.

［42］司盛华，赵怡. ESG 指数投资策略在债券市场的应用［J］. 债券，2021（2）.

［43］孙明春，夏韵. "绿色股票" 的发展前景及中国机遇［EB/OL］. https：//baijiahao. baidu. com/s？id＝1736429265608481367&wfr＝spider&for＝pc，2022－06－23.

［44］唐玮，杜宜萱，鹿晓晴. 基于 ESG 表现、创新投入与企业价值研究——以 A 股上市公司为例［J］. 西北民族大学学报（自然科学版），2022（1）.

［45］田祖海. 社会责任投资理论述评［J］. 经济学动态，2007（12）.

［46］王凯，张志伟. 国内外 ESG 评级现状、比较及展望［J］. 财会月刊，2022（2）.

［47］王琳璘，廉永辉，董捷. ESG 表现对企业价值的影响机制研究［J］. 证券市场导报，2022（5）.

［48］王欣，阳镇．董事会性别多元化、企业社会责任与风险承担
［J］．中国社会科学院研究生院学报，2019（2）．

［49］王玉玲．生物多样性与生物多样性保护的意义［J］．农业与技
术，2005（4）．

［50］魏丽莉，杨颖．绿色金融：发展逻辑、理论阐释和未来展望
［J］．兰州大学学报（社会科学版），2022（2）．

［51］吴培．绿色金融政策对绿色企业投资行为的影响研究［D］．重
庆：重庆工商大学，2020.

［52］夏文颉．日本社会责任投资的发展现状考察与分析［D］．上
海：上海外国语大学，2012.

［53］邢璐璐．国内外 ESG 评级现状、比较及展望［D］．贵阳：贵州
财经大学，2021.

［54］徐光华，卓瑶瑶，张艺萌，张佳怡．ESG 信息披露会提高企业价
值吗？［J］．财会通讯，2022（4）．

［55］徐雪高，王志斌．境外企业 ESG 信息披露的主要做法及启示
［J］．宏观经济管理，2022（2）．

［56］闫晓．企业 ESG 表现对企业价值影响的研究［D］．济南：山东
财经大学，2022.

［57］伊凌雪，蒋艺翅，姚树洁．企业 ESG 实践的价值创造效应研
究——基于外部压力视角的检验［J/OL］．南方经济，https：//doi. org/
10. 19592/j. cnki. scje. 391581.

［58］于海楠．ESG 表现、融资约束与企业绩效［D］．福州：福建师
范大学，2021.

［59］俞建拖，李文．国际 ESG 投资政策法规与实践［M］．北京：
社会科学文献出版社，2021.

［60］袁吉伟．我国可持续投资发展现状及政策建议［J］．银行家，

2022（9）.

［61］袁吉伟. 资管机构应加强气候风险管理［J］. 金融博览，2022（1）.

［62］张超，周舟，王超群. ESG 如何发挥对发债企业的信用预警作用［J］. 债券，2021（11）.

［63］张丽宏，刘敬哲，王浩. 绿色溢价是否存在？——来自中国绿色债券市场的证据［J］. 经济学报，2021（2）.

［64］张晓娟. ESG 因子对信用债违约风险预警作用研究［D］. 长春：吉林大学，2022.

［65］张晓燕. 环境风险对金融稳定的影响方式研究［J］. 金融纵横，2019（10）.

［66］赵雪延. 企业 ESG 表现对其融资成本的影响［D］. 北京：北京外国大学，2021.

［67］郑梦. 美国富达投资集团养老基金 ESG 投资产品与投资策略［J］. 经济研究参考，2022（3）.

［68］钟宇平，刘漾. 气候变化对金融稳定和货币政策的影响综述［J］. 当代金融研究，2021（6）.

［69］Alexander Dyck, Karl V. Lins, Lukas Roth, Hannes F. Wagner. Do Institutional Investors Drive Corporate Social Responsibility? International Evidence［J］. Journal of Financial Economics，2018（9）.

［70］Amélie Charles, Olivier Darné, Jessica Fouilloux. The Impact of Screening Strategies on the Performance of ESG Indices［EB/OL］. https：//hal. archives－ouvertes. fr/hal－01344699/，2022－08－06.

［71］Amudi. 2022Responsible investment policy［EB/OL］. https：//about. amundi. com/esg－documentation，2022－09－20.

［72］ASFI. Australian Sustainable Finance Roadmap［EB/OL］. https：//www. asfi. org. au/roadmap，2020.

[73] Barnea，A.，Rubin，A. Corporate Social Responsibility as a Conflict Between Shareholders [J]. Journal of Business Ethics，2010，97（1）.

[74] BMO. ESG in Fixed Income [EB/OL]. https：//www. bmogam. com/uploads/2021/04/9ccb8c42e8b288a2e5c2ca1d4c2a651d/esg – in – fixed – income. pdf，2021 – 04 – 09.

[75] Brendan Bradley. Will Oulton. ESG Investing For Dummies [M]. USA：John Wiley & Sons，Inc.，2021.

[76] Brookfield. 2021 ESG Reprot [EB/OL]. https：//www. brookfield. com/sites/default/files/2022 – 07/bam ＿ esg ＿ report ＿ 2021 ＿ final ＿ 2. pdf，2022.

[77] Camille Baily and Jean – Yves Gnabo. How Different Are ESG Mutual Funds？ Evidence and Implications [EB/OL]. https：//dx. doi. org/ 10. 2139/ssrn. 4048577，2022 – 03 – 28.

[78] Christensen，Hans B.，Luzi Hail，and Christian Leuz. Mandatory CSR and sustainability reporting：Economic analysis and literature review [J]. Review of Accounting Studies，2021，26（3）：1176 – 1248.

[79] Christian Wilson and Felicia Liu. Sustainable Finance and Transmission Mechanisms to the Real Economy [EB/OL]. https：//www. smithschool. ox. ac. uk/sites/default/files/2022 – 04/Sustainable – Finance – and – Transmission – Mechanisms – to – the – Real – Economy. pdf，2022 – 04.

[80] Claudia Zeisberger. ESG in Private Equity：A Fast – Evolving Standard [EB/OL]. https：//www. researchgate. net/publication/266203607，2014 – 03.

[81] David Blitz. Does excluding sin stocks cost ferformance？ [J]. Journal of Sustainable Finance & Investment，2021（9）.

[82] Davidson Heath, Daniele Macciocchi, Roni Michaely and Matthew C. Ringgenberg. Does Socially Responsible Investing Change Firm Behavior? [EB/OL]. https://papers.ssrn.com/sol3/papers.cfm? abstract _ id = 3837706, 2021 - 05 - 05.

[83] Deutsche Bank Chief Investment Office. Exploring the E, S and G in ESG [EB/OL]. www.db.com, 2022 - 07 - 29.

[84] EFAMA. Asset Management in Europe: An overview of the asset management industry [EB/OL]. https://www.efama.org/sites, 2021 - 12.

[85] EFAMA. Sustainable UCITS Bond Funds For A Better Future [EB/OL]. https://www.efama.org/sites/default/files/files/EFAMA%20Market%20Insights%239%20 - %20Sustainable%20UCITS%20Bond%20Funds%20for%20a%20Better%20Future%20.docx.pdf, 2022 - 05.

[86] Elsa Allmany Joonsung Wonz. The Effect of ESG Disclosure on Corporate Investment Efficiency [EB/OL]. https://ssrn.com/abstract = 3816592, 2021 - 11 - 28.

[87] Ester Clementino1 and Richard Perkins. How Do Companies Respond to Environmental, Social and Governance (ESG) Ratings? Evidence from Italy [J]. Journal of Business Ethics, 2021 (171).

[88] Fátima de Lima Serrano. The Performance of ESG Investing in fixed income - A closer look at Recession and Non - Recession Periods [D]. Danmark: Copenhagen Business School, 2018.

[89] Federico Picardi. The Impact of ESG Ratings on Default Probability [D]. Italy: Libera Università Internazionale degli Studi Sociali "Guido Carli" LUISS ROMA, 2021.

[90] Financial Turmoil? Evidence From Europe [J]. The European Journal of Finance, 2022 (12).

［91］ Florian Berg, Roberto Rigobon, MIT Sloan . Aggregate Confusion: The Divergence of ESG Ratings ［EB/OL］ . https: //ssrn. com/abstract = 3438533, 2022 – 04 – 15.

［92］ Francesco Cesaronel, Manuel L Martinol, Alessandra Carleol. Does ESG Impact Really Enhance Portfolio Profitability? ［EB/OL］ . https: // dx. doi. org/10. 2139/ssrn. 4007413, 2022 – 01 – 23.

［93］ Frank A. J. , Wagemans, C. S. A. (Kris) van Koppen and Arthur P. J. Mol. The Effectiveness of Socially Responsible Investment: A Review ［J］ . Journal of Integrative Environmental Sciences, 2013 (10) .

［94］ Frank J. Fabozzi, Peck Wah Ng and Diana E. Tunaru. The Impact of Corporate Social Responsibility on Corporate Financial Performance and Credit Ratings in Japan ［J］ . Journal of Asset Management, 2021 (22) .

［95］ FSA. The Second Report by the Expert Panel on Sustainable Finance ［EB/OL］ . https: //www. fsa. go. jp/en/news/2022/20220713. html, 2022 – 07 – 13.

［96］ George Giannopoulos, Renate Victoria Kihle Fagernes, Mahmoud El-marzouky and Kazi Abul Bashar Muhammad Afzal Hossain. The ESG Disclosure and the Financial Performance of Norwegian Listed Firms ［J］ . Risk and Financial Management, 2022 (15) .

［97］ Global Impact Investing Network. 2020 Annual impact investor survey ［EB/OL］ . https: //thegiin. org/research/publication/impinv – survey – 2020, 2020 – 06.

［98］ Global Impact Investing Network. Road for the future of impact investing: Reshaping financial markets ［R］ . https: //thegiin. org/research/publi-cation/giin – roadmap, 2018 – 03.

［99］ Gpfg. Responsible Investment 2021 ［EB/OL］ . https: //www.

nbim. no/en/the – fund/responsible – investment/, 2022 – 09 – 20.

[100] GSIA. Global Sustainable Investment Review 2020 [EB/OL]. ht-tps: //www. gsi – alliance. org/wp – content/uploads/2021/08/GSIR – 20201. pdf, 2022 – 07 – 28.

[101] Gunnar Friede, Timo Busch and Alexander Bassen. ESG and finan-cial performance: Aggregated evidence from more than 2000 empirical studies [J] . Journal of Sustainable Finance & Investment, 2015 (5) .

[102] Gunnar Friede, Timo Busch and Alexander Bassen. ESG and Finan-cial Performance: Aggregated Evidence From More Than 2000 Empirical Studies [J] . Journal of Sustainable Finance & Investment, 2015 (5) .

[103] Hachenberg B, Schiereck D. Are green bonds priced differently from conventional bonds? [J] . Journal of Asset Management, 2018, 19 (6) .

[104] Hans B. Christensen, Luzi Hail, Christian Leuz. Economic Analy-sis of Widespread Adoption of CSR and Sustainability Reporting Standards [EB/OL] . https: //ssrn. com/abstract = 3315673 , 2018 – 11.

[105] Heinen, Elena. The Performance of ESG – Oriented Private Equity Funds: A Quantitative Analysis [D] . Belgium: University of Liege, 2021.

[106] ICI. 2022 Investment Company Fact Book [EB/OL] . https: //www. icifactbook. org/pdf/2022_ factbook. pdf, 2022 – 05.

[107] International Finance Corporation. Growing impact: New insights into the practice of impact investing [R] . https: //www. ifc. org/wps/wcm/connect/publications_ ext _ content/ifc _ external _ publication _ site/publications_ listing_ page/growing + impact, 2020 – 06 – 23.

[108] IOSCO. Environmental, Social and Governance (ESG) Ratings and Data Products Providers [EB/OL] . https: //www. iosco. org, 2021 – 11 – 11.

[109] IOSCO. Recommendations on Sustainability – Related Practices,

Policies, Procedures and Disclosure in Asset Management [EB/OL]. https://www.iosco.org/library/pubdocs/pdf/IOSCOPD688.pdf, 2021-11.

[110] Iulia Lupu, Gheorghe Hurduzeu and Radu Lupu. How Is the ESG Reflected in European Financial Stability? [J]. Sustainability, 2022 (14).

[111] Ivy So & Alina Staskevicius, Measuring the "Impact" in Impact Investing [EB/OL]. https://www.hbs.edu/socialenterprise/wp-content/uploads/2021/09/MeasuringImpact-1.pdf, 2022-07-17.

[112] J. P. Morgan, 2021 Investment Stewardship Report [EB/OL]. https://am.jpmorgan.com/content/dam/jpm-am-aem/global/en/sustainable-investing/investment-stewardship-report.pdf, 2022-08-06.

[113] Jiazhen Wang, Jing Yu and Rui Zhong. Country ESG Performance and Economic Growth [EB/OL]. https://dx.doi.org/10.2139/ssrn.3350232, 2020-02-11.

[114] JSIF. White Paper on Sustainable Investment in Japan2020 [EB/OL]. https://japansif.com/2021survey-en.pdf, 2022-05-16.

[115] Kaisa Olli. Impact of ESG on Financial Performance: Empirical Evidence From the European Market 2002-2019 [M]. Finland: University of Turku, 2021.

[116] Kim Schumacher, Hugues Chenet, Ulrich Volz. Sustainable finance in Japan [J]. Journal of Sustainable Finance & Investment, 2020 (3).

[117] Larry E. Swedroe, Samuel C. Adams. Your Essential Guide to Sustainable Investing-Harriman House [M]. UK: Harriman House Ltd., 2022.

[118] Lars Kaiser. ESG Integration: Value, Growth and Momentum [EB/OL]. https://dx.doi.org/10.2139/ssrn.2993843, 2020-07-07.

[119] Laura Chiaramonte, Alberto Dreassi, Claudia Girardone and Stefano Piserà. Do ESG Strategies Enhance Bank Stability During Financial Turmoil? Ev-

idence From Europe ［J］. The European Journal of Finance, 2022（12）.

［120］LCT. Implementing ESG in Private Equity 2.0 ［EB/OL］. https：//www. lgtcp. com/shared/. content/publikationen/cp/esg ＿ download/ESG＿ GP＿ Guide＿ 2. 0＿ en. pdf, 2021.

［121］MAM. Macquarie Asset Management 2021 Sustainability report ［EB/OL］. https：//www. mirafunds. com/assets/mira/sustainability – report/sustainability – report – 2021/mam – 2021 – sustainability – report. pdf＃page ＝ 9, 2022.

［122］Marc Lino, Liam Connolly, David Hoverman, Debra McCoy, Matthew Schey and Samantha Anders. Limited Partners and Private Equity Firms Embrace ESG ［EB/OL］. https：//ilpa. org/wp – content/uploads/2022/02/ILPA – BAIN – REPORT – LPs – and – PE – Firms – Embrace – ESG – 2022. pdf, 2022 – 02 – 17.

［123］Matthew Schey, and Samantha Anders. Limited Partners and Private Equity Firms Embrace ESG ［EB/OL］. https：//ilpa. org/wp – content/uploads/2022/02/ILPA – BAIN – REPORT – LPs – and – PE – Firms – Embrace – ESG – 2022. pdf, 2022 – 02 – 17.

［124］Milind Kumar Jha and K. Rangarajan. Analysis of Corporate Sustainability Performance and Corporate Financial Performance Causal Linkage in the Indian Context ［J］. Asian Journal of Sustainability and Social Responsibility, 2020（5）.

［125］Mita Kurnia Yawika1& Susi Handayani. The Effect of ESG Performance on Economic Performance in the High Profile Industry in Indonesia ［J］. Journal of International Business and Economics, 2019（7）.

［126］Mo, Sujin. Exploring the Corporate Social Responsibility Dimensions that Affect Customer Satisfaction and Loyalty ［M］. Korea：KDI School of

Public Policy and Management, 2019.

[127] Morningstar. Sustainable Funds U. S. Landscape Report [EB/OL] . https：//www. morningstar. com/lp/sustainable－funds－landscape－report, 2022－01－31.

[128] Nuveen. 2021－2022 Annual Environmental, Social and Govern-ance Report [EB/OL] . https：//documents. nuveen. com/documents/global/default. aspx? uniqueid = 28352048－a550－4ee2－88c5－fe55356287bd, 2022－07－08.

[129] OECD. A Comprehensive Overview of Global Biodiversity Finance [EB/OL] . https：//www. oecd. org/environment/resources/biodiversity/report－a－comprehensive－overview－of－global－biodiversity－finance. pdf, 2020－04.

[130] OECD. Understanding Social Impact Bonds [EB/OL] . https：//www. oecd. org/cfe/leed/SIBsExpertSeminar－SummaryReport－FINAL. pdf, 2016.

[131] Paulo Pereira da Silva. Crash risk and ESG disclosure [J] . Borsa Istanbul Review, 2022（4）.

[132] PIMCO. ESG Investing Report 2021 [EB/OL] . https：//global. pimco. com/en－gbl/investments/esg－investing, 2022－08－31.

[133] Preeti Roy, Suman Saurabh. ESG Disclosure and Financial Risk：Firm－Level Evidence [EB/OL] . https：//ssrn. com/abstract = 4149263, 2022－07.

[134] Rachel Bass, Hannah Dithrich, Sophia Sunderji, Noshin Nova, The State of Impact Measurement and Management Practice, Second Edition [EB/OL] . https：//thegiin. org/research/publication/imm－survey－second－edi-tion, 2022－08－05.

[135] Raisa Almeyda and Asep Darmansyah. The Influence of Environmen-

tal, Social, and Governance (ESG) Disclosure on Firm Financial Performance [J] . IPTEK Journal of Proceedings Series, 2019.

[136] Rawat U. S. , Agarwal N. K.. Biodiversity: Concept, threats and conservation [J] . Environment Conservation Journal, 2005 (16) .

[137] RIAA. From Values to Riches 2022: Charting consumer demand for responsible investing in Australia [EB/OL] . https: //responsibleinvestment. org/wp – content/uploads/2022/03/From – Values – to – Riches – 2022_ RIAA. pdf, 2022.

[138] RIAA. Responsible Investment Benchmark Report [EB/OL] . https: //responsibleinvestment. org/resources/benchmark – report/, 2022.

[139] Sadok El Ghoul and Aymen Karoui. The Green and Brown Performances of Mutual Fund Portfolios [EB/OL] . https: //dx. doi. org/10. 2139/ssrn. 3766404, 2020 – 12 – 01.

[140] Sander van der Miesen. The effect of ESG screening on risk, reward, and diversification [D] . Netherlands: Nijmegen School of Management, 2021.

[141] Scott J. Budde. A Practical Guide to Socially Responsible Investment [M] . USA: John Wiley & Sons, Inc. , 2008.

[142] Sebastian Sommer, Project Director. Sustainalbe finance: an averview [EB/OL] . https: //www. giz. de/brasil, 2022 – 07 – 13.

[143] Tim Verheyden, Robert G. Eccles, Andreas Feiner, Arabesque Partners. ESG for All? The impact of ESG screening on return, risk, and diversification [J] . Applied Corporate Finance, 2016 (7) .

[144] UNPRI. An introduction to responsible investment: fixed income [EB/OL] . https: //www. unpri. org/download? ac = 10227, 2019 – 10 – 15.

[145] UNPRI. Spotlight on responsible investment in private debt [EB/

OL]. https: //www. unpri. org/download? ac = 5982, 2019 – 02 – 09.

[146] UNPRI. Integrating ESG in private equity: A guide for general partners [EB/OL]. https: //www. unpri. org/download? ac = 252, 2014 – 04 – 09.

[147] USSIF. Report on US Sustainable and Impact Investing Trends 2020 [EB/OL]. https: //bit. ly/35wiDEJ, 2021.

[148] Von Wallis, Klein Christian. Ethical requirement and financial interest: A literature review on socially responsible investing [J]. Business Research, 2015 (8).

[149] World Bank. Mobilizing Private Finance for Nature [EB/OL]. https: //thedocs. worldbank. org/en/doc/916781601304630850 – 0120022020/original/FinanceforNature28Sepwebversion. pdf, 2020.

[150] Xueming Luo and C. B. Bhattacharya. Corporate Social Responsibility, Customer Satisfaction, and Market Value [J]. Journal of Marketing, 2006 (4).

[151] Yea B, Aac D, Ase F. ESG Practices and the Cost of Debt: Evidence from EU countries [J]. Critical Perspectives on Accounting, 2021 (79).

[152] Yiwei Li, Mengfeng Gong, Xiuye Zhang, Lenny Koh. The Impact of Environmental, Social, and Governance Disclosure on Firm Value: The Role of CEO Power [J]. The British Accounting Review, 2018 (1).

[153] ZEB. European Sustainable Investment Funds Study 2022 [EB/OL]. https: //zeb – consulting. com/en – DE/publications/european – sustainable – investment – funds – study – 2022, 2022 – 03 – 12.

[154] Zerbib O D. The Effect of Pro – Environmental Preferences on Bond Prices: Evidence From Green Bonds [J]. Journal of Banking & Finance, 2019 (98).